Uma história da simetria na matemática

Ian Stewart

Uma história da simetria na matemática

Tradução:
Claudio Carina

Revisão técnica:
Samuel Jurkiewicz
Professor da Politécnica e da Coppe / UFRJ

ZAHAR

Título original:
Why Beauty Is Truth
(A History of Simmetry)

Tradução autorizada da primeira edição americana, publicada em 2007 por Basic Books, uma divisão de Perseus Book Group, de Nova York, Estados Unidos

Jorge Zahar Editor Ltda.
rua Marquês de S. Vicente 99 – 1º andar | 22451-041 Rio de Janeiro, RJ
tel (21) 2529-4750 | fax (21) 2529-4787
editora@zahar.com.br | www.zahar.com.br

Grafia atualizada respeitando o novo Acordo Ortográfico da Língua Portuguesa

Preparação: Angela Ramalho Vianna | Revisão: Eduardo Monteiro, Eduardo Farias
Indexação: Nelly Praça | Composição: Mari Taboada | Capa: Sérgio Campante
Imagens da capa: © Lucidio Studio Inc./Getty Images; © Veer

CIP-Brasil. Catalogação na fonte
Sindicato Nacional dos Editores de Livros, RJ

Stewart, Ian, 1945-
S871h Uma história da simetria na matemática / Ian Stewart; tradução Claudio Carina; revisão técnica Samuel Jurkiewicz. – Rio de Janeiro: Zahar, 2012.

Tradução de: Why beauty is truth: a history of simmetry
Índice
ISBN 978-85-378-0821-4

1. Simetria – História. I. Título.

CDD: 539.725
12-0989 CDU: 544.121.2

Sumário

Quando a idade apagar toda a atual grandeza,
Tu ficarás, em meio às dores dos demais,
Amiga, a repetir o dístico imortal:
"A beleza é a verdade, a verdade a beleza"
– É tudo o que há para saber, e nada mais.

JOHN KEATS, "Ode sobre uma urna grega"

Prefácio

A DATA É 13 DE MAIO DE 1832. Na névoa da alvorada, dois jovens franceses se encaram, pistolas em punho, em duelo por causa de uma mulher. O tiro é disparado, e um dos homens tomba no chão, mortalmente ferido. Ele morre duas semanas depois, de peritonite, aos 21 anos, sendo enterrado numa vala comum – uma sepultura não identificada. Uma das mais importantes ideias da história da matemática e da ciência quase morre com ele.

O duelista que sobreviveu continua desconhecido. O que morreu era Évariste Galois, revolucionário político e matemático obsessivo cujos trabalhos reunidos ocupam apenas seis páginas. Mas o legado que transmitiu revolucionou a matemática. Galois inventou uma linguagem que descreve a simetria nas estruturas matemáticas e deduz as suas consequências.

Conhecida como "teoria de grupo", hoje essa linguagem é usada tanto na matemática pura quanto na aplicada, na qual regula a formação dos padrões do mundo natural. A simetria também tem papel central nas fronteiras da física, no mundo quântico do muito pequeno e no mundo relativístico do muito grande. Pode até fornecer uma rota para a tão procurada "teoria dos grupos", uma unificação matemática dos principais campos da física moderna. E tudo começou com uma simples questão algébrica, sobre a resolução de equações matemáticas – encontrar uma "incógnita" a partir de algumas indicações matemáticas.

Simetria não é um número nem um formato, é um tipo especial de *transformação* – uma maneira de mover um objeto. Se o objeto parecer o mesmo depois de movido, a transformação aí presente é uma simetria. Por exemplo, um quadrado continua um quadrado se for rotado em um ângulo reto.

Essa ideia, muito desenvolvida e embelezada, é básica na atual compreensão científica do Universo e suas origens. No cerne da teoria da relatividade, de Albert Einstein, encontra-se o princípio de que as leis da física devem ser as mesmas em todos os lugares e em todos os tempos. Ou seja, as leis devem ser simétricas em relação ao movimento no espaço e à passagem do tempo. A física quântica nos diz que tudo no Universo é construído a partir de uma coleção de partículas "fundamentais". O comportamento dessas partículas é regido por equações matemáticas – "leis da natureza" –, e essas leis também têm uma simetria. Partículas podem se transformar matematicamente em outras bem diferentes, e essas transformações também não alteram as leis da física.

Esses conceitos, e outros mais recentes, nas fronteiras da física atual, não poderiam ter sido descobertos sem uma profunda compreensão matemática da simetria. Essa compreensão veio da matemática pura; seu papel na física só surgiu depois. Ideias extraordinariamente úteis podem sair de considerações apenas abstratas – algo a que o físico Eugene Wigner se refere como "a eficiência não razoável da matemática nas ciências naturais". Na matemática, às vezes parece que os ganhos são bem maiores que o investimento.

Começando pelos escribas da antiga Babilônia e terminando com os físicos do século XXI, *Uma história da simetria na matemática* mostra como a matemática tropeçou com o conceito de simetria e como a busca aparentemente inútil do que parecia uma fórmula impossível abriu um novo horizonte para o Universo, revolucionando a ciência e a matemática. De uma maneira mais abrangente, a história da simetria ilustra como as influências culturais e a continuidade histórica de grandes ideias podem ganhar destaque por conta de sublevações ocasionais, tanto políticas quanto científicas.

A PRIMEIRA METADE deste livro aparentemente não tem nada a ver com simetria e muito pouco a ver com o mundo natural. A razão disso é que a simetria não se tornou uma ideia dominante pelo caminho esperável: a geometria. O belo e indispensável conceito da simetria que os matemáticos e físicos usam hoje chegou pela álgebra. Boa parte deste livro, portanto, descreve a busca de solução de equações algébricas. Isso pode soar muito técnico, mas a procura foi envolvente, e muitos dos principais atores tiveram vidas incomuns e dramáticas. Os matemáticos são seres humanos, embora costumem se perder em pensamentos abstratos. Talvez alguns tenham deixado a lógica dominar demais suas vidas, mas muitas vezes observaremos que nossos heróis podiam ser até humanos demais. Vamos ver como eles viveram e morreram, vamos ler sobre duelos e casos amorosos, terríveis disputas sobre primazia, escândalos sexuais, bebedeiras e doenças. Ao longo do caminho, veremos como suas ideias matemáticas se desenvolveram e mudaram o mundo.

Iniciada no século X AEC* e atingindo o clímax com Galois, no começo do século XIX, a narrativa segue passo a passo o desvendamento das equações – processo que afinal estancou quando os matemáticos tentaram desvelar as chamadas equações "quínticas", que envolvem a quinta potência de um número desconhecido, ou incógnita. Será que o método se desfez por haver algo fundamentalmente diferente nas equações quínticas? Ou haverá métodos semelhantes, ainda mais poderosos, que levem as fórmulas a uma solução? Será que os matemáticos empacaram por causa de um obstáculo genuíno ou simplesmente eram obtusos?

É importante compreender que já se sabia da existência de soluções para as equações quínticas. A questão era: será que essas soluções podiam ser sempre representadas por uma fórmula algébrica? Em 1821, o jovem norueguês Niels Henrik Abel demonstrou que a equação quíntica não pode ser resolvida de forma algébrica. Sua demonstração, porém, foi indireta e bem misteriosa. Ele provou que nenhuma solução geral é possível, mas não explicou realmente *por quê*.

Évariste Galois descobriu que a impossibilidade de resolver a quíntica deriva das simetrias da equação. Se essas simetrias passarem pelo teste de Galois, por assim dizer – se elas se encaixarem de uma forma muito

* AEC: antes da era comum; EC: era comum; notação usada pelas ciências exatas que corresponde, grosso modo, a antes e depois de Cristo, respectivamente. Neste livro, quando não aparecer a sigla AEC em seguida à data, significa que se está falando de EC. (N.T.)

específica, que por enquanto não vou explicar –, as equações podem ser resolvidas por uma fórmula algébrica. Se as simetrias não passarem pelo teste de Galois, essa fórmula não existe.

Uma equação quíntica genérica não pode ser resolvida por uma fórmula *porque ela tem um tipo errado de simetria.*

ESSA DESCOBERTA ÉPICA deu origem ao segundo tema deste livro: o *grupo* – um "cálculo de simetria" matemático. Galois partiu de uma antiga tradição matemática, a álgebra, e reinventou-a como ferramenta para o estudo da simetria.

Neste estágio do livro, palavras como "grupo" ainda são um jargão não explicado. Vou dar a explicação quando o significado dessas palavras se tornar importante para a história. Mas às vezes só precisamos de alguns termos convenientes para um inventário genérico. Se você encontrar algum jargão que não for debatido adiante, o termo estará fazendo o papel de um rótulo útil, e seu significado real não terá muita importância. Às vezes o significado surgirá logo depois, se você continuar a leitura. "Grupo" é um desses casos, mas só vamos descobrir o que significa na metade do livro.

Nossa história também fala do curioso significado de alguns números especiais na matemática. Não estou me referindo às constantes fundamentais da física, mas a constantes matemáticas como π (a letra grega pi). A velocidade da luz, por exemplo, poderia em princípio ter qualquer valor, mas, no nosso Universo, é de 300 mil quilômetros por segundo. Por sua vez, o valor de π é pouco mais de 3,14159, e nada no mundo pode alterar esse número.

A insolubilidade da equação quíntica nos diz que, assim como π, o número 5 é também muito incomum. É o menor número cujo grupo de simetria associado não passa pelo teste de Galois. Outro exemplo curioso tem relação com a sequência de números 1, 2, 4, 8. Os matemáticos descobriram uma série de extensões do conceito habitual de números "reais", chegando até os números complexos e depois até coisas chamadas quatérnions e octonions. Eles são construídos de duas cópias dos números reais, quatro cópias e oito cópias, respectivamente. Que número virá a seguir? O palpite natural seria 16, mas, na verdade, a partir daí o sistema numérico *não* é mais tão previsível. Trata-se de um fato notável e importante, pois nos fala da existência de alguma coisa especial no número 8, não no sentido superficial, mas em termos da estrutura subjacente da própria matemática.

Além dos números 5 e 8, este livro terá a participação de vários outros números, sendo que os mais notáveis são 14, 52, 78, 133 e 248. São números interessantes, que formam as dimensões dos cinco "grupos esporádicos de Lie", cuja influência permeia toda a matemática e muito da física matemática. São os principais personagens no teatro da matemática, enquanto outros números, não muito diferentes, aparecem como meros coadjuvantes.

Os matemáticos descobriram quanto esses números são especiais com o surgimento da álgebra abstrata, no final do século XIX. O que conta não são os números em si, mas o papel que desempenham nas fundações da álgebra. Associado a cada um desses números existe um objeto matemático chamado grupo de Lie, com propriedades únicas e notáveis. Esses grupos têm uma função fundamental na física moderna e parecem estar relacionados à estrutura profunda do espaço, do tempo e da matéria.

ISSO NOS TRAZ ao nosso tema final: os fundamentos da física. Há muito os físicos se interrogam por que o espaço tem três dimensões e o tempo só tem uma – ou por que vivemos num espaço-tempo quadridimensional. A teoria das supercordas, a mais recente tentativa de unificar o todo da física num só conjunto de leis coerentes, vem levando os físicos a pensar se o espaço-tempo não teria outras dimensões "ocultas". Pode parecer uma ideia ridícula, mas conta com bons precedentes históricos. Talvez a presença de dimensões adicionais seja o aspecto menos contestável da teoria das supercordas.

Um aspecto muito mais controverso é a convicção de que a formulação de uma nova teoria do espaço e do tempo depende basicamente da *matemática* da teoria da relatividade e da teoria quântica, os dois pilares que sustentam a física moderna. Considera-se que a unificação dessas teorias contraditórias entre si é mais um exercício matemático do que um processo que exige experimentos novos e revolucionários. Espera-se que a beleza matemática seja um pré-requisito da verdade física. Esta pode ser uma suposição perigosa. É importante não perder de vista o mundo físico, e, seja qual for a teoria que afinal surja das deliberações atuais, ela não poderá se eximir de validações com experimentos e observações, por mais forte que seja sua linhagem matemática.

No momento, porém, existem boas razões para se adotar a abordagem matemática. Uma delas é que, até chegarmos a formular uma teoria combinada realmente convincente, ninguém sabe que experiências devem ser realizadas. Outra é que a simetria matemática tem papel fundamental tanto na relatividade como na teoria quântica, dois temas em que há poucos pontos em comum, por isso temos de dar valor a quaisquer detalhes que pudermos encontrar. As possíveis estruturas do espaço, tempo e matéria são determinadas por suas simetrias, e algumas das possibilidades mais importantes parecem estar associadas a estruturas excepcionais da álgebra. O espaço-tempo pode ter as propriedades que apresenta porque a matemática permite apenas um pequeno rol de formas especiais. Se este for o caso, faz sentido prestar atenção na matemática.

Por que o Universo parece ser tão matemático? Diversas respostas já foram propostas, mas não considero nenhuma delas muito convincente. A relação simétrica entre ideias matemáticas e o mundo físico, assim como a simetria entre o nosso sentido estético e as formas mais inerentes e importantes da matemática, é um mistério profundo e talvez insolúvel. Nenhum de nós pode dizer *por que* a beleza é verdade ou por que verdade é beleza. Só conseguimos vislumbrar a complexidade infinita dessa relação.

1. Os escribas da Babilônia

Na região que hoje chamamos de Iraque correm dois dos mais famosos rios do mundo, e a notável civilização que ali surgiu deve sua existência a esses rios. Nascendo nas montanhas do leste da Turquia, os rios percorrem centenas de quilômetros de terras férteis e se fundem num só corpo aquoso cuja foz se abre no golfo Pérsico. A sudoeste, eles são limitados pelas terras desérticas do planalto arábico; a nordeste, pelas encostas inóspitas das montanhas de Zagros e Anti-Taurus. Os rios são o Tigre e o Eufrates, e 4 mil anos atrás eles seguiam mais ou menos os mesmos cursos que têm hoje pelo que eram então as antigas terras da Assíria, da Acádia e da Suméria.

Para os arqueólogos, a região entre o Tigre e o Eufrates é conhecida como Mesopotâmia, palavra grega que significa "entre dois rios". A região costuma ser apontada, com justiça, como o berço da civilização. Os rios traziam água para as planícies, e essa água as fertilizava. A abundância de vida vegetal atraía hordas de cervos e carneiros, que por sua vez atraíam predadores, entre eles caçadores humanos. As planícies da Mesopotâmia eram um Jardim do Éden para os caçadores-coletores, um ímã para as tribos nômades.

Na verdade, elas eram tão férteis que o estilo de vida dos caçadores-coletores afinal se tornou obsoleto, dando lugar a uma estratégia bem mais eficaz de obtenção de alimentos. Por volta de 9000 AEC, as colinas próximas do Crescente Fértil, um pouco ao norte, testemunharam o nascimento de uma tecnologia revolucionária: a agricultura. Logo se seguiram duas mudanças fundamentais na sociedade humana: a necessidade de permanecer numa localidade para cuidar das lavouras e a possibilidade de alimentar grandes populações. Essa combinação levou à invenção das cidades, e na

Mesopotâmia ainda podemos encontrar remanescentes arqueológicos das primeiras grandes cidades-Estado do mundo: Nínive, Nimrud, Nippur, Uruk, Lagash, Eridu, Ur e, acima de todas, Babilônia, a terra dos Jardins Suspensos e da torre de Babel. Ali, quatro milênios atrás, a revolução da agricultura levou a uma inevitável sociedade organizada, com todas as pompas de governo, burocracia e poder militar. Entre 2000 e 500 AEC, a civilização que é chamada de "babilônica" floresceu às margens do Eufrates. O nome vinha da capital, porém, no sentido mais abrangente, o termo "babilônico" inclui as culturas da Suméria e da Acádia. Aliás, a primeira menção à Babilônia que se conhece ocorre numa tábula de argila de Sargão de Acádia, datada de aproximadamente 2250 AEC, embora a origem do povo babilônico provavelmente remonte a cerca de 2 ou 3 mil anos.

Sabemos pouco sobre as origens da "civilização" – palavra que literalmente se refere à organização de pessoas em sociedades estabelecidas. Ainda assim, parece que devemos muitos aspectos do nosso mundo atual aos antigos babilônios. Em particular, eles eram astrônomos experientes, e as doze constelações do zodíaco e os 360 graus do círculo nasceram ali, bem como o nosso minuto de 60 segundos e nossa hora de 60 minutos. Os babilônios precisavam dessas unidades de medida para praticar a astronomia, e por essa razão se tornaram peritos em sua muito honrada dama de companhia: a matemática.

Assim como nós, eles aprendiam matemática na escola.

– Qual é a lição de hoje? – perguntou Nabu, pousando a merenda ao lado, na cadeira. A mãe sempre fazia questão que ele comesse bastante pão e carne – em geral de bode. Às vezes ela punha um pedaço de queijo, para variar.

– Matemática – respondeu o amigo Gamesh, com desânimo. – Por que não podia ser direito? De direito eu *entendo*.

Nabu, que era bom em matemática, não conseguia entender bem por que todos os seus colegas tinham tanta dificuldade.

– Gamesh, você não acha uma chatice copiar todas aquelas frases legais até saber tudo de cor?

Gamesh, cuja força estava na persistência teimosa e na boa memória, soltou uma risada.

– Não, é fácil. Você não precisa *pensar*.

– É exatamente por isso que eu acho tão chato – disse o amigo. – Enquanto a matemá...

– É impossível – interveio Humbaba, recém-chegado à Casa das Tábulas, atrasado como sempre. – Puxa, Nabu, o que eu posso fazer com *isso*? – e fez um gesto apontando um dever de casa em sua tábula. – Eu multiplico um número por ele mesmo e somo duas vezes o número. O resultado é 24. Qual é o número?

– Quatro – respondeu Nabu.

– É mesmo? – perguntou Gamesh.

Humbaba falou:

– Sim, eu sei, mas como você *chega* a esse resultado?

Com minúcia, Nabu orientou os dois amigos pelos procedimentos que o professor de matemática havia ensinado na semana anterior.

– Somar metade de 2 a 24, obter 25. Tirar a raiz quadrada, que é 5...

Gamesh fez um gesto exasperado com as mãos.

– Eu jamais consegui entender esse negócio de raiz quadrada, Nabu.

– A-hã! – exclamou Nabu. – Agora estamos chegando a algum lugar! Os dois amigos olharam para ele como se tivesse enlouquecido.

– O seu problema não é resolver equações, Gamesh. É a raiz quadrada!

– São as duas coisas – resmungou Gamesh.

– Mas a raiz quadrada vem antes. Você precisa dominar o assunto dando um passo de cada vez, como o Pai da Casa das Tábulas sempre diz.

– Ele também está sempre falando para não sujarmos nossas roupas – protestou Humbaba. – Mas a gente nem liga para isso...

– Isso é diferente. É...

– É *terrível*! – choramingou Gamesh. – Eu nunca vou ser um escriba, e meu pai vai me surrar até eu não conseguir mais me sentar. Minha mãe vai me lançar um daqueles olhares suplicantes e dizer que preciso estudar mais e pensar na família. Mas eu não consigo enfiar matemática na minha cabeça! Direito eu consigo me lembrar. É divertido! Quer dizer, olhe só isso: "Se a esposa de um cavalheiro matar o marido por causa de outro homem, ela será empalada numa estaca." Isso é o que eu chamo de um bom aprendizado. Não essas coisas bobas de raiz quadrada.

Fez uma pausa para respirar, as mãos tremendo de emoção.

– Equações, números… *por que* aprender isso?

– Porque são coisas úteis – respondeu Humbaba. – Lembra todo aquele negócio legal sobre cortar as orelhas dos escravos?

– Lembro – respondeu Gamesh. "Penalidades por agressão."

– Se você destruir o olho de um homem comum – continuou Humbaba –, você precisa pagar…

– Uma *mina* de prata – completou Gamesh.

– E se você quebrar o osso de um escravo?

– Você paga ao dono metade do preço do escravo, como compensação.

Humbaba lançou sua armadilha.

– Então, se o escravo custar 60 *shekels*, você tem que saber calcular metade de 60. Se quiser exercer o direito, você vai precisar de matemática!

– A resposta é 30 – disse Gamesh imediatamente.

– Está vendo? – bradou Nabu. – Você *sabe* matemática!

– Eu não preciso de matemática para isso, óbvio.

O futuro advogado agitou os braços, procurando uma forma para expressar seus sentimentos mais profundos.

– Quando se trata do mundo real, sim, Nabu, eu sei matemática. Mas não com problemas artificiais envolvendo raiz quadrada.

– Você precisa de raiz quadrada para fazer medidas de terras – observou Humbaba.

– Preciso, mas eu não estou estudando para ser coletor de impostos, meu pai quer que eu seja um escriba – observou Gamesh. – Como ele. Então, não vejo por que é preciso aprender toda essa matemática.

– Porque é útil – repetiu Humbaba.

– Acho que essa não é a verdadeira razão – observou Nabu em voz baixa. – Acho que tudo tem a ver com beleza e verdade, com obter respostas e saber que estão certas.

Mas a expressão do rosto dos amigos mostrou que eles não estavam convencidos.

– Para mim tem a ver com obter uma resposta e saber que está errada – suspirou Gamesh.

– Matemática é importante porque é verdadeira e bela – insistiu Nabu. – Raiz quadrada é algo fundamental para resolver equações. Talvez nem seja muito útil, mas não faz diferença. É uma coisa importante em si mesma.

Gamesh estava prestes a dizer algo muito impróprio quando percebeu que o professor entrava na sala, por isso disfarçou seu constrangimento com um súbito ataque de tosse.

– Bom dia, meninos – disse o professor alegremente.

– Bom dia, mestre.

– Vamos ver os seus deveres de casa.

Gamesh suspirou. Humbaba ficou preocupado. Nabu manteve o rosto sem expressão. Era melhor assim.

TALVEZ A COISA MAIS ESPANTOSA na conversa que acabamos de bisbilhotar – à parte ser totalmente fictícia – é o fato de ter acontecido por volta de 1100 AEC, na lendária cidade da Babilônia.

Quero dizer, *poderia* ter acontecido. Não há provas da existência de três garotos chamados Nabu, Gamesh e Humbaba, e muito menos registro de uma conversa entre eles. Mas a natureza humana tem sido a mesma há milênios, e o cenário factual da minha história desses três garotos baseia-se em provas concretas.

Nós conhecemos muito sobre a cultura babilônica porque seus registros foram escritos em argila úmida numa curiosa escrita chamada cuneiforme. Quando o barro endurecia sob o sol da Babilônia, essas inscrições se tornavam virtualmente indestrutíveis. E mesmo que o local onde as tábulas de argila ficavam guardadas pegasse fogo, o que por vezes acontecia, bem, o calor transformava a argila em cerâmica, que durava ainda mais.

Um revestimento final com as areias do deserto acabou preservando os registros de forma definitiva. Por isso a Babilônia se tornou o local do início da história escrita. É aí também que começa a história da compreensão da simetria pela humanidade – e sua incorporação em uma teoria sistemática e quantitativa, um "cálculo" de simetria tão poderoso quanto o cálculo de Isaac Newton e de Gottfried Wilhelm Leibniz. Esse início poderia também ser rastreado até um passado mais distante, se tivéssemos uma máquina do tempo ou algumas tábulas de argila mais antigas. Contudo, até onde a história escrita nos revela, foram os matemáticos babilônios que puseram a humanidade no caminho da simetria, com profundas implicações na maneira como vemos o mundo físico.

A MATEMÁTICA FUNDAMENTA-SE em números, mas não se limita a eles. Os babilônios dispunham de uma notação eficiente que, ao contrário do nosso sistema "decimal" (baseado em potências de 10), era "sexagesimal" (baseado em potências de 60). Eles conheciam os triângulos retângulos e tinham algo semelhante ao que chamamos agora de teorema de Pitágoras – ainda que, à diferença de seu sucessor grego, os matemáticos da Babilônia não tenham fundamentado suas descobertas empíricas em demonstrações lógicas. Eles usavam a matemática para o alto propósito da astronomia, talvez por razões agrícolas e religiosas, e também para tarefas prosaicas de comércio e taxação. Essa regra dual do pensamento matemático – revelar a ordem do mundo natural e ajudar nas questões mundanas – percorre a história da matemática como um único fio dourado.

O mais importante a respeito dos matemáticos babilônios é que foram eles que começaram a entender como resolver as equações.

Equações são a forma como os matemáticos processam o valor de uma quantidade desconhecida a partir de evidências circunstanciais. "Eis aqui alguns fatos conhecidos sobre um número desconhecido: deduza esse número." Assim, uma equação é uma espécie de quebra-cabeça centrado num número. Não sabemos qual é ele, mas temos algumas informações úteis a seu respeito. Nossa tarefa é resolver o quebra-cabeça encontrando a incógnita. Esse jogo pode parecer um pouco diferente do conceito geométrico de simetria, mas, na matemática, a descoberta de ideias num contexto às vezes acaba iluminando contextos muito diferentes. É essa interconectividade que confere à matemática a sua potência intelectual. E é também a razão por que um sistema numérico inventado por razões comerciais podia também informar os antigos sobre o movimento dos planetas e até das chamadas estrelas fixas.

O quebra-cabeça pode ser fácil: "Duas vezes um número é 60; qual é o número que procuramos?" Não é preciso ser um gênio para deduzir que a incógnita é 30. Ou pode ser muito mais difícil: "Eu multiplico um número por si mesmo e acrescento 25; o resultado é dez vezes o número original. Qual é o número que procuramos?" Tentativa e erro podem levar até o número 5 – mas tentativa e erro não é uma maneira eficaz de resolver quebra-cabeças ou equações. E se mudarmos 25 para 23, por exemplo? Ou 26? Os matemáticos babilônios desprezavam tentativa e erro, pois conheciam um segredo mais poderoso e profundo. Eles conheciam uma regra, um procedimento padrão, que resolvia essas equações. Até onde sabemos, eles foram os primeiros a perceber que tais técnicas existiam.

Parte da mística da Babilônia se origina em numerosas referências bíblicas. Todos conhecemos a história de Daniel na cova dos leões, que se passa na Babilônia, durante o reinado do rei Nabucodonosor. Mas, depois de algum tempo, a Babilônia se tornou quase mítica, uma cidade havia muito desaparecida, irremediavelmente destruída, que talvez nunca tivesse existido. Ou ao menos era o que parecia até cerca de duzentos anos atrás.

Durante 4 mil anos, as planícies do que agora chamamos de Iraque eram salpicadas de montes estranhos. Cavaleiros que retornavam das Cruzadas trouxeram lembranças retiradas dos entulhos – tijolos decorados, fragmentos com inscrições indecifráveis. Os montes pareciam ser ruínas de antigas cidades, mas pouco se sabia além disso.

Em 1811, Claudius Rich realizou o primeiro estudo científico do entulho dos morros do Iraque. A noventa quilômetros de Bagdá, além do Eufrates, ele explorou todo o sítio que logo determinou conter os restos da Babilônia e contratou trabalhadores para escavar as ruínas. Os achados incluíam tijolos, tábulas cuneiformes, lindos cilindros vedados que produziam palavras e imagens em relevo quando rolados sobre a argila úmida e trabalhos de arte tão majestosos que poderiam ser comparados aos de Leonardo da Vinci e Michelangelo, fossem quais fossem seus entalhadores.

Ainda mais interessantes, contudo, eram as tábulas cuneiformes esmagadas que atulhavam os sítios. Nossa sorte foi que aqueles primeiros arqueólogos perceberam seu valor potencial e guardaram os objetos em segurança. Quando os escritos foram decifrados, as tábulas se tornaram um tesouro de informações sobre a vida e as atividades na Babilônia.

As tábulas e outros vestígios nos revelam que a história da antiga Mesopotâmia é longa e complexa, envolvendo muitas culturas e Estados diferentes. Costuma-se empregar o termo "babilônico" para se referir a todos eles, assim como a uma cultura específica concentrada na cidade da Babilônia. No entanto, o cerne da cultura mesopotâmica mudou repetidas vezes, favorecendo e desfavorecendo a Babilônia. Os arqueólogos dividem a história da região em dois períodos principais. O período da antiga Babilônia vai de cerca de 2000 a 1600 AEC, e o período da nova Babilônia vai de 625 a 539 AEC. Entre os dois encontram-se os períodos da antiga Assíria, dos cassitas, da média Assíria e da nova Assíria, quando a Babilônia foi governada por povos estrangeiros. Mais ainda, os matemáticos babilônios continuaram na Síria pelo período conhecido como selêucida, por outros quinhentos anos ou mais.

A cultura em si era muito mais estável do que as sociedades nas quais ela se abrigou, tendo permanecido quase inalterada por cerca de 1.200 anos, às vezes desestabilizada por períodos de turbulência política. Por isso, qualquer aspecto específico da cultura babilônica que não seja um evento histórico particular provavelmente teve início bem antes dos primeiros registros conhecidos. Em especial, existem provas de que certas técnicas matemáticas, cujos primeiros registros datam de cerca de 600 AEC, na verdade existiam bem antes. Por essa razão, o personagem central deste capítulo – um escriba imaginário a quem vou dar o nome de Nabu-Shamash e com quem já nos encontramos no início de seus estudos na breve vinheta sobre os três colegas da escola – deve ter vivido por volta de 1100 AEC, tendo nascido durante o reinado do rei Nabucodonosor I.

Todos os outros personagens que encontraremos na continuação da nossa narrativa são figuras verdadeiras, que têm suas histórias individuais muito bem-documentadas. Mas, entre os milhões de tábulas que sobreviveram da antiga Babilônia, existem poucas evidências documentadas sobre indivíduos específicos que não da realeza ou pertencentes a lideranças militares. Por isso, Nabu-Shamash tem de ser uma pessoa ficcional, baseada em inferências plausíveis do que aprendemos sobre a vida cotidiana na Babilônia. Nenhuma invenção será atribuída a ele, mas Nabu corresponde a todos os outros aspectos do conhecimento babilônico que desempenham algum papel na história da simetria. Há fortes indícios de que todos os escribas babilônios passavam por um período de educação, sendo que a matemática era um componente importante dela.

O nome de nosso escriba imaginário é uma combinação de dois nomes babilônicos genuínos, o deus escrivão Nabu e o deus do Sol, Shamash. Na cultura babilônica não era incomum batizar gente normal com nomes de deuses, e a junção de dois deles talvez parecesse um exagero. Contudo, por razões narrativas, tomaremos a liberdade de chamá-lo de uma forma mais específica e contextualizada do que meramente "o escriba".

Quando Nabu-Shamash nasceu, o rei da Babilônia era Nabucodonosor I, o mais importante monarca da segunda dinastia de Isin. Não se trata do famoso rei bíblico de mesmo nome, a quem em geral nos referimos como Nabucodonosor II: o rei bíblico era filho de Nabopolassar e reinou entre 605 e 562 AEC.

O reinado de Nabucodonosor II foi palco das maiores realizações da Babilônia, tanto em termos materiais quanto de poder regional. A cidade também prosperou sob o reinado de seu homônimo anterior, quando o poder da cidade se estendeu para abranger a Acádia e as terras montanhosas ao norte. Mas, na verdade, a Acádia libertou-se do controle da Babilônia durante os reinados de Ahur-resh-ishi e de seu filho Tiglath-Pileser I, que reforçaram a própria segurança e agiram contra as tribos da montanha e do deserto que os cercavam por três lados. Então, a vida de Nabu-Shamash começa num período estável da história da Babilônia. Mas, na época em que ele se transformou num jovem adulto, a estrela da Babilônia começava a se apagar, e a vida ficava mais turbulenta.

Nabu-Shamash nasceu de uma família tipicamente "classe alta" na Cidade Velha da Babilônia, não longe do canal Libil-hegalla e perto do famoso Portão de Ishtar, um pórtico cerimonial ornamentado com tijolos de cerâmica colorida, dispostos em elaborados arranjos – touros, leões e até dragões. A estrada que passava pelo Portão de Ishtar era impressionante, com vinte metros de largura, pavimentada de lajes de calcário sobre uma camada de asfalto e com fundações de tijolos. Seu nome era "Que o inimigo não seja vitorioso" – muito típico dos nomes de rua na Babilônia –, mas era em geral conhecida como Caminho da Procissão, usado por sacerdotes para conduzir o deus Marduk pela cidade quando o cerimonial exigisse.

A casa da família de Nabu era construída com tijolos de argila e tinha paredes de dois metros de espessura, para se proteger do sol. As paredes externas tinham poucas aberturas – sendo que a principal era uma porta no nível da rua – e chegavam a uma altura de três andares, com materiais mais leves, sobretudo madeira, no andar superior. A família era dona de muitos escravos que realizavam tarefas domésticas rotineiras. Os aposentos comuns e a cozinha ficavam à direita da entrada. As salas estavam à esquerda: uma comprida sala de estar, quartos e um banheiro. Não havia banheiras na época de Nabu-Shamash, embora algumas tenham sobrevivido de outras eras: um escravo despejava água sobre a cabeça e o corpo da pessoa, mais ou menos como um chuveiro atual. Um pátio central se abria para o céu, e na parte de trás havia quartos de depósitos.

O pai de Nabu-Shamash era funcionário da corte de um rei, de nome desconhecido, que precedera Nabucodonosor I. Seus deveres eram principalmente burocráticos: ficava responsável pela administração de todo um distrito, garantindo que a lei e a ordem fossem mantidas, que os campos estivessem adequadamente irrigados e todos os impostos, recolhidos e pagos. O pai de Nabu-Shamash também fora educado como escriba, pois saber escrever e contar era uma habilidade básica para qualquer um que trabalhasse no serviço público na Babilônia.

De acordo com um decreto atribuído ao deus Enlil, todos os filhos deviam seguir os passos do pai, e esperava-se que Nabu-Shamash fizesse exatamente isso. No entanto, a capacitação como escriba abria caminho para outras escolhas de profissão.

Sabemos como era a educação de Nabu-Shamash por causa de registros detalhados, escritos em sumério por pessoas treinadas como escribas, que sobreviveram desde aquela época. Esses registros deixam claro que Nabu-Shamash teve sorte na escolha dos pais, pois somente os filhos de pessoas bens de vida podiam estudar nas escolas para escribas. Aliás, a qualidade da educação na Babilônia era tão elevada que nobres estrangeiros mandavam seus filhos estudar na cidade.

A escola se chamava Casa das Tábulas, provavelmente em referência às tabuinhas de argila usadas para a escrita e a aritmética. Contava com um professor-diretor, chamado "Perito" ou "Pai da Casa das Tábulas". Havia um professor nas salas de aula, cuja principal tarefa era fazer com que os meninos se comportassem, além de professores especializados em sumério e em matemática. Havia também monitores, chamados "grandes irmãos", cujo trabalho incluía manter a ordem. Como todos os estudantes, Nabu-Shamash morava em casa e frequentava a escola de dia, durante 24 dias de um mês de trinta dias, com três dias de folga para recreação e mais três para os festivais religiosos.

Nabu-Shamash começou seus estudos aprendendo o idioma sumério, sobretudo na forma escrita. Havia dicionários e textos gramaticais a estudar, e longas listas a copiar – sentenças legais, termos técnicos, nomes. Depois, ele passou para a matemática, e foi então que seus estudos se tornaram centrais para a nossa história.

O QUE NABU-SHAMASH APRENDIA? Para qualquer um que não seja filósofo, lógico ou matemático pedante, um número é uma fileira de dígitos. Por isso, o ano em que estou escrevendo esta frase é o de 2006, uma fileira de quatro dígitos. Mas como os pedantes logo nos lembrarão, essa fileira de dígitos não é um número, mas apenas sua notação, aliás, uma forma de notação bastante sofisticada. O sistema decimal que conhecemos utiliza apenas dez dígitos, os símbolos 0 a 9, para representar qualquer número, por maior que seja. Uma extensão desse sistema também permite a representação de números muito pequenos: mais precisamente, permite a representação de medidas numéricas com altos níveis de precisão. Por isso a velocidade da luz, de acordo com as melhores mensurações atuais, é de aproximadamente 299.792,458 quilômetros por segundo.

Estamos tão familiarizados com isso que esquecemos quanto essa notação é inteligente – e como é difícil de ser entendida quando entramos em contato com ela pela primeira vez. O principal aspecto em que tudo o mais se baseia é o seguinte: o valor numérico de um símbolo, como 2, depende de onde ele estiver colocado em relação aos outros símbolos. *O símbolo 2 não tem um significado fixo independente de seu contexto.* No número que representa a velocidade da luz, o dígito "2" logo antes da vírgula na verdade significa "dois". Mas a outra ocorrência de "2" nesse número significa "200 mil". Na data 2006, o mesmo dígito significa "2 mil".

Nós seríamos muito infelizes se tivéssemos um sistema de escrita no qual o significado de uma letra dependesse do local onde ela ocorresse na palavra. Imagine, por exemplo, como seria a leitura se duas letras "a" da palavra "alfabeto" tivessem significados diversos. Mas a notação posicional nos números é tão conveniente e eficaz que achamos difícil imaginar que alguém tenha chegado a usar outro método.

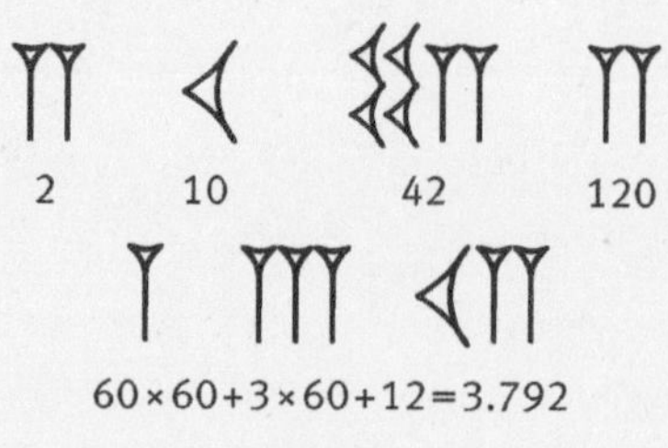

FIGURA 1: Base babilônica – 60 numerais.

Mas nem sempre foi assim. Nossa notação atual data de mais de 1.500 anos e foi introduzida na Europa pouco mais de oitocentos anos atrás. Até hoje, diferentes culturas usam símbolos diferentes para os mesmos dígitos decimais – é só observar uma cédula de dinheiro egípcio. Mas as culturas antigas escreviam números de várias e estranhas maneiras. O mais conhecido entre nós talvez seja o sistema romano, em que 2006 se transforma em MMVI. Na antiga Grécia seria $\overline{\beta}\zeta$. Em lugar de nossos 2, 20, 200 e 2.000, os romanos escreviam II, XX, CC e MM, e os gregos escreviam β, κ, σ e $\overline{\beta}$.

Os babilônios foram a primeira cultura a usar algo semelhante à nossa notação posicional. Mas havia uma diferença significativa. No sistema decimal, cada vez que um dígito é movido uma casa para a esquerda, seu valor numérico é multiplicado por 10. Por isso, 20 é 10 vezes 2 e 200 é 10 vezes 20. No sistema babilônico, cada movimento para a esquerda multiplica um número por 60. Por isso, "20" seriam 2 × 60 (120 em nossa notação) e "200" seriam 2 × 60 × 60 (7.200 na nossa notação). Claro que eles não usavam o símbolo "2": escreviam o número "dois" usando duas cópias de um símbolo comprido e fino em forma de cunha, como mostrado na Figura 1. Os números de 1 a 9 eram escritos agrupando-se o mesmo número de cópias da cunha comprida. Para números maiores que 9, eles acrescentavam outro símbolo, uma cunha virada de lado, que denotava o número 10, e empregavam os grupos desses símbolos para denotar 20, 30, 40 e 50. Então, por exemplo, o nosso número "42" eram quatro cunhas de lado seguidas por duas cunhas alongadas.

Por razões que só podemos especular, esse sistema parava no número 59. Os babilônios não agrupavam seis cunhas de lado para formar 60. Em vez disso, voltavam à cunha alongada utilizada para representar "um" e a usavam para representar "1 vez 60". Duas dessas cunhas representam 120. Mas também podiam significar "dois". O verdadeiro significado tinha de ser inferido do contexto e da posição de um símbolo em relação ao outro. Por exemplo, se houvesse duas cunhas alongadas, um espaço, e mais duas cunhas alongadas, o primeiro grupo significava "120" e o segundo, "2" – como os dois símbolos 2 no nosso 22 significam 20 e 2, respectivamente.

Esse método se aplicava a números muito grandes. Uma cunha alongada podia representar 1, ou 60, ou 60 × 60 = 3.600, ou 60 × 60 × 60 = 216.000, e assim por diante. Os três agrupamentos inferiores na Figura 1 indicam 60 × 60 + 3 × 60 + 12, que nós escreveríamos como 3.792. Um dos grandes problemas aqui é que a notação apresenta certas ambiguidades. Se você só vir duas cunhas alongadas, isso significa 2,60 × 2, ou 60 × 2, ou 60 × 60 × 2?

Uma cunha de lado seguida por duas cunhas alongadas representam 12 × 60 + 2, ou 12 × 60 × 60 + 2, ou mesmo 10 × 60 × 60 + 2 × 60? Na época de Alexandre o Grande, os babilônios tinham eliminado essas ambiguidades usando um par de cunhas diagonais para indicar que nenhum número ocorria num dado espaço; na verdade, eles tinham inventado um símbolo para o zero.

Por que os babilônios adotavam um sistema sexagesimal em lugar do conhecido sistema decimal? Talvez por terem sido influenciados pelo aspecto utilitário do número 60: sua grande variedade de divisores. O número 60 é divisível por 2, 3, 4, 5 e 6. Também é divisível por 10, 12, 15, 20 e 30. Essa característica é muito salutar quando se trata de dividir coisas como grãos ou terras entre várias pessoas.

Há um aspecto final que pode ter sido decisivo: o método babilônico de medir o tempo. Parece que os babilônios acharam mais conveniente dividir o ano em 360 dias, embora fossem excelentes astrônomos e soubessem que 365 era mais próximo, e que 365 e ¼ fosse mais próximo ainda. Mas a atração pela relação aritmética 360 = 6 × 60 era forte demais. Na verdade, quando se referiam ao tempo, os babilônios suspendiam a regra de que o movimento de um símbolo uma casa à esquerda multiplicava o seu valor por 60, e o substituíam por 6, de forma que o que deveria representar 3.600 na verdade era interpretado como 360.

Essa ênfase nos números 60 e 360 continua até hoje, nos nossos 360 graus de um círculo inteiro – um grau para cada dia babilônico –, de 60 segundos para cada minuto e de 60 minutos em cada hora. Nossas convenções culturais têm um poder de resistência incrível. Acho engraçado que, na nossa era de computadores espetaculares, os cineastas ainda datem suas criações com números romanos.

Nabu-Shamash teria aprendido tudo isso nos primeiros estágios de seus estudos, com exceção do símbolo "zero". Saberia imprimir milhares de cunhas na argila úmida, com grande rapidez. E assim como os estudantes de hoje lutam com a transição dos números inteiros para frações e decimais, Nabu-Shamash teria, afinal, de encarar o método babilônico de representação de números como metade, um terço ou subdivisões mais complicadas de uma unidade, ditadas pelas brutais realidades das observações astronômicas.

Para não ter de passar tardes inteiras desenhando cunhas, os estudiosos representam números cuneiformes com uma mistura entre o velho e o novo. Eles escrevem os números decimais em grupos sucessivos de cunhas, usando vírgulas para separá-los. Assim, registrariam o grupo final de um número como 1,3,12. Essa convenção economiza muita escrita dificultosa e é mais fácil de ler, por isso vamos seguir os estudiosos.

Como um escriba babilônio registrava um número que representasse "metade"?

Na nossa aritmética, resolvemos esse problema de duas maneiras diferentes. Ou escrevemos o número como fração, ½, ou introduzimos a famosa "vírgula decimal", e o representamos por 0,5. A notação fracionária é mais intuitiva e surgiu mais cedo na história; a notação decimal é mais difícil de entender, mas se presta melhor à computação, pois o simbolismo é uma extensão natural da regra da "notação posicional" para os números inteiros. O número 0,5 significa "5 *dividido por* 10", assim como 0,05 significa "5 dividido por 100". A mudança de um símbolo para uma casa à direita multiplica esse número por 10; a movimentação para uma casa à esquerda divide esse número por 10. Tudo muito razoável e sistemático.

Como resultado disso, a aritmética decimal é igual à aritmética de números inteiros, só exigindo mais atenção quanto ao lugar da vírgula decimal.

Os babilônios tiveram a mesma ideia, só que na base 60. A fração ½ deveria ser um número de cópias da fração $^1/_{60}$. Claro que o número certo é $^{30}/_{60}$, por isso eles escreviam "metade" como 0;30, em que os estudiosos usam o ponto e vírgula para denotar a "casa sexagesimal", que na notação cuneiforme assumia outra forma de espaçamento. Os babilônios conseguiram desenvolver cálculos bem avançados: por exemplo, o valor deles para a raiz quadrada de 2 era 1;24,51,10, que difere do verdadeiro valor em menos de uma parte em 100 mil. Eles souberam aplicar bem essa precisão tanto na matemática teórica quanto na astronomia.

A TÉCNICA MAIS ESTIMULANTE que Nabu-Shamash poderia ter aprendido, no que concerne ao tema da simetria, é a solução de equações quadráticas ou de segundo grau. Nós conhecemos bem o método babilônico para resolver equações. Dos cerca de 1 milhão de tábulas encontradas, mais ou menos 500 tratam de matemática. Em 1930, o orientalista Otto Neugebauer reconheceu que uma dessas tábulas revelava um entendimento perfeito do que hoje chamamos de equações quadráticas. Estas são equações que envolvem uma quantidade desconhecida e seu quadrado, junto com vários números específicos. Sem esse quadrado, a equação seria chamada de "linear", que é de fácil resolução. Uma equação que envolva o cubo de uma incógnita (multiplicada por si mesma, depois multiplicada pela mesma incógnita outra vez) é chamada de "cúbica". Parece que os babilônios dispunham de um método inteligente para encontrar soluções aproximadas para certos tipos de equações cúbicas, baseado em tabelas numéricas. No entanto, só conhecemos ao certo as próprias tabelas. Podemos apenas inferir a forma como eram usadas, e é provável que isso ocorresse em equações cúbicas. Mas as tabelas que Neugebauer estudou deixam claro que os escribas babilônios dominavam as equações quadráticas.

Uma dessas equações, datada de 4 mil anos atrás, pergunta: "Encontre o lado de um quadrado cuja área menos o lado é 14,30." Esse problema envolve o quadrado de uma incógnita (a área do quadrado), assim como a própria incógnita. Em outras palavras, ele pede ao leitor que resolva uma equação quadrática. A mesma tabela improvisada fornece a resposta: "Pegue metade de 1, que é 0;30. Multiplique 0;30 por 0;30, que é igual a 0;15. Some isso a 14,30 para obter 14,30;15. Esse é o quadrado de 29;30. Agora some 0;30 a 29;30. O resultado é 30, o lado do quadrado."

O que está acontecendo aqui? Vamos escrever os passos na notação moderna.

• Pegue metade de 1, que é 0;30.	½
• Multiplique 0;30 por 0;30, que é 0;15.	¼
• Some isso a 14,30 para obter 14,30;15.	870¼
• Esse é o quadrado de 29;30.	870¼ = (29½) × (29½)

- Agora some 0;30 a 29;30. — 29½ + ½
- O resultado é 30, o lado do quadrado. — 30

O passo mais complicado é o quarto, que encontra um número (é 29½) cujo quadrado é 870¼. O número 29½ é a *raiz quadrada* de 870¼. A raiz quadrada é a principal ferramenta para resolver equações quadráticas, e a álgebra nasceu quando os matemáticos tentaram usar métodos semelhantes para resolver equações mais complicadas.

Mais adiante vamos abordar esse problema usando a notação algébrica moderna. Mas é importante perceber que os babilônios não usavam uma fórmula algébrica para essa resolução. Em vez disso, eles descreviam um *procedimento* específico, sob a forma de um exemplo típico, que levava a uma resposta. Mas é claro que eles sabiam que *exatamente o mesmo procedimento funcionaria se os números fossem mudados*.

Em resumo, eles sabiam como resolver equações quadráticas, e o método que utilizavam – embora não a forma como o expressavam – era o mesmo que empregamos hoje.

COMO OS BABILÔNIOS DESCOBRIRAM esse método para resolver equações quadráticas? Não existem provas diretas, mas parece provável que eles chegaram a isso pensando em termos de geometria. Vamos abordar um problema que leve à mesma receita. Vamos supor que tenhamos encontrado uma tábula que diga: "Encontre o lado de um quadrado em que a área mais dois dos lados seja igual a 24." Em termos mais modernos, o quadrado da incógnita mais 2 × a incógnita = 24. Podemos representar essa equação como mostra a Figura 2:

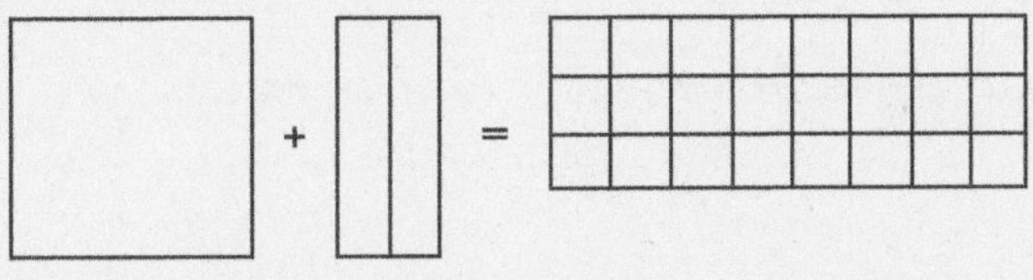

FIGURA 2: Visão geométrica de uma equação quadrática.

Aqui a dimensão vertical do quadrado e o retângulo à esquerda do sinal de igual correspondem ao desconhecido, e os pequenos quadrados são as unidades de tamanho. Se dividirmos o retângulo alto na metade e colarmos os dois pedaços no quadrado, obtemos uma forma como um quadrado sem um canto. A imagem sugere que devemos "completar o quadrado" acrescentando o canto que falta (o quadrado sombreado) aos dois lados da equação:

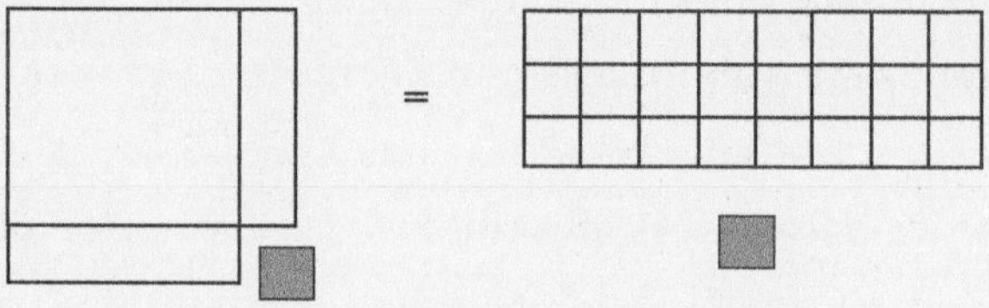

FIGURA 3: Completando o quadrado.

Agora temos um quadrado à esquerda e 25 unidades à direita. Vamos rearranjar essas unidades em um quadrado 5×5:

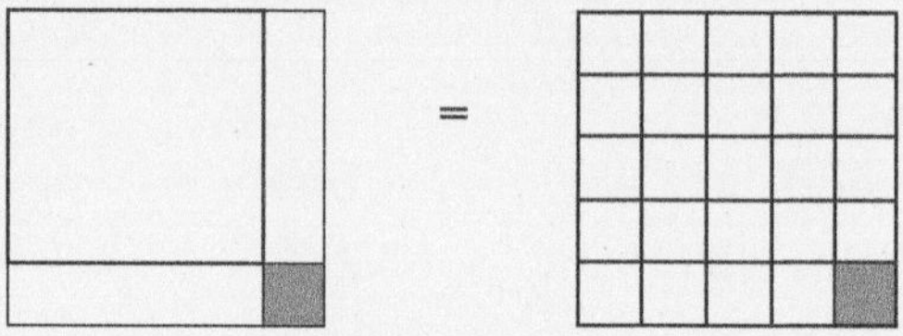

FIGURA 4: Agora a solução é óbvia.

Assim, a incógnita mais 1 ao quadrado é igual a 5 ao quadrado. Tirando a raiz quadrada, a incógnita + 1 é igual a 5 – e você não precisa ser nenhum gênio para deduzir que a incógnita é 4.

Essa descrição geométrica corresponde com precisão ao método babilônico de resolução de quadráticas. O exemplo mais complicado da tábula usa exatamente a mesma receita. A tábula só enuncia a receita e não diz de onde ela vem, mas a imagem geométrica se encaixa em outra evidência circunstancial.

2. O nome da casa

Muitos dos maiores matemáticos do mundo antigo viveram na cidade egípcia de Alexandria, cujas origens podem ser localizadas entre cinco grandes oásis a oeste do Nilo, no deserto Ocidental. Um deles é o Siwa, conhecido por seus lagos de sal que aumentam durante o inverno e encolhem no calor do verão. O sal contamina o solo e dá grande dor de cabeça aos arqueólogos, porque penetra as pedras antigas e os tijolos de argila que restaram e destrói o material das construções.

O local turístico mais conhecido de Siwa é Aghurmi, antigo templo dedicado ao deus Amon. O deus era tão sagrado que suas principais características eram totalmente abstratas, mas acabou associado a uma entidade mais física, a origem do deus Rá, o Sol. Construído durante a XXVI dinastia, o templo de Amon em Siwa abrigava um famoso oráculo especificamente associado a dois grandes eventos históricos.

O primeiro é a destruição do exército de Cambises II, rei persa que conquistou o Egito. Consta que em 523 AEC, tentando usar o oráculo de Amon para legitimar seu governo, Cambises mandou uma força militar para o deserto Ocidental. O exército chegou ao oásis de Bahariya, mas foi destruído por uma tempestade de areia a caminho de Siwa. Muitos egiptólogos suspeitam que o "exército perdido de Cambises" pode ser um mito, mas em 2000 uma equipe da Universidade de Helwan, em busca de petróleo, encontrou pedaços de tecido, metal e restos humanos na área e sugeriu que poderiam ser resquícios do exército perdido.

O segundo evento, dois séculos depois, é um fato histórico: uma visita de Alexandre o Grande a Siwa, com os mesmos objetivos de Cambises.

Alexandre era filho do rei Felipe II da Macedônia. A filha de Felipe, Cleópatra da Macedônia, casou-se com o rei Alexandre do Épiro, e Felipe foi assassinado durante as festividades. O assassino pode ter sido o amante homossexual de Felipe, Pausânias, que ficou aborrecido pelo fato de o rei não ter feito nada a respeito de uma de suas reclamações. Ou pode ter sido um plano persa elaborado por Dario III. Se esse foi o caso, o tiro saiu pela culatra, pois o exército macedônio de imediato proclamou Alexandre rei, e o famoso monarca de vinte anos partiu para a conquista da maior parte do mundo conhecido. No meio do caminho, em 332 AEC, ele conquistou o Egito sem que houvesse resistência alguma.

Querendo sedimentar sua conquista com um endosso às suas credenciais, Alexandre fez uma peregrinação a Siwa para perguntar ao oráculo se ele era um deus. Visitou o lugar sagrado sozinho e, de volta, anunciou o veredicto: sim, o oráculo tinha confirmado que ele era realmente um deus. Essa sentença se tornou a principal fonte de sua autoridade. Mais tarde, rumores anunciaram que o oráculo revelara que Alexandre era filho de Zeus.

Não está claro se os egípcios ficaram convencidos com essa frágil evidência ou se, em vista do grande exército sob o comando de Alexandre, acharam mais prudente acreditar na história. Talvez já estivessem fartos do domínio dos persas e vissem Alexandre como o menor dos males – ele foi recebido de braços abertos em Mênfis, ex-capital do Egito, exatamente por essa razão. Seja qual for a verdade por trás da história, a partir dessa data os egípcios passaram a venerar Alexandre como seu rei.

A caminho de Siwa, fascinado por uma área do país localizada entre o mar Mediterrâneo e o lago que veio a ser conhecido como Mareotis, Alexandre resolveu construir uma cidade no local. A cidade, que com toda a modéstia ele chamou de Alexandria, foi projetada pelo arquiteto grego Dinócrates a partir de um plano básico desenhado pelo próprio Alexandre. O surgimento da cidade é datado por alguns em 7 de abril de 331 AEC; a data é contestada por outros, mas deve ter sido por volta de 334 AEC. Alexandre nunca viu sua criação, porque só voltou à região para ser enterrado.

Pelo menos é o que diz a lenda validada pelo tempo, mas talvez a verdade seja mais complexa. Agora parece que muito do que acabou se tornando Alexandria já existia quando Alexandre chegou. Há muito tempo egiptólogos descobriram que diversas das inscrições não são assim tão confiáveis. O grande templo de Karnak, por exemplo, está lotado de papiros de Ramsés II, mas boa parte do templo foi construída pelo pai, Seti I. Vestígios – nem sempre esmaecidos – das inscrições relativas ao pai podem ser vistos sob os entalhes que falam de Ramsés. Esse tipo de usurpação era um lugar-comum, nem se considerava um desrespeito. Por outro lado, "desfigurar" os relevos de um predecessor – como apagar o rosto do faraó – sem dúvida era desacato, por privá-lo de seu lugar após a morte, ao destruir sua identidade.

O nome de Alexandre foi entalhado em todas as construções da antiga Alexandria. Seu nome foi gravado, por assim dizer, na própria cidade. Enquanto os faraós usurpavam um só edifício ou monumento, Alexandre usurpou uma cidade inteira.

Alexandria tornou-se um importante porto marítimo, ligado ao mar Vermelho por braços do Nilo e um canal que vai de lá até o oceano Índico e para o Oriente. Tornou-se um centro de conhecimento, com uma biblioteca famosa. Foi ali que nasceu um dos mais influentes matemáticos na história da geometria: Euclides.

SABEMOS MUITO MAIS sobre Alexandre do que sobre Euclides – embora a influência de longo prazo de Euclides na civilização possa ter sido maior. Se a matemática tivesse um endereço, este seria a "casa de Euclides". Apesar de sabermos pouco sobre sua vida, conhecemos muito de seus trabalhos. Durante vários séculos, matemática e Euclides foram sinônimos no mundo ocidental.

Por que Euclides se tornou tão conhecido? Houve outros matemáticos ainda mais importantes e mais significativos. Mas, ao longo de quase 2 mil anos, o nome de Euclides era conhecido por todos os estudantes de matemática da Europa ocidental e também do mundo árabe, num sentido mais restrito. Euclides foi autor de um dos textos matemáticos mais famosos já escritos: *Elementos de geometria* (em geral, abreviado para *Elementos*).

Quando a imprensa foi inventada, esse trabalho foi um dos primeiros livros publicados, e já teve mais de mil diferentes edições, número só superado pela Bíblia.

Sabemos um pouco mais sobre Euclides do que sobre Homero. Euclides nasceu em Alexandria, por volta de 325 AEC, e morreu aproximadamente em 265 AEC.

Dito isso, sinto-me embaraçado pela necessidade de retroceder. O fato de Euclides ter existido e de ser o único autor de *Elementos* é apenas uma entre três hipóteses. A segunda é de que ele existiu, mas não escreveu *Elementos*, pelo menos não sozinho. Euclides pode ter sido o líder de uma equipe de matemáticos que produziu o livro em conjunto. A terceira teoria – bem mais controversa, contudo ainda possível – é que a equipe existiu, mas como um grupo de jovens matemáticos, quase todos franceses, que em meados do século XII escreveu sob o nome de "Nicolas Bourbaki" e usou "Euclides" como pseudônimo coletivo. De qualquer forma, a história mais provável é que Euclides realmente tenha existido, era uma só pessoa e produziu *Elementos* sozinho.

Isso não quer dizer que Euclides tenha sido o descobridor de toda a matemática contida nas páginas de seu livro. O que ele fez foi reunir e codificar uma parcela substancial do conhecimento matemático dos antigos gregos. Tomou coisas emprestadas de seus predecessores e deixou um rico legado para os sucessores, mas também estampou sua autoridade no assunto. *Elementos* costuma ser definido como um livro de geometria, todavia também aborda a teoria dos números e uma espécie de protótipo da álgebra – tudo exposto sob o disfarce de geometria.

Sabemos muito pouco sobre a vida de Euclides. Cronistas posteriores incluíram fragmentos de informação sobre seus trabalhos, mas os estudiosos modernos não conseguiram comprovar nenhum. Eles nos dizem que Euclides deu aulas em Alexandria, e é comum inferir que tenha nascido nessa cidade, mas na verdade não sabemos ao certo. Em 450 EC, num extenso comentário sobre a matemática de Euclides escrito mais de sete séculos depois de sua morte, o filósofo Proclo escreveu:

> Euclides … reuniu *Elementos*, ordenando muitos teoremas de Eudóxio, aperfeiçoando muitos de Teeteto e trazendo também demonstrações irrefutáveis de coisas que mal haviam sido provadas por seus predecessores. Esse homem viveu na época do primeiro Ptolomeu; pois Arquimedes, que veio pouco depois do primeiro Ptolomeu, faz menção a Euclides, e, além disso, dizem que Ptolomeu certa vez lhe perguntou se havia algum atalho para estudar geometria que não fosse *Elementos*; ao que ele respondeu que não havia uma estrada dos reis para a geometria. Portanto ele é mais jovem que o círculo de Platão, porém mais velho que Eratóstenes e Arquimedes; pois estes eram contemporâneos, como diz Eratóstenes em algum lugar. Em seus objetivos, ele era platônico, sendo simpático a essa filosofia; daí ter feito a finalidade de toda a construção de *Elementos* as chamadas figuras platônicas.

O tratamento de alguns tópicos em *Elementos* fornece evidências indiretas, porém convincentes, de que Euclides deve ter estudado na Academia de Platão em Atenas, em algum período. Só lá, por exemplo, ele poderia ter aprendido a geometria de Eudóxio e Teeteto. Quanto à sua personalidade, só temos fragmentos do livro de Papus, que o descrevia como "muito justo e bem-disposto com todos os que pudessem de alguma forma avançar na matemática, cauteloso em não ofender ninguém e, embora estudioso severo, não se jactava de nada". Alguns casos ainda sobrevivem, como um contado por Estobeu. Um dos alunos de Euclides perguntou o que ele ganharia estudando geometria. Euclides chamou seu escravo e disse: "Dê-lhe uma moeda, pois ele precisa lucrar com o que aprende."

A ATITUDE DOS GREGOS em relação à matemática era muito diferente da dos babilônios e egípcios. Essas culturas viam a matemática em termos mais práticos – ainda que "prático" pudesse significar alinhar eixos por uma pirâmide de forma que o *ka* do faraó morto fosse lançado na direção de Sirius. Para alguns matemáticos gregos, os números não eram instrumentos a ser empregados para confirmar convicções místicas, mas o próprio cerne dessas convicções.

Aristóteles e Platão falam de um culto, centrado em Pitágoras, que se desenvolveu por volta de 550 AEC, que via a matemática, especialmente os números, como a base de toda a Criação. Esse culto desenvolveu ideias místicas sobre a harmonia do Universo, em parte baseado na descoberta de que as notas harmônicas de um instrumento de corda estão relacionadas a padrões matemáticos simples. Se uma corda produz uma nota, outra, com a metade de seu comprimento, irá produzir a nota uma oitava mais alta – o mais harmônico de todos os intervalos. Eles estudaram vários padrões numéricos, em especial os números poligonais, formados na organização de objetos com padrões poligonais. Por exemplo, os "números triangulares" 1, 3, 6 e 10 são formados por triângulos, e os "números quadrados" 1, 4, 9 e 16 são formados a partir de quadrados:

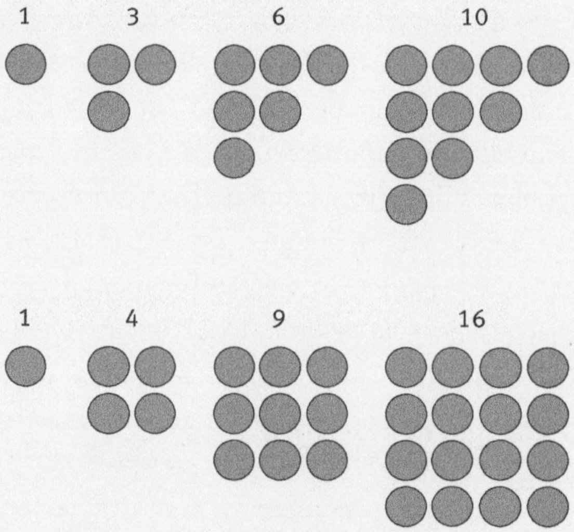

FIGURA 5: Números triangulares e quadrados.

Os pitagóricos adotavam uma numerologia meio maluca – eles consideravam o 2 macho e o 3 fêmea, por exemplo –, mas sua visão de que a estrutura profunda da natureza é matemática sobrevive até hoje como base da maioria das ciências teóricas. Embora a geometria grega posterior fosse menos mística, os gregos viam, de modo geral, a matemática como um fim em si mesmo, mais como um ramo da filosofia do que como uma ferramenta.

Há razões para acreditar que isso não conta a história toda. Já está bem estabelecido que Arquimedes, que pode ter sido pupilo de Euclides, empregou suas habilidades matemáticas para projetar poderosas máquinas de guerra. Alguns intricados mecanismos gregos, cujo minucioso projeto e a precisão na manufatura insinuam uma tradição bem-desenvolvida de artesanato, sobrevivem até hoje – uma antiga versão da "matemática aplicada". Talvez o mais conhecido exemplo seja a máquina encontrada no mar perto da pequena ilha de Anticítera, que parece um dispositivo de cálculo para fenômenos astronômicos, construído a partir de um complexo conjunto de rodas dentadas interligadas.

Elementos de Euclides sem dúvida se encaixa nessa visão rarefeita da matemática grega – possivelmente porque essa perspectiva se baseia em grande parte em *Elementos*. A principal ênfase do livro é a lógica e a demonstração, sem indicações de aplicações práticas. Para a nossa história, o aspecto mais importante de *Elementos* não é o que o livro contém, mas o que não está incluído.

EUCLIDES É RESPONSÁVEL por duas grandes inovações. A primeira é o conceito de demonstração. Euclides se recusava a aceitar qualquer enunciado matemático como verdadeiro, a não ser que fosse demonstrado por uma sequência de passos lógicos deduzidos de enunciados que já se sabiam verdadeiros. A segunda inovação reconhecia que o processo demonstrativo devia começar em algum lugar, e que as proposições iniciais não podiam ser provadas. Por isso, Euclides partia de cinco suposições básicas sobre as quais se apoiavam suas deduções posteriores. Quatro são simples e diretas: dois pontos podem ser ligados por uma reta; pode-se sempre estender qualquer reta finita; um círculo pode ser traçado em qualquer centro e com qualquer raio; todos os ângulos retos são iguais.

Mas o quinto postulado é bem diferente. É longo e complicado, e o que afirma não é tão óbvio ou razoável. Sua principal implicação é a existência de linhas paralelas – linhas retas que jamais se encontram, mas correm sempre na mesma direção, separadas pela mesma distância, como dois acostamentos beirando os lados de uma estrada longa e perfeitamente reta. O que Euclides de fato postula é: se uma reta, ao interceptar duas outras, forma, de um mesmo lado, ângulos internos cuja soma é menor que dois ângulos retos, então essas duas retas, caso prolongadas indefinidamente, interceptam-se, fazendo-o exatamente no lado no qual essa soma é menor do que dois ângulos retos. Essa suposição é o equivalente lógico da existência de exatamente uma linha paralela a outra dada linha e passando por um dado ponto (não na linha dada).

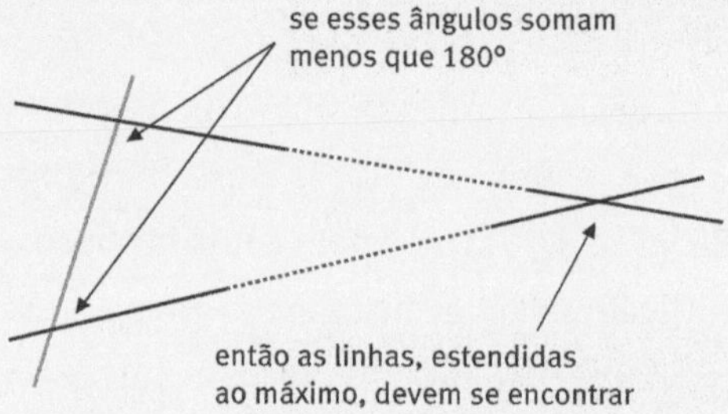

FIGURA 6: Quinto postulado de Euclides.

Durante séculos o quinto postulado foi considerado uma mácula – algo a ser eliminado, porque poderia ser deduzido dos outros quatro ou ser substituído por algo mais simples e tão óbvio quanto os outros. Mas, no século XIX, os matemáticos entenderam que Euclides estava absolutamente certo em incluir esse quinto postulado, pois não conseguiram provar que ele poderia ser deduzido das outras suposições.

PARA EUCLIDES, as demonstrações lógicas eram um aspecto essencial da geometria, e essas provas continuam fundamentais para a atividade matemática. Qualquer afirmação de que falte uma prova é vista com suspeita, por mais que as evidências circunstanciais a favoreçam e por mais importantes que possam ser suas implicações. Físicos, engenheiros e astrônomos tendem a ver essas provas com desdém, como uma espécie de apêndice pedante, pois dispõem de um eficiente substitutivo: a observação.

Por exemplo, imagine um astrônomo tentando calcular os movimentos da Lua. Ele escreve equações matemáticas que determinam o movimento do satélite, mas logo empaca, porque parece não haver uma forma de resolver essas equações com exatidão. Nesse caso, o astrônomo pode burilar as equações, introduzindo várias aproximações simplificadoras. Já o matemático fica preocupado com que as aproximações possam ter um efeito grave na resposta, e vai querer provar que elas não causam problemas. O astrônomo tem uma maneira diferente de verificar se sua atitude faz sentido. Ele pode verificar se o movimento da Lua corresponde a seus cálculos. Se corresponder, isso ao mesmo tempo justifica o método (por ter resultado na resposta certa) e verifica a teoria (pela mesma razão). A lógica aqui não é circular, pois se o método for matematicamente inválido, o astrônomo com certeza não vai conseguir prever o movimento da Lua.

Sem o luxo da observação ou dos experimentos, os matemáticos precisam verificar seus trabalhos segundo a lógica interna. Quanto mais importantes forem as implicações de uma afirmação, mas importante será garantir que a afirmação é verdadeira. Por isso a prova se torna ainda mais crucial quando se afirma algo que todo mundo quer que seja verdade, ou que teria enormes implicações se *fosse* verdade.

As provas não podem se apoiar no ar e não podem retroceder aos antecedentes lógicos para sempre. Elas precisam começar em algum lugar, e o ponto em que começam será por definição coisas que não foram – nem serão – provadas. Hoje chamamos essas suposições iniciais não comprovadas de *axiomas*. Para um jogo matemático, os axiomas são as regras do jogo.

Qualquer pessoa que tiver objeções relativas aos axiomas pode mudá-los, se quiser: mas o resultado será um jogo diferente. Os matemáticos não afirmam que um enunciado é a *verdade*: eles dizem que, se considerarmos inúmeras suposições, a consequência lógica delas será o enunciado em questão. Isso não quer dizer que o axioma não possa ser contestado. Os matemáticos podem debater se um dado sistema axiomático é melhor que outro para algum propósito, ou se o sistema tem algum mérito ou interesse intrínsecos. Mas essas disputas não dizem respeito à lógica interna de qualquer jogo axiomático específico. Elas se referem aos jogos que valem mais a pena, são mais interessantes ou divertidos.

As consequências dos axiomas de Euclides – sua longa cadeia de deduções lógicas cuidadosamente selecionadas – são muito abrangentes. Por exemplo, ele demonstra – com uma lógica considerada impecável, na época – que se você concordar com os axiomas, irá necessariamente concluir que:

- O quadrado da hipotenusa de um triângulo retângulo é igual à soma dos quadrados dos outros dois lados, os catetos.
- Há uma infinidade de números primos.
- Há números irracionais – não exprimíveis por uma fração exata. Um exemplo é a raiz quadrada de 2.
- Há exatamente cinco sólidos regulares: tetraedro, cubo, octaedro, dodecaedro e icosaedro.
- Um ângulo pode ser dividido exatamente em duas partes iguais usando-se apenas régua e compasso.
- Polígonos regulares com 3, 4, 5, 6, 8, 10 e 12 lados podem ser construídos com precisão usando-se apenas régua e compasso.

Expressei esses "teoremas", como chamamos qualquer enunciado matemático que seja demonstrado, em nossos termos modernos. O ponto de vista de Euclides é bem diferente: ele não trabalhava diretamente com números. Tudo o que interpretamos como propriedades dos números é enunciado por Euclides em termos de comprimentos, áreas e volumes.

O conteúdo de *Elementos* é dividido em duas categorias principais. Há os teoremas, que nos dizem que alguma coisa é verdade; e as construções, que nos dizem como *fazer* alguma coisa.

Um teorema típico e famoso é a proposição 47 do livro I de *Elementos*, em geral conhecido como teorema de Pitágoras, que nos diz que o lado maior de um triângulo retângulo tem uma relação especial com os outros dois lados. Mas isso não nos fornece um método para atingir um objetivo, pelo menos não sem algum esforço de interpretação.

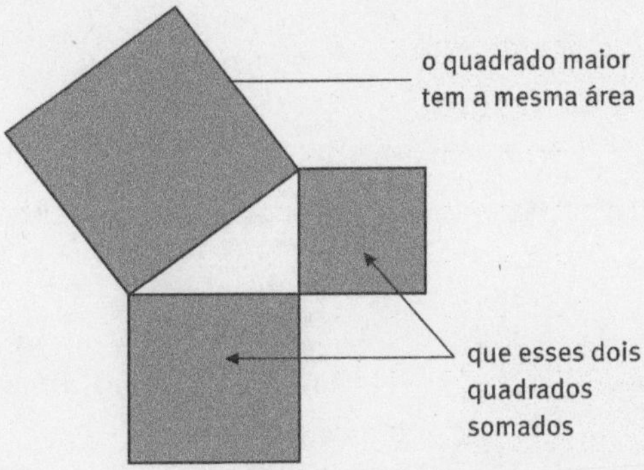

FIGURA 7: O teorema de Pitágoras.

Uma construção importante na nossa história é a proposição 9 do livro I, em que Euclides resolve o "problema da bissecção" de ângulos. O método de Euclides para a bissecção de um ângulo é simples, porém inteligente, dadas as técnicas limitadas naqueles primeiros estágios de desenvolvimento.

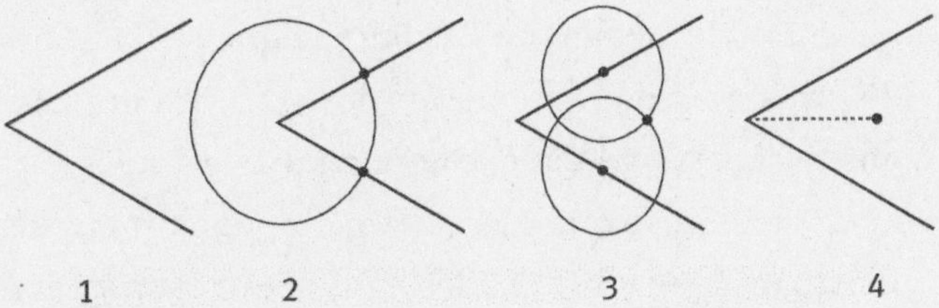

FIGURA 8: Como fazer a bissecção de um ângulo com régua e compasso.

Dado (1) um ângulo entre dois segmentos de reta, (2) coloque a ponta do compasso onde os segmentos se encontram e desenhe um círculo que encontre os segmentos em dois pontos, um em cada qual (pontos escuros). Agora (3) desenhe dois círculos de raios iguais, cada qual centrado nesses novos pontos. Eles se encontram em outros dois pontos (só um está marcado); (4) a bissetriz desejada (pontilhada) passa por esses dois pontos.*

Repetindo essa construção, podemos dividir um ângulo em 4, 8 ou 16 partes iguais – o número dobra a cada vez, de forma que obtemos potências de 2, que são 2, 4, 8, 16, 32, 64, e assim por diante.

Como já mencionei, o principal aspecto de *Elementos* que afeta nossa história não é o que o livro contém, mas o que não inclui. Euclides não forneceu nenhum método para:

- Dividir um ângulo em *três* partes iguais ("trissecção do ângulo").
- Construir um polígono regular de 7 lados.
- Traçar uma linha cujo comprimento seja igual à circunferência de um dado círculo ("retificação da circunferência").
- Construir um quadrado cuja área seja igual à de um dado círculo ("quadratura do círculo").
- Construir um cubo cujo volume seja exatamente o dobro de um dado cubo ("duplicação do cubo").

Às vezes se diz que os próprios gregos viam essas omissões como lacunas no monumental trabalho de Euclides, e que se dedicaram muito a repará-las. Historiadores da matemática descobriram poucas evidências em apoio à afirmação. Na verdade, os gregos sabiam solucionar todos os problemas mencionados, só que precisavam empregar métodos não disponíveis no contexto da época de Euclides. Todas as construções de Euclides eram feitas com uma régua não graduada e um compasso. Os geômetras gregos podiam dividir um ângulo em três usando curvas especiais chama-

* Na matemática clássica, a ideia de "construção com régua e compasso" é um pouco mais restritiva que a usada hoje. Nela, o compasso não poderia ser usado para transporte de distâncias. (N.R.T.)

das seções cônicas, e conseguiam obter a quadratura do círculo lançando mão de outra curva especial chamada quadratrix. Por outro lado, parece que eles não perceberam que quando você consegue dividir ângulos em três, consegue também construir um polígono regular de 7 lados. (Estou falando *sete* lados mesmo. Existe uma construção fácil para um polígono de 9 lados, mas há também uma forma muito inteligente de construir um polígono de 7 lados.) Aliás, parece que eles não perceberam nada das consequências da trissecção. Acho que nem estavam pensando nisso.

Matemáticos que vieram depois viram as omissões de Euclides sob outra luz. Em vez de procurar novas ferramentas para resolver esses problemas, eles começaram a ponderar sobre até onde poderiam chegar com as ferramentas limitadas usadas por Euclides: régua e compasso. (E sem apelar para marcas na régua: os gregos sabiam que as "construções por neusis", com réguas de cálculo e alinhamentos de pontos, trifurcavam um ângulo com precisão e eficácia. Um desses métodos foi criado por Arquimedes.) Levou um bom tempo para se descobrir o que podia e o que não podia ser feito – e para demonstrar isso. No final dos anos 1800, sabíamos, afinal, que nenhum dos problemas citados era resolvido recorrendo-se apenas a régua e compasso.

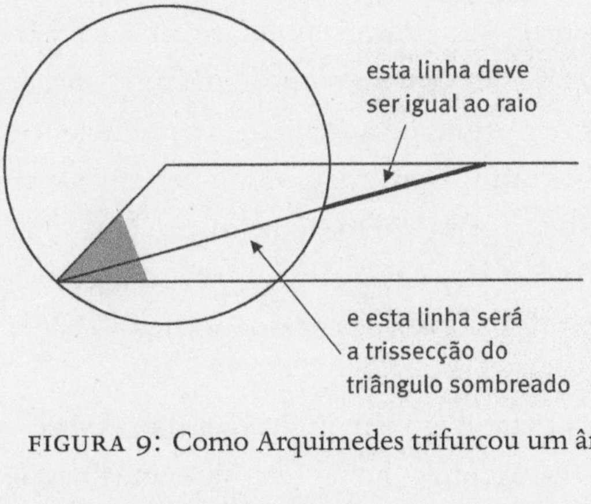

FIGURA 9: Como Arquimedes trifurcou um ângulo.

Essa foi uma descoberta notável. Em lugar de demonstrar que um método específico resolvia um problema específico, os matemáticos estavam aprendendo a provar o contrário, de uma forma muito radical: que *nenhum* método deste ou daquele tipo é capaz de resolver um problema deste ou daquele tipo. Os matemáticos começaram a aprender as limitações inerentes ao que estudavam. Com uma fascinante reviravolta: enquanto enunciavam essas limitações, eles conseguiram provar que, na verdade, elas não eram genuínas.

Para evitar mal-entendidos, quero apontar alguns aspectos importantes a respeito da questão da trissecção.

O que se exige nela é uma construção *exata*. Esta é uma condição estrita no interior da formulação idealizada pela geometria dos gregos, na qual as linhas são infinitamente finas e os pontos têm dimensão zero. Isso exige a divisão de um ângulo em três partes *exatamente* iguais. Não com uma diferença de 10 casas decimais, nem 100 ou 1 bilhão – a construção deve ser *infinitamente* precisa. Nesse mesmo espírito, é possível colocar a ponta do compasso com precisão infinita em qualquer ponto dado ou construído depois; podemos ajustar o raio do compasso, com precisão infinita, na mesma distância entre qualquer dos dois pontos; e podemos traçar uma linha reta que passa *exatamente* por um deles.

Não é o que acontece na dura realidade. Então, a geometria de Euclides é inútil no mundo real? Não. Por exemplo, se você fizer o que Euclides prescreve na proposição 9, com um compasso e um papel de verdade, vai obter uma boa bissetriz. Antes do advento dos computadores gráficos, era assim que os artesãos bifurcavam ângulos nos desenhos técnicos. A idealização não é um furo: é a principal razão pela qual a matemática funciona. Com um modelo idealizado, é possível raciocinar com lógica, pois sabemos exatamente quais as propriedades dos nossos objetos. O bagunçado mundo real não funciona assim.

Mas as idealizações também têm limitações que às vezes tornam o modelo inapropriado. Por exemplo, linhas infinitamente finas não funcionam bem nas sinalizações no asfalto das estradas. O modelo tem de ser ajustado ao contexto. O modelo de Euclides serve para nos ajudar a elaborar as relações lógicas entre enunciados geométricos. Como bônus, também pode nos ajudar a entender o mundo real, mas com certeza isso não era o mais importante em seu pensamento.

O comentário a seguir está relacionado a isso, mas aponta numa direção bem diferente. Não existe problema em construir ângulos trifurcados por aproximação. Se você necessitar de uma precisão de 1% ou de 1.000%, isso pode ser feito. Se o erro for de um milésimo da espessura da linha traçada pelo lápis, isso não chega a ser um problema no desenho técnico. O problema matemático é sobre a divisão *ideal* de um ângulo em três partes. Será que um ângulo arbitrário pode ser dividido exatamente em três? E a resposta é "não".

As pessoas costumam dizer que "não se pode provar uma negativa". Os matemáticos sabem que isso é bobagem. Além do mais, as negativas exercem seu próprio fascínio, em especial quando são necessários novos métodos para prová-las. Em geral esses métodos são mais poderosos e mais interessantes que uma solução positiva. Quando alguém inventa um novo método para caracterizar essas coisas que podem ser construídas usando-se régua e compasso, e diferenciá-las das que não podem, nós obtemos *uma maneira de pensar inteiramente nova*. E com isso temos novos pensamentos, novos problemas, novas soluções – e novas teorias e ferramentas matemáticas.

Ninguém pode usar uma ferramenta que ainda não tenha sido construída. Você não pode ligar para um amigo do seu telefone celular se o telefone celular ainda não existir. Não se pode comer um suflê de espinafre se ninguém ainda inventou a agricultura ou descobriu o fogo. Por isso, a construção de ferramentas é tão importante quanto a solução de problemas.

A CAPACIDADE DE DIVIDIR ÂNGULOS em partes iguais está relacionada a algo muito mais bonito: a construção de polígonos regulares.

Um polígono (palavra grega para "muitos ângulos") é uma forma fechada composta por linhas retas. Triângulos, quadrados, retângulos ou losangos como este ◊ são todos polígonos. Um círculo não é um polígono, pois seu "lado" é curvo, não uma série de linhas retas. Um polígono é regular quando todos os lados têm o mesmo tamanho e cada par de lados consecutivos se encontra no mesmo ângulo. Eis aqui polígonos regulares com 3, 4, 5, 6, 7 e 8 lados:

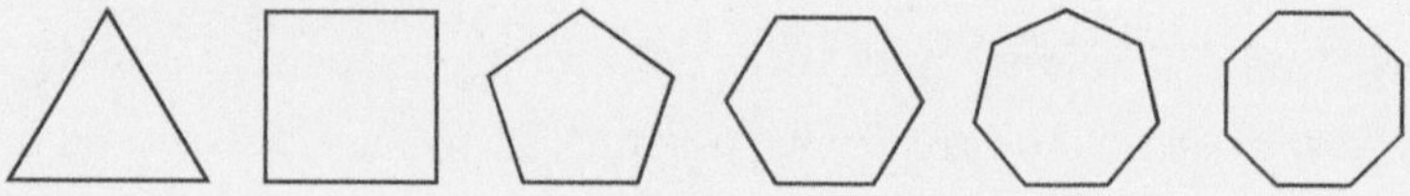

FIGURA 10: Polígonos regulares.

Seus nomes técnicos são triângulo equilátero, quadrado (regular), pentágono, hexágono, heptágono e octógono. De uma forma menos elegante, eles podem ser chamados de 3-gono, 4-gono, 5-gono, 7-gono e 8-gono. Essa terminologia parece feia, mas, quando precisamos nos referir a um polígono regular de 17 lados – como faremos em breve –, o termo 17-gono é bem mais prático que "heptadecágono" ou "heptacaidecágono". E se falarmos do 65.537-gono (sim, esse também!) – bem, você já entendeu.

Euclides e seus predecessores devem ter pensado muito sobre quais desses polígonos regulares podiam ser construídos, pois ele formula a construção de muitos deles. Isso acabou por se tornar uma questão fascinante, e realmente muito espinhosa. Os gregos sabiam como construir polígonos regulares quando o número de lados é igual a

$$3, 4, 5, 6, 8, 10, 12, 15, 16, 20.$$

Agora sabemos que eles *não podem* ser construídos quando o número de lados é igual a

$$7, 9, 11, 13, 14, 18, 19,$$

o que nos deixa um número nesse intervalo ainda inexplicável, o 17. A história do 17-gono será contada no momento adequado, pois é importante por outras razões além das puramente matemáticas.

Quando falamos sobre geometria, não existe substituto para o desenho numa folha de papel com uma régua e um compasso de verdade. Dá uma boa sensação de como as coisas se juntam. Vou conduzir vocês pela minha construção favorita de um hexágono regular. Aprendi isso num livro que meu tio me deu no final dos anos 1950, chamado *Man Must Measure*, e é adorável:

1 2 3 4 5

FIGURA 11: Como construir um hexágono regular.

Fixe o raio do compasso na mesma medida, de forma que todos os círculos sejam do mesmo tamanho. (1) Desenhe um círculo. (2) Escolha um ponto nele e trace um círculo centrado nesse ponto. A linha cruza o círculo original em dois novos pontos. (3) Desenhe círculos com esses pontos como centros, para obter novas intersecções. (4) Desenhe círculos com três pontos como centro; todos passam pelas mesmas intersecções. Os seis pontos podem agora ser ligados para formar um hexágono regular. É esteticamente gratificante (embora não necessário do ponto de vista matemático) completar a imagem com: (5) Desenhe um círculo centrado no sexto ponto. Nesse caso, os seis círculos se encontram no centro do círculo original, formando uma flor.

Euclides usou um método muito semelhante, mais simples, porém não tão bonito, e *demonstrou* que funciona: você pode encontrar isso na proposição 15 do livro IV de *Elementos*.

3. O poeta persa

> Acorda! Pois o Sol, que dispersou em fuga
> as estrelas ao redor no Campo da Noite,
> traz a noite do Céu e atinge
> a Torre do Sultão com um Dardo de Luz.

Para a maioria de nós, o nome de Omar Kayyan está associado de modo indelével ao seu longo poema irônico, os *Rubaiyat*, em especial com a elegante tradução para o inglês feita por Edward Fitzgerald. Para os historiadores da matemática, porém, Kayyan goza de uma fama bem maior. Ele teve papel de destaque entre os matemáticos persas e árabes que pegaram a tocha onde os gregos a deixaram, e continuaram a desenvolver novas matemáticas na época em que os estudiosos da Europa ocidental mergulhavam na Idade das Trevas e trocavam a demonstração de teoremas por debates teológicos.

Uma das grandes realizações de Kayyan foi a resolução de equações cúbicas com os respeitáveis métodos da geometria grega. Suas técnicas tiveram de ir além da régua e do compasso, que limitam tacitamente a geometria de Euclides, pelo simples fato de esses instrumentos não estarem à altura da tarefa – fato do qual os gregos já suspeitavam, mas não podiam provar, porque lhes faltava o ponto de vista necessário, que não era a geometria, mas a álgebra. Porém os métodos de Kayyan não foram *muito* além da régua e do compasso. Ele utilizou curvas especiais chamadas "seções cônicas", por serem construídas seccionando-se um cone com um plano.

Diz a sabedoria convencional nos textos de ciência popular que cada equação impressa reduz à metade a vendagem de um livro. Se for verdade, esta é uma má notícia, pois ninguém conseguiria entender alguns dos temas-chave deste livro sem algumas equações. O próximo capítulo, por exemplo, é sobre as descobertas pelos matemáticos do Renascimento das fórmulas para resolver qualquer equação cúbica ou quártica. Eu posso deixar de mostrar como são as fórmulas quárticas, mas realmente vamos precisar dar uma rápida olhada na fórmula da equação cúbica. Sem isso, eu só poderia dizer algo como "multiplique alguns números por alguns outros e some alguns números e extraia a raiz cúbica do resultado; depois faça a mesma coisa outra vez com números ligeiramente diferentes; finalmente, some os dois resultados. Ah, esqueci de mencionar – você também tem que fazer algumas divisões".

Alguns autores têm contestado a sabedoria convencional e até escrito livros *sobre* equações. Eles parecem estar seguindo o velho ditado do *showbiz*: "Se você usar uma perna de pau, faça questão de mostrá-la." Bem, em certo sentido, este livro também é sobre equações; mas assim como você pode escrever um texto sobre montanhas sem exigir que seus leitores escalem uma delas, também é possível escrever um livro sobre equações sem exigir que os leitores as solucionem. Ainda assim, os leitores de um livro sobre montanhas provavelmente não vão entender muito se nunca estiveram numa montanha, por isso será uma grande ajuda se eu mostrar a vocês algumas equações cuidadosamente selecionadas.

As regras básicas que jogam a nosso favor são as seguintes: a palavra é "mostrar". Eu quero que você *veja* a equação. Não é preciso fazer *nada* com ela. Quando necessário, vou pegar pedaços de uma equação e explicar quais aspectos são importantes para a nossa história. Eu não vou pedir *jamais* que você resolva uma equação ou faça cálculos. E vou fazer o possível para evitá-las.

Quando você as conhece melhor, na verdade, as equações são muito amigáveis. São claras, concisas, às vezes até bonitas. O verdadeiro segredo das equações é que elas são uma linguagem simples e clara para descrever certas "receitas" de calcular coisas. Quando puder dar a receita em palavras, ou apresentar uma noção em que os detalhes não sejam importantes, vou fazer isso. Em raras ocasiões, porém, o uso de palavras torna-se tão incômodo que vou ter de lançar mão dos símbolos.

Existem três tipos de símbolos importantes para este livro, e vou mencionar dois deles agora. Um é o nosso velho amigo x, "a incógnita". Esse símbolo representa um número que ainda não conhecemos, mas cujo valor tentamos encontrar desesperadamente.

O segundo tipo de símbolo é formado por pequenos números elevados, como ^{2}, ou ^{3} ou ^{4}. São instruções para multiplicar algum número por si mesmo o número certo de vezes. Assim, 5^3 representa $5 \times 5 \times 5$, que é igual a 125, e x^2 significa $x \times x$, onde x é o nosso símbolo para um número desconhecido. Essa simbologia é conhecida como "ao quadrado", "ao cubo", "elevado à quarta potência" etc., e a chamamos de *potências* do número em questão.

Não faço a menor ideia de por que é assim. Mas eles têm de ter algum nome.

OU O MÉTODO BABILÔNIO para resolver equações quadráticas foi passado para os antigos gregos, ou eles o reinventaram. Héron, que viveu em Alexandria em algum período entre 100 AEC e 100 EC, debateu um problema tipicamente babilônico segundo a terminologia grega. Por volta do ano 100, Nicômano, talvez um árabe vindo da Judeia, escreveu um livro chamado *Introdução à aritmética*, no qual abandonava a tradição grega de representar números com quantidades geométricas como áreas e comprimentos. Para Nicômano, os números eram quantidades em si mesmos, não comprimentos de linhas. Nicômano era pitagórico, e seu trabalho mostra isso: ele só lida com números inteiros e suas proporções, sem usar símbolos. Seu livro se tornou um texto de referência na aritmética durante o milênio seguinte.

O simbolismo entrou na álgebra com o trabalho de um matemático grego chamado Diofante, por volta do ano 500. A única coisa que sabemos sobre Diofante é a idade em que morreu, e isso chegou até nós por um caminho de autenticidade duvidosa. Uma coletânea grega de problemas algébricos inclui a seguinte questão: "Diofante passou um sexto de sua vida como garoto. Sua barba cresceu depois de mais um doze avos. Ele se casou depois de outro um sétimo, e seu filho nasceu cinco anos depois. O filho viveu a metade da vida do pai, e o pai morreu quatro anos depois do filho. Que idade tinha Diofante quando morreu?"

Usando os métodos desse antigo algebrista, ou mesmo métodos mais modernos, pode-se deduzir que ele devia ter 84 anos. Era uma boa idade, supondo que o problema algébrico se baseava num fato real, o que é questionável.

Isso é tudo o que sabemos a respeito da vida de Diofante. Mas conhecemos bem mais seus livros, chegados até nós por meio de cópias posteriores e referências em outros documentos. Ele escreveu uma obra sobre números poligonais, e algumas partes dela sobreviveram. É apresentada no estilo euclidiano, demonstra teoremas usando argumentos lógicos e tem pouca importância matemática. Muito mais significativos foram os treze livros da *Aritmética*. Seis deles ainda existem graças a uma cópia grega feita no século XIII a partir de uma versão anterior. Outras quatro apareceram num manuscrito encontrado no Irã, mas nem todos os estudiosos estão convencidos de que remetem a Diofante.

Aritmética é apresentado como uma série de problemas. No prefácio, Diofante diz que o escreveu como um livro de exercícios para um de seus alunos. Ele usou um símbolo especial para a incógnita, e diferentes símbolos para dizer "ao quadrado" e "ao cubo" que parecem abreviaturas das palavras *dynamis* ("potência") e *kybos* ("cubo"). A notação não é muito estruturada. Diofante acrescenta símbolos enfileirando-os uns depois dos outros (como fazemos agora na multiplicação), mas sem um símbolo específico para a subtração. Ele apresenta até um símbolo para igualdade, embora este possa ter sido introduzido pelos copistas.

Acima de tudo, *Aritmética* fala sobre resolução de equações. O primeiro livro entre os que sobreviveram discute equações lineares; os outros cinco tratam de vários tipos de equações quadráticas, em geral com várias incógnitas, e algumas equações cúbicas especiais. Um aspecto-chave é que as respostas são sempre números inteiros ou racionais. Hoje chamamos uma equação de "diofantina" se suas soluções se restringirem a números inteiros ou racionais. Eis um exemplo típico de *Aritmética*: "Encontre três números tais que a soma entre eles, e a soma de quaisquer dois deles, seja um quadrado perfeito." Tente – não é nada fácil. A resposta de Diofante é 41, 80 e 320. A soma dos três é $441 = 21^2$. A soma dos pares são $41 + 80 = 121 = 11^2$; $41 + 320 = 361 = 19^2$; e $80 + 320 = 400 = 20^2$. Diofante era bem espertinho.

As equações de Diofante são muito importantes para a moderna teoria dos números. Um famoso exemplo é o "último teorema de Fermat", que afirma que dois cubos perfeitos, ou de potências mais altas, não podem ser somados e formar uma potência igual. Com quadrados, isso é fácil, e remete a Pitágoras: $3^2 + 4^2 = 5^2$, ou $5^2 + 12^2 = 13^2$. Mas não podemos fazer a mesma coisa com números ao cubo, à quarta potência, à quinta potência ou com qualquer potência maior que dois. Pierre de Fermat rabiscou essa conjectura (sem provas; apesar do nome, não era um teorema) à margem de seu exemplar de *Aritmética* por volta de 1650. Demorou quase 350 anos até que Andrew Wiles, estudioso da teoria dos números nascido na Inglaterra, mas que morava nos Estados Unidos, provasse que Fermat estava certo.

A tradição histórica na matemática às vezes é muito longa.

A ÁLGEBRA SÓ ENTROU EM CENA na matemática em 830, quando o palco da ação já havia se mudado do mundo grego para o árabe. Nesse ano, o astrônomo Mohamed ibn Musa al-Khwarizmi escreveu um livro chamado *al-Jabr w'al Muqabala*, que se traduz mais ou menos como "restauração e simplificação". As palavras se referem a técnicas padronizadas para manipular equações de modo a enunciá-las numa forma melhor para a solução. É de *al-Jabr* que vem a palavra "álgebra". A primeira tradução para o latim, no século XII, tem o título *Ludus algebrae et almucgrabalaeque*.

O livro de al-Khwarizmi mostra sinais de influências anteriores, gregas e babilônias, e também se apoia em ideias introduzidas na Índia por Brahmagupta por volta do ano 600. Explica como resolver equações lineares e quadráticas. Os sucessores imediatos de al-Khwarizmi trabalharam na resolução de alguns tipos especiais de equações cúbicas. Entre eles estão Tabit ibn Qorra, médico, astrônomo e filósofo que viveu em Bagdá e era pagão, e um egípcio chamado al-Hasan ibn al-Haitham, em geral mencionado em textos ocidentais posteriores como Alhazen. Mas o mais famoso de todos foi Omar Kayyan.

O nome completo de Omar era Ghiyath al-Din Abu'l-Fath Umar ibn Ibrahim Al-Nisaburi al-Khayyami. A palavra "al-Khayyami" é traduzida literalmente como "fabricante de tendas", que alguns estudantes acreditam ter sido o ofício de seu pai, Ibrahim. Omar nasceu na Pérsia, em 1047, e passou a maior parte da vida produtiva em Nishapur. É possível localizar a cidade num atlas com o nome de Neyshabur, perto de Masshad, na província de Koroso, no nordeste do Irã, perto da fronteira com o Turcomenistão.

Diz a lenda que, na juventude, Omar saiu de casa para estudar islamismo e o Corão com um famoso clérigo, o imã Mowaffak, que morava em Nishapur. Lá ficou amigo de dois colegas estudantes, Hasan Sabah e Nizam al-Mulk, e os três selaram um pacto. Se um deles ficasse rico e famoso – o que não era improvável para os alunos de Mowaffak –, essa pessoa dividiria sua fortuna e o poder com os outros dois.

Os três completaram seus estudos, os anos se passaram, e o pacto continuou valendo. Nizam viajou para Cabul. Menos ambicioso em termos políticos, Omar passou algum tempo como fabricante de tendas – outra versão possível para o nome "Al-Khayyami". A ciência e a matemática se tornaram sua paixão, e ele dedicou a maior parte do tempo livre às duas matérias. Afinal Nizam voltou, conseguiu um cargo no governo e se tornou administrador dos negócios do sultão Alp Arslan, com escritório em Nishapur.

Como Nizam tornou-se rico e famoso, Omar e Hasan reivindicaram seus direitos do pacto. Nizam pediu permissão ao sultão para ajudar os amigos, e quando o pedido foi atendido, ele honrou o acordo. Hasan assumiu um emprego governamental bem-pago, mas Omar só queria continuar seus estudos científicos em Nishapur, onde pediria pela saúde e o bem-estar de Nizam. Seu ex-colega de escola arranjou um salário do governo para Omar, deixando-lhe tempo livre para estudar, e o acordo foi fechado.

Algum tempo depois, Hasan tentou desbancar um funcionário superior e perdeu a sinecura, mas Omar continuou tranquilo e foi designado para uma comissão cuja tarefa era reformar o calendário. O sistema de datação persa baseava-se nos movimentos do Sol, e a data do primeiro dia do ano estava sujeita a mudanças, o que era confuso. Aquele era o trabalho certo para um matemático competente, e Omar aplicou seus conhecimentos de matemática e astronomia para calcular quando seria o dia de ano-novo em determinado ano.

Foi mais ou menos nesse período que ele escreveu os *Rubaiyat*, que pode ser traduzido como "quartetos", uma forma poética. Um *rubai* era uma estrofe de quatro linhas com uma rima muito específica – mais precisamente, um entre dois padrões possíveis –, e um *rubaiyat* era uma coletânea de versos nessa forma. Um dos versos faz uma nítida referência ao trabalho de Omar de reformulação do calendário:

Ah, mas meus cálculos, dizem as pessoas,
Reduziram o ano à melhor contagem? Não,
Só se referia ao calendário
O amanhã não nascido e o ontem morto.

Os versos de Omar não são nada religiosos. Muitos louvam o vinho e seus efeitos. Por exemplo:

Há pouco tempo, perto da porta da taberna entreaberta,
Entrou brilhante pelo crepúsculo a forma de um anjo
Carregando uma ânfora sobre os ombros; e
Ele me convidou para provar; e era... a uva!

Há também referências oblíquas e alegóricas ao vinho:

Seja em Nishapur ou na Babilônia,
Seja o copo com doce ou amargo rum,

O vinho da vida continua a escoar gota a gota,
As folhas da vida continuam a cair uma a uma.

Outros versos zombam de crenças religiosas. É de ponderar o que o sultão pensava do homem que havia empregado, e o que o imã achava do resultado de seus ensinamentos.

Enquanto isso, o desacreditado Hasan foi obrigado a sair de Nishapur e entrou para uma quadrilha de bandidos, na qual recorreu à sua educação superior para se tornar o chefe. Sob o comando de Hasan, em 1090, esses bandidos tomaram o castelo de Alamut, no monte Elbrus, ao sul do mar Cáspio. O bando aterrorizou a região, e logo Hasan se tornou famoso como o Velho das Montanhas. Seus seguidores, conhecidos como os *Hashishiyun*, por serem usuários do haxixe (uma forma muito potente de maconha), construíram seis fortificações na montanha, de onde desciam para matar personalidades políticas e religiosas cuidadosamente selecionadas. O nome que adotaram é a origem da palavra "assassino". Dessa forma, a seu modo, Hasan conseguiu ficar rico e famoso, como cabia a um estudante de Mowaffak, embora naquela época já não estivesse mais disposto a dividir sua fortuna com os antigos colegas de escola.

Enquanto Omar calculava tabelas astronômicas e trabalhava para resolver a raiz cúbica, Nizam seguia na carreira política até ser assassinado pelos bandidos de Hasan, num toque de estranha ironia. Omar viveu até os 76 anos, tendo morrido – ao menos é o que se diz – em 1123. Hasan morreu no ano seguinte, aos 84 anos. Os assassinos continuaram a provocar conturbações políticas até serem eliminados pelos mongóis, que conquistaram Alamut em 1256.

VOLTANDO À MATEMÁTICA DE OMAR: por volta de 350 AEC, o matemático grego Menaecmus descobriu umas curvas especiais chamadas de "seções cônicas", que, segundo acreditam os estudiosos, ele usava para resolver problemas de duplicar o cubo. Arquimedes desenvolveu a teoria sobre essas curvas, e Apolônio de Pega sistematizou e ampliou o tema no livro

Seções cônicas. O que interessava, em particular, a Omar Kayyan era a descoberta de que as seções cônicas podiam ser empregadas para resolver certas equações cúbicas.

As seções cônicas têm esse nome porque podem ser obtidas seccionando um cone com um plano, especificamente, um cone *duplo*, como duas casquinhas de sorvete unidas pelas pontas. Um cone é formado por uma série de segmentos de linhas retas, todas se encontrando em um ponto e passando por um círculo adequado, a "base". Mas, na geometria grega, a gente pode estender segmentos de linhas retas quanto quiser, o que resulta num cone duplo.

Os três principais tipos de seção cônica são a elipse, a parábola e a hipérbole. Uma elipse é uma curva fechada oval que surge quando o plano corta apenas uma das metades do cone duplo. (Um círculo é um tipo especial de elipse, criado quando o plano é perpendicular ao eixo do cone.) Uma hipérbole consiste em duas curvas simetricamente relacionadas que em princípio se estendem ao infinito, criadas quando o plano corta as duas metades do cone duplo. A parábola é uma forma de transição, uma só curva aberta, e nesse caso o plano que corta o cone deve ser paralelo a uma das linhas da superfície do cone.

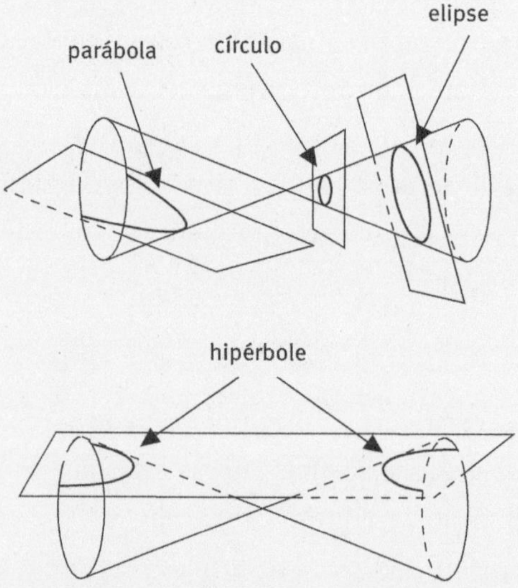

FIGURA 12: Seções cônicas.

Quanto maior a distância do vértice ao cone, mais as curvas de uma hipérbole se aproximam de duas linhas retas, que são paralelas às linhas onde um plano paralelo cortaria o vértice do cone. Essas curvas são chamadas de *assíntotas*.

Os extensos estudos dos geômetras gregos sobre as seções cônicas são as áreas em que eles mais progrediram, além das ideias codificadas por Euclides. Essas curvas ainda têm uma importância vital na matemática de hoje, mas por razões bem diferentes das que interessavam os gregos. Do ponto de vista algébrico, são as curvas mais simples depois das linhas retas. São também importantes na ciência aplicada. As órbitas dos planetas no sistema solar são elipses, como Kepler deduziu em uma das observações que levou Newton a formular sua famosa "lei do inverso do quadrado" da gravidade. Isso, por sua vez, levou à percepção de que alguns aspectos do Universo mostram nítidos padrões matemáticos. E abriu caminho para a astronomia como um todo, ao tornar os fenômenos planetários calculáveis.

A MAIOR PARTE DA MATEMÁTICA de Omar que sobreviveu é dedicada à teoria das equações. Ele considerava dois tipos de solução. Chamou a primeira, seguindo a diretiva de Diofante, de solução "algébrica" em números inteiros; "aritmética" seria um adjetivo melhor. O segundo tipo de solução ele chamou de "geométrica", o que significava que a solução podia ser elaborada de forma geométrica, em termos específicos de comprimentos, áreas ou volumes.

Fazendo um uso profícuo das seções cônicas, Omar desenvolveu soluções geométricas para todas as equações cúbicas e explicou-as no livro *Álgebra*, que concluiu em 1079. Como os números negativos não eram conhecidos naquele tempo, as equações eram sempre arranjadas de forma que todos os termos fossem positivos. Essa convenção levou a um enorme número de casos especiais, que hoje consideramos essencialmente os mesmos, com exceção dos sinais dos números. Omar distinguiu *quatorze* tipos diferentes de equações cúbicas, dependendo de quais termos aparecem de cada lado da equação. A classificação de Omar das equações cúbicas é a seguinte:

cubo = quadrado + lado + número
cubo = quadrado + número
cubo = lado + número
cubo = número
cubo + quadrado = lado + número
cubo + quadrado = número
cubo + lado = quadrado + número
cubo + lado = número
cubo + número = quadrado + lado
cubo + número = quadrado
cubo + número = lado
cubo + quadrado + lado = número
cubo + quadrado + número = lado
cubo + lado + número = quadrado

Cada termo relacionado tem um coeficiente numérico positivo.

Você pode estar pensando por que a lista não inclui casos como

cubo + quadrado = lado?

A resposta é que, nesses casos, podemos dividir os dois lados da equação pela incógnita, reduzindo-a, assim, a uma equação quadrática.

Omar não inventou propriamente essas soluções, mas desenvolveu-as com métodos gregos de resolução de vários tipos de equações cúbicas usando seções cônicas. Desenvolveu essas ideias de forma sistemática, e resolveu os 14 tipos de equações cônicas. Ele percebeu que os matemáticos anteriores tinham descoberto soluções para diversos casos, mas com métodos muito específicos e nos quais cada caso era tratado por uma construção diferente; nenhum antes dele havia trabalhado em toda a extensão de casos possíveis, muito menos encontrado soluções para eles. "Eu, ao contrário, ... nunca deixei de querer tornar conhecidos, com exatidão, todos os casos possíveis, e de distinguir, em cada um dos casos, quais os possíveis e quais os impossíveis." Por "impossível" ele queria dizer "não tem uma solução *positiva*".

Para dar uma noção do seu trabalho, veja a seguir como ele resolveu o enunciado "Um cubo, alguns lados e alguns números são iguais a alguns quadrados", que ele escreveu da seguinte forma:

$$x^3 + bx + c = ax^2.$$

(Como positivo versus negativo não faz diferença para nós, provavelmente passaríamos o termo da direita para o outro lado mudando também a para $-a$, como em: $x^3 - ax^2 + bx + c = 0$.)

Omar instrui seus leitores a percorrer a seguinte sequência de passos. (1) Trace três linhas de comprimentos c/b, $\sqrt{b}$ e a, com um ângulo reto. (2) Desenhe um semicírculo cujo diâmetro seja uma linha horizontal. Estenda a linha vertical até interceptá-lo. Se a linha sólida vertical tiver o comprimento d, faça uma linha grossa horizontal com o comprimento de $cd/\sqrt{b}$. (3) Desenhe uma hipérbole (linha grossa) cujas assíntotas (aquelas em que as curvas se aproximam de linhas retas) sejam linhas sombreadas, passando pelo ponto recém-encontrado. (4) Localize onde a hipérbole intercepta o semicírculo. Os comprimentos das duas linhas sólidas, marcadas como x, serão as duas soluções (positivas) da cúbica.

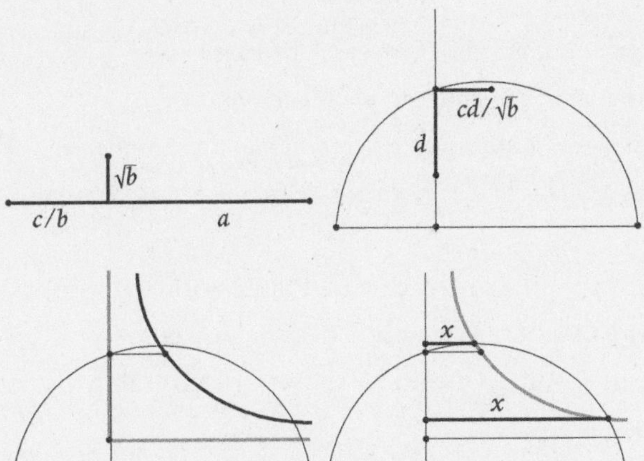

FIGURA 13: Solução de uma equação cúbica de Omar Kayyan.

Os detalhes, como de hábito, importam menos que o estilo como um todo. Basta realizar várias construções euclidianas com régua e compasso, introduzir uma hipérbole, fazer mais algumas construções euclidianas – e pronto.

Omar apresentou construções semelhantes para resolver cada um de seus quatorze casos, e provou que estavam corretas. Sua análise tem algumas lacunas: os pontos exigidos para a construção às vezes não existiam quando os tamanhos dos coeficientes a, b, c eram inapropriados. Na construção da Figura 13, por exemplo, a hipérbole pode não interceptar o semicírculo. Porém, à parte essas minúcias, ele fez um trabalho impressionante e muito sistemático.

Algumas das imagens da poesia de Omar são matemáticas e parecem aludir a seu próprio trabalho, no tom autodepreciativo que encontramos em seus textos:

Pois "é" e "não é", mesmo com régua e reta
E "em cima e embaixo" por lógica que defino,
De tudo em que alguém possa se aprofundar, eu
Nunca fui profundo em nada, a não ser no... vinho.

Um trecho especialmente chocante diz:

Não somos mais que uma fileira em movimento
De formas de sombras mágicas que vêm e vão
Redondas, com a lanterna pelo Sol iluminada, empunhada
No meio da noite pelo mestre do picadeiro.

Isso lembra a famosa alegoria de Platão sobre as sombras na parede da caverna. Serve também como boa descrição das manipulações simbólicas da álgebra e a condição humana. Omar era um talentoso cronista desses dois aspectos.

4. O jogador estudioso

"Juro a você, pelas Sagradas Escrituras de Deus, e como um verdadeiro homem honrado, não apenas jamais publicar suas descobertas se você me ensiná-las, como também prometo, e empenho minha fé como verdadeiro cristão, anotá-las em código, de forma que, após minha morte, ninguém será capaz de entendê-las."

Esse solene juramento foi – supostamente – proferido em 1539.

A Itália do Renascimento era um cadinho de inovações, e a matemática não era exceção. No espírito iconoclástico da época, os matemáticos renascentistas estavam determinados a superar as limitações da matemática clássica. Um deles havia resolvido as misteriosas cúbicas. Agora ele acusava outro de ter roubado seu segredo.

Nosso iracundo matemático era Niccolo Fontana, apelidado de "Tartaglia" o Gago. O suposto ladrão de sua propriedade intelectual era um médico, matemático, um velhaco incorrigível e jogador inveterado. Seu nome era Girolamo Cardano, vulgo Jerôme Cardan. Por volta de 1520, Girolamo, verdadeiro filho pródigo, dilapidara a herança do pai. Na ruína, apelou para o jogo como forma de angariar recursos, utilizando seus conhecimentos matemáticos para uma avaliação eficaz das probabilidades de ganhar. Cardano andava em companhia de gente duvidosa: uma vez, quando desconfiou que outro jogador roubava no jogo, ele cortou o rosto do homem com uma faca.

Os tempos eram duros, e Girolamo também era um homem duro. Também era um pensador muito original, tendo escrito um dos mais famosos e influentes textos sobre álgebra da história.

Sabemos muito sobre Girolamo, pois ele mesmo nos contou tudo em 1575 em *O livro da minha vida*. Começa assim:

> Estou começando a escrever este livro da minha vida seguindo o exemplo de Antonius o Filósofo, aclamado como o melhor e mais sábio dos homens, sabendo bem que nenhuma realização de um homem mortal é perfeita e muito menos está a salvo de calúnias; mas também que nenhuma delas, entre todos os objetivos que um homem pode realizar, parece mais agradável nem mais valiosa que o reconhecimento da verdade.
>
> Nenhuma palavra, estou pronto a afirmar, foi acrescentada com o intuito de me vangloriar ou para fins de puro embelezamento; em vez disso, quanto possível, meras experiências foram reunidas, eventos dos quais meus pupilos … tiveram algum conhecimento, ou nos quais tomaram parte. Essas breves interseções da minha história foram por sua vez anotadas por mim numa narrativa, de modo a se transformar neste meu livro.

A exemplo de muitos matemáticos da época, Girolamo praticava a astrologia, e analisava as circunstâncias astrológicas da data de seu nascimento:

> Apesar de terem tentado em vão diversos medicamentos abortivos – como ouvi falar –, nasci normalmente no 24º dia de setembro no ano 1500, quando a primeira hora da noite tinha se passado em mais da metade, porém menos que dois terços. … Marte lançava uma influência maligna em todos os luminares por causa da incompatibilidade de suas posições, e seu aspecto estava perpendicular à Lua. …
>
> Eu facilmente poderia ter sido um monstro, exceto pelo fato de que o local da conjunção precedente havia sido de 29° em Virgem, de que Mercúrio é o regente. E nem este planeta nem a posição da Lua ou do ascendente é a mesma, nem se aplica ao segundo decanato de Virgem; por conseguinte, eu deveria ter sido um monstro, e de fato a iminência disso foi tal que praticamente fui arrancado do útero de minha mãe.

Assim eu nasci, ou melhor, fui retirado de forma violenta de minha mãe; e quase morri. Meu cabelo era preto e encaracolado. Fui revivido em um banho de vinho morno que poderia ter sido fatal para qualquer outra criança. Minha mãe permaneceu em trabalho de parto três dias inteiros, e mesmo assim sobrevivi.

Um dos capítulos de *O livro da minha vida* relaciona os livros que Girolamo escreveu, e o primeiro da lista é *A grande arte*, um dos três "tratados de matemática" que ele menciona. Também escreveu sobre astronomia, física, moralidade, pedras preciosas, água, medicina, divinação e teologia.

Apenas *A grande arte* faz parte da nossa história. Seu subtítulo, *As regras da álgebra*, explica por quê. Nele, Girolamo reuniu métodos para resolver não só a equação quadrática, conhecida pelos babilônios, mas também apresentou soluções recém-descobertas para equações cúbicas e quárticas. Ao contrário das soluções de Kayyan, que dependiam da geometria das seções cônicas, as de *A grande arte* são puramente algébricas.

JÁ MENCIONEI DOIS TIPOS de símbolos matemáticos, os dois que vimos numa expressão como x^3, para o cubo de uma incógnita. O primeiro tipo de símbolo é o uso de letras (x, nesse caso) em lugar de números – sejam ou não incógnitas, porém sempre arbitrários. O segundo tipo usa números para indicar potências – por isso o sobrescrito indica o cubo: $x \times x \times x$. Agora vamos chegar a um terceiro tipo de símbolo, o último de que vamos precisar.

Esse terceiro tipo de símbolo é muito bonito: $\sqrt{\ }$. Ele significa "raiz quadrada". Por exemplo, $\sqrt{9}$, "a raiz quadrada de nove", representa o número que *quando multiplicado por si mesmo* dá o resultado 9. Como $3 \times 3 = 9$, temos que $\sqrt{9} = 3$. Mas nem sempre é tão fácil. A mais notória raiz quadrada, que, de acordo com uma lenda pouco provável fez com que o matemático Hipaso de Metaponto fosse jogado de um barco, é a raiz quadrada de dois, $\sqrt{2}$. Sua expressão em casas decimais continua para sempre. Ela começa assim:

$$1{,}41421356237309504 88,$$

mas não pode *parar* aí, porque esse número elevado ao quadrado na verdade é

$$1{,}9999999999999999999522356663907438144,$$

que obviamente não é 2.

Nesse caso, nós sabemos de onde surgiu esse símbolo. É uma forma distorcida da letra "r", simbolizando "radix", a palavra em latim para "raiz". Os matemáticos a entendem dessa forma e leem $\sqrt{2}$ como "raiz de dois".

A raiz cúbica, raiz quarta, raiz quinta, e assim por diante, são representadas com um pequeno número situado antes do sinal de "raiz", assim:

$$\sqrt[3]{\ },\ \sqrt[4]{\ },\ \sqrt[5]{\ }.$$

A raiz cúbica de um dado número é o número cujo cubo é o dado número, e assim por diante. Então a raiz cúbica de 8 é 2, porque $2^3 = 8$. Mais uma vez, a raiz cúbica de 2 só pode ser expressa de forma aproximada em notação decimal. Ela começa assim:

$$1{,}259921049894873164 8,$$

e continua, se você tiver paciência, para sempre.

É desse número que surge o antigo problema de dobrar o volume de um cubo.

No ano 400, os matemáticos gregos já não estavam na vanguarda. A atividade havia se mudado para o leste, para a Arábia, a Índia, a China. A Europa estava na "Idade das Trevas", e embora as trevas não fossem tão escuras como têm sido pintadas, ainda assim eram escuras o bastante. A difusão do cristianismo teve o infeliz efeito colateral de concentrar o aprendizado e os estudos acadêmicos em igrejas e mosteiros. Muitos monges copiavam trabalhos de matemáticos gregos como Euclides, mas poucos entendiam o que estavam copiando. Os gregos podiam escavar um túnel atravessando uma montanha, começando pelos dois lados, e se encontrar no meio; os primeiros métodos anglo-saxões de levantamento topográfico consistiam em fazer um desenho em *escala real* de um terreno. Até a ideia de desenhar em escala havia se perdido. Se quisessem fazer um mapa preciso da Inglaterra, os anglo-saxões teriam de construí-lo do mesmo *tamanho* que o país. Eles conseguiam mapas convencionais, mas não eram muito precisos.

No final do século XV, o foco da atividade matemática mudou outra vez para a Europa. Enquanto o Extremo Oriente e o Oriente Médio perdiam a força da criatividade, a Europa ganhava um segundo fôlego, lutando para se libertar da influência da Igreja católica romana e do medo de tudo que fosse novidade. Por ironia, o novo centro de atividade intelectual foi a Itália, ao passo que Roma perdia o controle de seu próprio quintal.

Essa maré de mudanças na ciência e na matemática na Europa começou com a publicação de um livro chamado *Liber abbaci*, em 1202, escrito por Leonardo de Pisa, que muito mais tarde ganhou o apelido de Fibonacci – filho de Bonaccio – e assim é conhecido até hoje, apesar de o nome ter sido inventado no século XIX. O pai de Leonardo, Guilielmo, era funcionário da alfândega em Bugia, atual Argélia, e por conta de seu trabalho deve ter entrado em contato com pessoas de diversas culturas. Ele ensinou ao filho os modernos símbolos numéricos inventados pelos hindus e pelos árabes, precursores de nossos dígitos decimais de 0 a 9. Leonardo depois escreveu: "Gostei tanto das instruções que continuei a estudar matemática durante viagens de negócios ao Egito, Síria, Grécia, Sicília e Provença, e gostei de debater com os estudiosos desses lugares."

À primeira vista, o título do livro de Leonardo parece indicar que se trata do ábaco, dispositivo mecânico de cálculo que utiliza contas deslizando em arames, ou pedregulhos em sulcos na areia. Mas assim como a palavra latina *calculus* – que se referia a pequenos pedregulhos – adquiriu mais tarde um significado diferente e mais técnico, também a palavra ábaco, o dispositivo de contagem, veio a significar a arte do cálculo. O *Liber abbaci* foi o primeiro texto aritmético a levar os símbolos e métodos hindus e arábicos para a Europa. Grande parte foi empregada nas novas aplicações aritméticas em assuntos práticos, como o câmbio entre moedas.

Um dos problemas, sobre um modelo idealizado do aumento da população de coelhos, levou à notável sequência de números 1, 1, 2, 3, 5, 8, 13, 21, 34, 55, e assim por diante, em que cada número, a partir do 2, é a soma dos dois números precedentes. Essa "sequência de Fibonacci" é a grande razão da fama de Leonardo – não por suas implicações na reprodução de coelhos, que são poucas, mas por seus notáveis padrões matemáticos e o papel-chave na teoria dos números irracionais. É possível que Leonardo não tivesse ideia de que esse pequeno *jeu d'esprit* viria a eclipsar todo o resto de seu trabalho.

Leonardo escreveu muitos outros livros, e seu *Geometria prática*, de 1220, continha boa parte da produção de Euclides e alguma trigonometria dos gregos. O livro X de *Elementos* de Euclides debate os números irracionais compostos por raízes quadradas dentro de raízes quadradas, do tipo $\sqrt{a+\sqrt{b}}$. Leonardo demonstrou que esses números irracionais são inadequados para resolver equações cúbicas. Isso não quer dizer que as raízes dos números cúbicos não são passíveis de construção com régua e compasso, pois outras combinações de raízes quadradas podem fornecer soluções. Mas foi a primeira indicação de que as cúbicas talvez não fossem resolvíveis usando-se apenas as ferramentas de Euclides.

Em 1494, Luca Pacioli reuniu boa parte dos conhecimentos matemáticos existentes em um livro sobre aritmética, geometria e proporções. Incluía os numerais hindus e arábicos, matemática comercial, um resumo de Euclides e a trigonometria de Ptolomeu. Um dos temas recorrentes era o elemento das proporções nas formas da natureza – o corpo humano, a perspectiva na arte, a teoria das cores.

Pacioli seguiu a tradição da álgebra "retórica" e utilizou palavras em vez de símbolos. A incógnita era "coisa", em italiano, *cosa*, e durante um tempo os praticantes de álgebra ficaram conhecidos como "cossistas". Ele empregou também certas abreviações padronizadas, retomando (mas sem conseguir aperfeiçoar) a abordagem pioneira de Diofante. Morris Kline faz uma afirmação reveladora no monumental *Mathematical Thought from Ancient to Modern Times*: "É significativo do desenvolvimento da aritmética e da álgebra entre 1200 e 1500 o fato de que [o livro de] Pacioli não contivesse quase nada além do *Liber abbaci* de Leonardo de Pisa. Na verdade, a aritmética e a álgebra … se baseavam no livro de Leonardo."

No final do livro, Pacioli observava que a solução da cúbica não era tão malcompreendida quanto a quadratura do círculo. Mas isso logo iria mudar. O primeiro grande avanço chegou mais ou menos no último terço do século XVI, na cidade de Bolonha. De início, esse avanço passou despercebido.

GIROLAMO CARDANO ERA FILHO bastardo de um advogado milanês, Fazio Cardano, com uma jovem viúva chamada Chiara Micheria, mãe de três filhos do casamento anterior. Girolamo nasceu em Pavia, cidade no ducado de Milão, em 1501. Quando a peste chegou a Milão, Chiara, grávida, foi persuadida a se mudar para o campo, onde nasceu Girolamo. Os outros três filhos, que ficaram para trás, morreram de peste.

Segundo a autobiografia de Girolamo:

> Meu pai costumava vestir uma capa roxa, algo não muito comum em nossa comunidade; ele sempre usava um casquete preto. … Aos 55 anos, perdeu todos os dentes. Conhecia bem os trabalhos de Euclides; na verdade, tinha os ombros encurvados de tanto estudar. … Minha mãe se irritava com facilidade; tinha boa memória e raciocínio rápido, e era uma mulher gorda e devota. O temperamento explosivo era um traço comum a meus dois pais.

Embora exercesse a profissão de advogado, os conhecimentos matemáticos de Fazio eram suficientes para dar conselhos sobre geometria a Leonardo da Vinci. Ele ensinou geometria na Universidade de Pavia e na Fundação Piatti, instituição de Milão. E ensinou matemática e astrologia também para o filho ilegítimo, Girolamo:

> Meu pai, na minha tenra infância, me ensinou os rudimentos de aritmética; mais ou menos na mesma época, fez-me uma breve introdução ao arcano; como ele chegou a aprender isso, eu não sei. Logo depois, me orientou nos elementos da astrologia da Arábia. … Depois que eu tinha doze anos, ele me ensinou os seis primeiros livros de Euclides.

A criança tinha problemas de saúde. As tentativas de envolver o garoto nos negócios da família não deram certo. Girolamo conseguiu convencer o relutante pai a deixá-lo estudar medicina na Universidade de Pavia. O pai preferia que estudasse Direito.

Em 1494, Carlos VIII da França invadiu a Itália, e a guerra que se seguiu continuou de maneira esporádica por cinquenta anos. A eclosão das hostilidades fechou a Universidade de Pavia, e Girolamo mudou-se para Pádua a fim de prosseguir os estudos. Girolamo era um dos primeiros alunos da turma, segundo todos os critérios, e, quando Fazio morreu, estava em campanha para se tornar diretor da universidade. Embora muitos não o apreciassem por causa de sua franqueza, foi eleito por margem de um voto.

Aí começou a esbanjar toda sua herança e a jogar, o que se tornou um vício pelo resto de sua turbulenta vida. E não só isso:

> Muito cedo passei a me dedicar seriamente à prática da esgrima em todas as modalidades, até que, depois de um persistente treinamento, adquiri certa posição mesmo entre os mais audazes. … À noite, embora contrariando os decretos do duque, eu me armava e saía rondando pelos burgos onde morava. … Usava um capuz de algodão preto para esconder o rosto e calçava sapatos de pele de carneiro. … Em geral perambulava pela noite até o dia raiar, suando por causa do esforço que fazia ao tocar meus instrumentos em serenatas.

Quase não dá para imaginar.

Formado em medicina em 1525, Girolamo tentou entrar para a Faculdade de Medicina de Milão, mas foi rejeitado – supostamente por bastardia, mas na verdade pela notória falta de tato. Por isso, em lugar de ingressar na prestigiosa faculdade, Girolamo estabeleceu-se como médico em Sacco, vilarejo próximo. A atividade lhe proporcionava certo rendimento, mas a coisa não ia muito bem. Ele se casou com Lucia Bandarini, filha de um capitão da milícia, e se mudou para mais perto de Milão, na esperança de ganhar mais dinheiro a fim de prover sua família; porém, mais uma vez, a faculdade o recusou. Impossibilitado de seguir uma carreira legítima na medicina, voltou a jogar, mas nem os conhecimentos de matemática conseguiram mudar sua sorte:

> Possivelmente sob nenhum aspecto posso ser considerado digno de elogios; por ser extraordinariamente viciado no tabuleiro de xadrez e na mesa de dados, sei que sou merecedor das mais severas censuras. Joguei os dois jogos por muitos anos, xadrez por mais de quarenta anos e dados por uns 25; e não apenas durante todos os anos, mas – e digo com vergonha – todos os dias, com perda simultânea de raciocínio, substância e tempo.

A família inteira empobreceu, tendo empenhado a mobília da casa e as joias de Lucia. "Entrei numa longa e honorável carreira. Mas sem honras ou rendimentos, porém com atitudes vãs e deleites não razoáveis! Eu me arruinei. Pereci!"

Nasceu o primeiro filho do casal:

> Depois de dois abortos e de carregar dois meninos de quatro meses, de forma que eu ... às vezes suspeitava de alguma influência maléfica, minha esposa deu à luz nosso primeiro filho. ... Ele era surdo do ouvido direito. ... Dois dedos de seu pé esquerdo ... eram ligados por uma membrana. As costas eram levemente encurvadas, mas não chegavam a ser uma deformidade. O garoto teve uma existência tranquila até o vigésimo terceiro ano. Depois disso, se apaixonou ... e casou-se com uma mulher sem dote, Brandonia di Seroni.

Agora o falecido pai de Girolamo vinha em socorro do filho, de forma bastante indireta. O cargo de conferencista que Fazio tinha na universidade ainda estava vago, e Girolamo obteve a posição. Também clinicava nas horas vagas, apesar de não ter licença. Algumas de suas curas miraculosas – provavelmente por sorte, em vista do estágio da medicina na época – deram-lhe fama. Até membros da faculdade levavam problemas médicos para sua apreciação. Por algum tempo, parecia que Girolamo afinal fora admitido na prestigiada instituição. Mais uma vez, contudo, sua tendência de falar o que pensava pôs tudo a perder quando publicou um virulento ataque à competência dos integrantes da faculdade. Girolamo estava ciente da falta de tato, mas parece que não a via como falha: "Como conferencista e debatedor, eu era muito mais determinado e certeiro do que ao exercer a prudência." Em 1537, essa falta de prudência fez com que sua mais recente candidatura fosse rejeitada.

A reputação de Girolamo chegou a tal ponto que a faculdade não teve outra escolha, e ele acabou admitido dois anos depois. As coisas estavam melhorando; e melhoraram mais ainda quando ele publicou dois livros sobre matemática. A carreira de Girolamo avançava em várias frentes.

Mais ou menos nessa época, Tartaglia fez uma grande descoberta – ao encontrar uma solução para uma abrangente categoria de equações cúbicas. Depois de alguma persuasão, e com relutância, ele confiou sua descoberta épica a Cardano. Não surpreende que, seis anos mais tarde, ao receber um exemplar do texto *A grande arte, ou as regras da álgebra*, Tartaglia tenha ficado furioso ao dar de cara com a exposição completa de seu segredo.

Cardano não roubara os créditos pelo trabalho, pois reconheceu inteiramente a colaboração de Tartaglia:

> Em sua época, Scipione del Ferro, de Bolonha, resolveu o caso do cubo e da primeira potência igual a uma constante, façanha muito elegante e admirável. ... Numa emulação desse trabalho, meu amigo Niccolo Tartaglia de Brescia ... resolveu o mesmo caso quando participou de um concurso com seu [de del Ferro] pupilo, Antonio Maria Fior, e, comovido por minhas muitas súplicas, entregou-o a mim.

De toda forma, Tartaglia ficou muito irritado ao ver seu precioso segredo revelado ao mundo, e ainda mais ao reconhecer que muita gente iria se lembrar do autor do livro, e não do verdadeiro descobridor do segredo.

Ao menos essa foi a visão que Tartaglia tinha do caso, o que constitui quase a única evidência existente. Como observa Richard Witmer na tradução de *A grande arte*: "Somos quase exclusivamente dependentes dos relatos impressos de Tartaglia, que só com muita imaginação podem ser considerados objetivos." Um dos empregados de Cardano, Lodovico Ferrari, afirmou depois estar presente ao encontro e disse que houve um acordo para manter o método em segredo. Ferrari tornou-se depois aluno de Cardano e resolveu – ou ajudou a resolver – a quártica; por essa razão, não pode ser considerado uma testemunha mais objetiva que Tartaglia.

O que tornou as coisas piores para o pobre Tartaglia foi o fato de não se tratar apenas de uma perda de créditos. Na Europa do Renascimento, os segredos matemáticos podiam ser convertidos em dinheiro vivo. Não só por meio do jogo, a rota preferida de Cardano, mas também em competições públicas.

Em geral fala-se que a matemática não é um esporte para plateias, mas isso não era verdade nos anos 1500. Os matemáticos podiam ganhar a vida desafiando uns aos outros em competições públicas, nas quais cada qual propunha ao oponente uma série de problemas; quem obtivesse o maior número de respostas certas vencia. Esses eram espetáculos menos emocionantes que lutas de espadas ou de boxe sem luvas, mas os espectadores podiam fazer apostas e saber qual dos competidores havia vencido, mesmo sem ter ideia de como isso acontecera. Além do prêmio em dinheiro, os vencedores atraíam alunos, que pagavam pelos ensinamentos. Por isso as competições públicas eram duplamente lucrativas.

Tartaglia não foi o primeiro a encontrar uma solução algébrica para uma equação cúbica. Um professor de Bolonha, Scipione del Ferro, descobriu a resolução de alguns tipos de cúbicas por volta de 1515. Ele morreu em 1526, e tanto seus papéis como seu professorado foram herdados pelo genro, Annibale del Nave. Sabemos disso porque esses papéis apareceram na Universidade de Bolonha por volta de 1970, graças aos esforços de E. Bartolini. Segundo Bartolini, Del Ferro provavelmente sabia como resolver três tipos de cúbicas, mas passou adiante apenas o método para solucionar um deles: o cubo mais alguma coisa igual a um número.

Essa solução foi preservada por Del Nave e por um aluno de Del Ferro, Antonio Maria Fior. E foi Fior, determinado a se estabelecer como professor de matemática, quem surgiu com um eficiente procedimento de marketing. Em 1535 ele desafiou Tartaglia para uma competição pública de solução de equações cúbicas.

Havia boatos sobre a descoberta de um método para resolver equações cúbicas, e nada estimula mais um matemático do que saber que um problema *tem* solução. Elimina-se o risco de perder tempo com algo insolúvel, e o maior perigo resume-se a não ser inteligente o bastante para encontrar uma resposta que se sabe existir. Só é preciso muita autoconfiança, o que em geral não falta aos matemáticos – ainda que às vezes seja maldirecionada.

Tartaglia tinha redescoberto o método de Del Ferro, mas desconfiava que Fior também sabia como resolver outros tipos de cúbicas, e por isso teria uma enorme vantagem. Tartaglia nos diz quanto isso o preocupava e como finalmente desvendou o que faltava pouco antes da competição. Agora Tartaglia tinha a vantagem, e logo liquidou o infeliz Fior.

A notícia da derrota se espalhou. Cardano ficou sabendo em Milão, enquanto trabalhava num texto sobre álgebra. Como qualquer bom autor, Cardano estava determinado a incluir as descobertas mais recentes, pois sem elas seu livro estaria obsoleto antes da publicação. Por isso resolveu procurar Tartaglia, esperando extrair o segredo para anexá-lo à *Grande arte*. Tartaglia se recusou, dizendo que pretendia escrever seu próprio livro.

Mas afinal a insistência de Cardano deu resultado, e Tartaglia divulgou o segredo. Será que ele *realmente* fez Cardano jurar que não o revelaria, mesmo sabendo que este estava concluindo um livro-texto? Ou terá sucumbido às lisonjas de Cardano e depois se arrependido?

Não há dúvida de que Tartaglia ficou muito zangado quando *A grande arte* foi lançado. Um ano depois ele publicou um livro, *Diversas questões e in-*

venções, em que atacava Cardano sem medir as palavras. Incluiu ainda toda a correspondência entre os dois, supostamente da forma como foi escrita.

Em 1574, Ferrari veio em apoio do mestre ao lançar um *cartello* – um desafio para uma disputa cultural sobre qualquer tema que Tartaglia quisesse –, chegando a oferecer um prêmio de duzentos escudos para o vencedor. E deixou bem clara sua opinião: "Propus isso para divulgar que o senhor escreveu coisas que falsa e indignamente difamam o ... *signor* Girolamo, comparado ao qual o senhor mal merece ser mencionado."

Ferrari enviou cópias de seu *cartello* a diversos estudiosos e figuras públicas. Em nove dias, Tartaglia respondeu com sua versão dos fatos, e os dois matemáticos acabaram realizando doze *cartelli* entre eles, num período de dezoito meses. A disputa parece ter seguido as regras habituais de um autêntico duelo. Por ter sido insultado por Ferrari, Tartaglia podia escolher as armas – a seleção de temas para debate. Mas ele continuou insistindo para debater com Cardano, e não com seu desafiante, Ferrari.

Ferrari manteve a calma e ressaltou que, de qualquer forma, tinha sido Del Ferro, e não Tartaglia, quem resolvera a cúbica desde o início. Como Del Ferro não fez qualquer alarde sobre a injustificada reivindicação de crédito por Tartaglia, por que ele não poderia agir da mesma forma? Era um bom argumento, e Tartaglia pode ter reconhecido isso, pois chegou a pensar em se retirar da competição. Mas acabou não se retirando, e uma das possíveis razões foram os patriarcas de Brescia, sua cidade natal. Tartaglia queria uma cátedra na cidade, e os dignitários talvez desejassem ver como ele se saía.

De qualquer forma, Tartaglia concordou com o debate, que aconteceu numa igreja de Milão, diante de grande multidão, em agosto de 1548. Não se conhece registro algum dos procedimentos, a não ser algumas poucas anotações de Tartaglia informando que o encontro terminou perto da hora do jantar. Isso sugere que o debate talvez não tenha sido especialmente encarniçado. No entanto, parece que Ferrari venceu bem, pois depois disso recebeu ofertas para bons empregos, aceitou um cargo como assessor de impostos do governador de Milão e logo ficou muito rico. Tartaglia, por sua vez, nunca alegou ter vencido, não conseguiu o emprego em Brescia e entregou-se a amargas recriminações.

Sem que Tartaglia soubesse, Cardano e Ferrari tinham uma linha de defesa bem diferente, pois haviam visitado Bolonha e examinado os papéis de Del Ferro. Estes incluíam a primeira solução genuína para a cúbica, e, nos anos seguintes, os dois insistiram em que a fonte do material incluído em *A grande arte* estava nos escritos originais de Del Ferro, não era fruto da confidência de Tartaglia com Cardano. A referência a Tartaglia estava incluída apenas para registrar como o próprio Cardano soubera do trabalho de Del Ferro.

Há uma última reviravolta nessa história. Logo depois da publicação da segunda edição de *A grande arte*, em 1570, Cardano foi preso pela Inquisição. O motivo pode ter sido algo em aparência inocente: não o conteúdo do livro, mas a dedicatória. Cardano quis dedicar o livro a Andreas Osiander, intelectual relativamente obscuro, figura menor da Reforma, que ninguém imaginava ter sido autor de um prefácio anônimo de *Sobre a revolução das esferas celestes*, de Nicolau Copérnico, o primeiro livro a propor que os planetas orbitavam em torno do Sol e não da Terra. A Igreja considerou aquela visão herética, e em 1600 queimou Giordano Bruno vivo por manter esse argumento – pendurando-o de cabeça para baixo numa estaca, nu e amordaçado, numa praça de mercado de Roma. Em 1616, e de novo em 1633, Galileu passou por uma situação difícil pela mesma razão, mas dessa vez a Inquisição se contentou em decretar sua prisão domiciliar.

Para avaliar o que Girolamo e seus compatriotas realizaram, precisamos revisitar a tábula babilônica que explica como resolver as quadráticas. Se seguirmos a receita e expressarmos os passos desse cálculo no simbolismo moderno, percebemos que, na verdade, o escriba babilônio estava dizendo que a solução para uma equação quadrática do tipo $x^2 - ax = b$ é

$$x = \sqrt{\left(\frac{a}{2}\right)^2 + b} + \frac{a}{2}.$$

Isso equivale à fórmula que qualquer estudante costumava aprender de cor e que hoje se encontra em qualquer livro de fórmulas.

A solução da equação cúbica do Renascimento é semelhante, porém mais elaborada. Em símbolos modernos seria algo assim: suponha que $x^3 + ax = b$. Então:

$$x = \sqrt[3]{\frac{b}{2} + \sqrt{\frac{a^3}{27} + \frac{b^2}{4}}} + \sqrt[3]{\frac{b}{2} - \sqrt{\frac{a^3}{27} + \frac{b^2}{4}}}$$

Em termos de fórmulas, essa é relativamente simples (pode acreditar!), mas é preciso desenvolver um bocado de ideias algébricas antes de formulá-la. De longe é a mais complicada deste livro e usa os três tipos de símbolos de que falei: letras, números elevados a alguma potência e o sinal $\sqrt{\ }$, assim como raízes quadradas e cúbicas. Você não precisa entender essa fórmula, e por certo não precisa fazer nenhum cálculo com ela. Mas precisa entender seu formato geral. Primeiro, certa terminologia será muito útil no processo.

Uma expressão algébrica do tipo $2x^4 - 7x^3 - 4x^2 + 9$ é chamada *polinômio*, que significa "muitos termos". Essas expressões são formadas somando várias potências da incógnita. Os números 2, −7, −4 e 9, que multiplicam as potências, são chamados de *coeficientes*. A potência mais alta da incógnita é chamada de *grau* do polinômio, portanto este polinômio é de grau 4. Existem nomes específicos para polinômios de menores graus (de 1 a 6): linear, quadrática, cúbica, quártica, quíntica e sêxtica. As soluções da equação associada $2x^4 - 7x^3 - 4x^2 + 9$ são chamadas de *raízes* do polinômio.

Agora podemos dissecar a fórmula de Cardano, elaborada a partir dos coeficientes *a* e *b*, utilizando algumas adições, subtrações, multiplicações e divisões (mas somente por certos números inteiros, no caso 2, 4 e 27). Os aspectos esotéricos são de dois tipos: existe uma raiz quadrada – aliás, a mesma raiz quadrada ocorre em dois lugares, mas uma é somada, enquanto a outra é subtraída. Finalmente, existem duas raízes cúbicas, e são raízes cúbicas de quantidades que envolvem raízes quadradas. Assim, à parte inofensivas operações algébricas (estou me referindo às que meramente mudam os termos de lugar), a estrutura da solução é: "Extraia uma raiz quadrada, depois uma raiz cúbica; faça isso outra vez; some as duas."

É só disso que vamos precisar. Mas acho que não conseguiremos ir além com menos que isso.

O que os matemáticos do Renascimento de início não conseguiram entender, mas que as gerações posteriores perceberam, é que essa fórmula não é só uma solução para um tipo de cúbica. É uma solução completa para *todos* os tipos, com mais ou menos alguns mecanismos algébricos. Para começar, se o termo ao cubo for, digamos, $5x^3$ em lugar de x^3, podemos dividir toda a equação por 5 – e os matemáticos renascentistas sem dúvida sabiam disso. Uma ideia mais sutil, que exigiu uma revolução silenciosa na forma como pensamos os números, foi permitir que os coeficientes a e b fossem *negativos*, se necessário, para evitar distinções infrutíferas entre um caso e outro. Por fim, existe um truque puramente algébrico: se a equação envolver o quadrado da incógnita, você sempre pode se livrar dela – substituindo x por x mais uma constante escolhida com cuidado; se fizermos isso da forma correta, o termo ao quadrado desaparece milagrosamente. Mais uma vez, ajuda quando você para de se inquietar para saber se os números são positivos ou negativos. Finalmente, os matemáticos do Renascimento se preocupavam com termos inteiramente ausentes, mas, aos olhos modernos, o remédio é óbvio: esse termo não está na verdade *faltando*, ele tem coeficiente zero. Aí, a mesma fórmula funciona.

Problema resolvido?

Não exatamente. Eu menti.

Vejam onde eu menti. Eu disse que a fórmula de Cardano resolve *todas* as cúbicas. Mas, em certo sentido, isso não é verdade, o que acabou sendo importante. Mas eu não disse uma mentira muito grande, porque tudo depende do que você quer dizer com "resolver".

O próprio Cardano localizou a dificuldade, o que diz muito sobre sua atenção aos detalhes. Normalmente as cúbicas têm três soluções (menos, se excluirmos os números negativos) ou uma. Cardano percebeu que quando há três soluções – digamos, 1, 2 e 3 –, a fórmula não parece fornecer essas soluções de maneira razoável. Em vez disso, a raiz quadrada na fórmula contém um número negativo.

Cardano percebeu, especificamente, que a cúbica $x^3 = 15x + 4$ tem uma solução óbvia: $x = 4$. Mas quando tentou a fórmula de Tartaglia, ele chegou à "resposta"

$$x = \sqrt[3]{2 + \sqrt{-121}} + \sqrt[3]{2 - \sqrt{-121}},$$

que não parecia fazer sentido.

Entre os matemáticos europeus daquela época, poucas almas corajosas estavam dispostas a encarar os números negativos. Suas contrapartes orientais já tinham se reconciliado com quantidades negativas havia muito tempo. Na Índia, os jainistas desenvolveram um conceito rudimentar de quantidades negativas já no ano 400, e em 1200 o sistema de "contagem de bastão" dos chineses usava bastões vermelhos para números positivos e pretos para os negativos – embora apenas em alguns contextos limitados.

Se os números negativos eram um enigma, as raízes quadradas desses números eram ainda mais chocantes. A dificuldade é que tanto o quadrado de um número positivo quanto o de um negativo é *positivo* – não vou explicar por que aqui, mas é a única escolha que faz com que as leis da álgebra funcionem de forma coerente. Então, mesmo que você se sinta feliz ao usar números negativos, é preciso aceitar que eles não podem ter raízes quadradas coerentes. Por isso, qualquer expressão algébrica envolvendo a raiz quadrada de uma quantidade negativa não pode fazer sentido.

Mesmo assim, a fórmula de Tartaglia levou Cardano exatamente a essa expressão. Era muito preocupante o fato de que, em casos nos quais já se conhecia a solução por algum outro caminho, a fórmula não produzisse esse resultado.

Em 1539, um preocupado Cardano propôs essa questão a Tartaglia:

> Andei fazendo pesquisas sobre a solução de vários problemas para os quais você não me deu resposta; um deles diz respeito ao cubo igual a uma incógnita mais um número. Com certeza entendi essa regra, mas quando o cubo de um terço do coeficiente da incógnita é maior em valor que o quadrado da metade do número, parece que não consigo encaixá-lo na equação.

Aqui Cardano descreve exatamente a condição em que a raiz quadrada é de um número negativo. Fica evidente que ele teve um excelente entendimento da coisa toda e havia localizado um empecilho. Fica menos claro se Tartaglia tinha um nível comparável de compreensão de sua própria fórmula, pois sua resposta foi: "Você ainda não dominou a verdadeira forma de resolver problemas desse tipo. ... Seus métodos são totalmente falsos."

Talvez Tartaglia não tivesse intenção de ajudar. Ou talvez não tenha visto o que Cardano indicava. De qualquer forma, Cardano estava mostrando um enigma que desafiaria o somatório dos intelectos matemáticos do mundo pelos 250 anos seguintes.

Mesmo no Renascimento havia insinuações de que algo importante poderia estar acontecendo. A mesma questão surgiu em outro problema debatido em *A grande arte*: o de encontrar dois números cuja soma seja 10 e cujo produto seja 40. Isso levou à "solução" $5 + \sqrt{-15}$ e $5 - \sqrt{-15}$. Cardano percebeu que, se ignorasse a questão do *significado* de raiz quadrada de -15 e fingisse que ele funcionava como qualquer outro número, era possível verificar que esses "números", na verdade, cabiam na equação. Quando se somavam os números, as raízes quadradas se cancelavam, e os dois 5 resultavam em 10, como era exigido. Quando se multiplicavam os números, obtinham-se $5^2 - (\sqrt{-15})^2$, que é igual a $25 + 15$, que é 40. Cardano não soube o que fazer com esse estranho cálculo. "Assim", ele escreveu, "progride a sutileza aritmética, cujo fim é tão requintado quanto inútil".

Em *Álgebra*, de 1572, Rafaele Bombelli, filho de um mercador de algodão bolonhês, percebeu que cálculos semelhantes, manipulando as raízes "imaginárias" como se fossem números genuínos, podiam converter a estranha fórmula da enigmática cúbica de Cardano na resposta correta, $x = 4$. Ele escreveu o livro para preencher o tempo livre enquanto requisitava terras pantanosas para a Câmara Apostólica, o departamento legal e financeiro do papa. Bombelli percebeu que

$$(2 + \sqrt{-1})^3 = 2 + \sqrt{-121}$$

e que

$$(2-\sqrt{-1})^3 = 2-\sqrt{-121}$$

de forma que a soma das duas estranhas raízes cúbicas se tornassem

$$(2+\sqrt{-1})+(2-\sqrt{-1})$$

que é igual a 4. A raiz sem muita lógica de alguma forma ganhava sentido e fornecia a resposta certa. Bombelli talvez tenha sido o primeiro matemático a entender que é possível realizar manipulações algébricas com raízes quadradas de números negativos e obter resultados utilizáveis. Foi uma grande indicação de que tais números tinham uma interpretação razoável, mas isso não parecia apontar qual era essa interpretação.

O PONTO ALTO DA MATEMÁTICA do livro de Cardano não foi a cúbica, mas a quártica. Seu aluno Ferrari conseguiu estender os métodos de Tartaglia e de Del Ferro para equações que contêm a quarta potência de uma incógnita. A fórmula de Ferrari envolve apenas raízes quadradas e cúbicas – uma quarta potência é só a raiz quadrada de uma raiz quadrada, portanto, ela não era necessária.

A grande arte não inclui uma solução para equações quínticas, nas quais a incógnita aparece à quinta potência. Mas, à medida que o grau da equação aumenta, o método para solucioná-la fica cada vez mais complicado, por isso poucos duvidavam de que, com a inventividade apropriada, a quíntica também fosse resolvida – provavelmente seria preciso usar raízes quínticas, e qualquer fórmula seria realmente muito complicada.

Cardano não perdeu tempo procurando a solução. Depois de 1539 ele voltou às suas inúmeras atividades, em especial à medicina. E sua família se desintegrava de uma maneira horrível: "Meu filho [mais novo], entre o dia de seu casamento e de sua perdição, foi acusado de tentar envenenar sua esposa quando ela ainda estava fragilizada por ter dado à luz. No 17º dia de fevereiro, ele foi preso, e 53 dias depois, em 13 de abril, foi decapitado na prisão." Enquanto Cardano ainda tentava se conformar com essa tragédia, o terror ainda piorou. "Uma casa – a minha – testemunhou, no espaço de poucos dias, três funerais: o de meu filho, o de minha netinha, Diaregina, e de sua babá; nem meu neto estava a salvo da morte."

Apesar de tudo isso, Cardano era um otimista incurável quanto à condição humana: "Mesmo assim, ainda sou abençoado de muitas formas, e qualquer um se consideraria com sorte."

5. A raposa astuta

Que caminho tomar? Qual assunto estudar? Ele adorava os dois, mas precisava escolher um deles. Era um dilema terrível. O ano era 1796, e um jovem brilhante, de dezenove anos, estava diante de uma opção que iria afetar o resto de sua vida. Precisava se decidir por uma carreira. Embora viesse de uma família comum, Carl Friedrich Gauss sabia que poderia se destacar. Todos reconheciam sua capacidade, inclusive o duque de Brunswick, em cujos domínios Gauss havia nascido e onde vivia sua família. Seu problema era o de ser muito capaz e se ver forçado a escolher entre seus dois grandes amores: a matemática e a linguística.

Mas no dia 30 de março essa decisão foi tirada de suas mãos por uma descoberta curiosa, notável e totalmente sem precedentes. Nesse dia, Gauss encontrou uma construção euclidiana para um polígono regular de 17 lados.

Pode parecer esotérico, mas não havia a menor indicação disso em Euclides. Era possível achar métodos para construir polígonos regulares de 3 lados, ou 4, ou 5, ou 6. Era possível combinar as construções para 3 e 5 lados e obter 15 lados, e repetidas bissecções dobrariam o número de lados, levando a 8, 10, 12, 16, 20...

Mas o de 17 era uma loucura. Mas também era verdade, e Gauss sabia muito bem *por que* era verdade. Tudo se reduzia a duas propriedades simples do número 17. Trata-se de um número primo – seus únicos divisores exatos são o próprio 17 e 1. E é uma unidade maior do que uma potência de dois: $17 = 16 + 1 = 2^4 + 1$.

Se você fosse um gênio como Gauss, poderia ver por que esses dois despretensiosos enunciados implicavam a existência da construção de um polígono regular de 17 lados usando régua e compasso. Se você fosse qualquer um dos outros grandes matemáticos que viveram entre 500 AEC e 1796, não teria o menor vislumbre sobre qualquer ligação. Sabemos disso porque eles não tiveram essa visão.

Se Gauss precisava de uma confirmação de seu talento matemático, agora ele já tinha. E resolveu se tornar matemático.

A família Gauss mudou-se para Brunswick em 1740, quando o avô de Carl arranjou emprego como jardineiro. Um de seus três filhos, Gebhard Dietrich Gauss, também se tornou jardineiro, trabalhando ocasionalmente em outros empregos, como construções com tijolo e cuidando de canais; foi "mestre de sistema hidráulico", assistente de mercador e tesoureiro de um pequeno fundo de seguros. As atividades mais lucrativas eram todas controladas por guildas, e os recém-chegados – mesmo a segunda geração de recém-chegados – não tinham acesso a elas. Em 1776, Gebhard casou-se com sua segunda esposa, Dorothea Benze, filha de um pedreiro que trabalhava como empregada. O filho do casal, Johann Friederich Carl (que depois se chamaria Carl Friedrich), nasceu em 1777.

Gebhard era honesto, porém obstinado, mal-educado e não muito brilhante. Dorothea era inteligente e autoconfiante, traços que se tornaram uma vantagem para Carl. Quando o garoto completou dois anos, a mãe já sabia que tinha um prodígio em casa, e empenhou-se de coração para assegurar que ele recebesse uma educação que fizesse seu talento desabrochar. Gebhard teria ficado mais feliz se Carl se tornasse assentador de tijolos. Graças à mãe, Carl realizou a previsão que seu amigo, o geômetra Wolfgang Bolyai, fizera a Dorothea quando seu filho tinha dezenove anos, ao afirmar que Carl se tornaria "o maior matemático da Europa". Ela ficou tão contente que se desfez em lágrimas.

O rapaz correspondeu à dedicação da mãe, e durante as duas últimas décadas de vida ela morou com Carl, com a vista falhando até ficar completamente cega. O eminente matemático insistiu em cuidar pessoalmente da mãe e tratou dela até 1839, quando Dorothea morreu.

Gauss cedo mostrou seu talento. Com três anos, estava observando o pai – na época capataz encarregado de uma turma de trabalhadores – fazer os pagamentos semanais. Ao perceber um engano na aritmética, o garoto indicou o erro para o surpreso Gebhard. Ninguém ainda havia ensinado números ao garoto. Ele ensinou a si mesmo.

Alguns anos depois, um professor de escola chamado J.G. Büttner deu uma tarefa à turma de Gauss que deveria ocupar todos por algumas horas, propiciando ao professor um bem merecido descanso. Não sabemos exatamente quais foram as questões, mas era algo muito semelhante a isso: some todos os números de 1 a 100. O mais provável que os números não fossem tão dóceis assim, mas havia um padrão oculto: eles formavam uma progressão aritmética, o que significava que a diferença entre quaisquer dois números consecutivos era sempre a mesma. Há um truque simples, mas não exatamente óbvio, para somar os números de uma progressão aritmética, mas a classe ainda não o havia aprendido, por isso todos precisariam trabalhar arduamente para somar os números, um de cada vez.

Ao menos era o que Büttner esperava. E instruiu os alunos para que, quando concluíssem a tarefa, cada qual colocasse sua lousa com a resposta em cima da mesa do professor. Enquanto seus colegas ficaram escrevinhando coisas como

$$1 + 2 = 3$$
$$3 + 3 = 6$$
$$6 + 4 = 10,$$

com os inevitáveis erros, como

$$10 + 5 = 14,$$

e já sem espaço para escrever, Gauss pensou por um momento, escreveu um número na lousa, andou até o professor e depositou a lousa de borco na mesa.

– Aí está – falou ele, voltando para a carteira e sentando-se.

No final da aula, quando o professor recolheu todas as lousas, só uma tinha a resposta certa: a de Gauss.

Mais uma vez, não sabemos exatamente como funcionava o raciocínio de Gauss, mas podemos elaborar uma reconstrução plausível. É bem provável que ele já tivesse pensado sobre somas desse tipo e que tenha encontrado algum truque útil. (Se não, ele foi capaz de inventar um método na hora.) Uma maneira fácil de encontrar a resposta é agrupando os números em pares: 1 e 100, 2 e 99, 3 e 98, e assim por diante, até 50 e 51. Todos os números entre 1 e 100 ocorrem exatamente uma vez em cada par, portanto a soma de todos esses números é a soma de todos os pares. Mas a soma de todos os pares é sempre igual a 101. E existem 50 pares. Então o total é $50 \times 101 = 5.050$. Foi isso (ou o equivalente) que Gauss escreveu na lousa.

O ponto central dessa história não é que Gauss fosse anormalmente bom em aritmética, embora ele o fosse; em seus raciocínios astronômicos posteriores, ele costumava fazer cálculos enormes com muitas casas decimais, trabalhando com a velocidade de um *idiot savant*. Mas fazer cálculos depressa não era seu único talento. O que ele tinha em abundância era um dom para localizar padrões crípticos em problemas matemáticos e usá-los para encontrar soluções.

Büttner ficou tão estupefato por Gauss ter percebido sua brilhante manobra que, diga-se a seu favor, deu ao garoto o melhor livro-texto de aritmética que o dinheiro podia comprar. Em uma semana, Gauss já estava além do que seu professor conseguia entender.

Por acaso Büttner tinha um assistente de dezessete anos, Johann Bartels, cujos deveres oficiais eram cortar penas de aves para serem usadas na escrita e ajudar os garotos a manuseá-las. Extraoficialmente, Bartels era fascinado por matemática, e viu-se atraído pelo brilhante garoto de dez anos. Os dois se tornaram amigos por toda a vida. Trabalharam em matemática juntos, um encorajando o outro.

Bartels era conhecido de muitos dos luminares mais destacados de Brunswick, e todos logo perceberam que havia um gênio incomum entre eles, cuja família vivia à beira da pobreza. Um desses cavalheiros, o conselheiro e professor E.A.W. Zimmerman, apresentou Gauss ao duque de Brunswick, Carl Wilhelm Ferdinand, em 1791. Encantado e impressionado, o duque assumiu o compromisso de pagar a educação de Gauss, como fazia ocasionalmente com filhos talentosos de pessoas pobres.

A matemática não era o único talento do garoto. Aos quinze anos ele já era versado em línguas clássicas, por isso o duque financiou seus estudos dos clássicos no ginásio local. (No antigo sistema educacional alemão, um ginásio era uma espécie de escola que preparava os estudantes para entrar na universidade. Pode ser traduzido como "ensino médio", mas só se admitiam alunos pagantes.) Muitos dos melhores trabalhos de Gauss foram depois escritos em latim. Em 1792 ele entrou para o Collegium Carolinium de Brunswick, mais uma vez a expensas do duque.

Aos dezessete anos, Gauss já descobrira um incrível teorema conhecido como a "lei da reciprocidade quadrática" na teoria dos números. Trata-se de uma regularidade básica, porém bastante esotérica, das propriedades de divisibilidade dos quadrados perfeitos. Esse padrão já fora observado por Leonhard Euler, mas Gauss não sabia disso, e fez a mesma descoberta de forma independente. Muito poucas pessoas sequer chegariam a imaginar aquela pergunta, mas o garoto estava pensando com muita profundidade sobre a teoria das equações. Aliás, foi o que o levou a construir o polígono regular de 17 lados, que o orientou para o caminho da imortalidade na matemática.

ENTRE 1795 E 1798, Gauss estudou na Universidade de Göttingen, mais uma vez bancado por Ferdinand. Fez poucos amigos, mas suas amizades eram profundas e duradouras. Foi em Göttingen que conheceu Bolyai, competente geômetra formado na tradição euclidiana.

As ideias matemáticas de Bolyai afluíam tão rápida e caudalosamente que às vezes deixavam Gauss atarantado. De repente ele era capaz de parar o que estivesse fazendo para olhar fixo a distância, com o lampejo de um novo pensamento. Em algum momento ele trabalhou em alguns teoremas que teriam base sólida "se a geometria euclidiana não fosse a verdadeira". Na vanguarda de seus pensamentos encontrava-se um grande trabalho em andamento, o *Disquisitiones arithmeticae*, que estava quase pronto em 1798. Mas Gauss precisava se certificar de ter dado o devido crédito aos seus predecessores, por isso visitou a Universidade de Helmstedt, que abrigava uma biblioteca de matemática de alta qualidade supervisionada por Johann Pfaff, o mais conhecido matemático da Alemanha.

Em 1801, depois de um frustrante atraso no prelo, o *Disquisitiones arithmeticae* foi publicado com uma efusiva e, sem dúvida, sincera dedicatória do duque Ferdinand. A generosidade do duque não terminou quando Carl saiu da universidade. Ele pagou para que a tese de doutorado que Gauss apresentou à Universidade de Helmstedt fosse impressa de acordo com o regulamento. E quando Carl começou a se preocupar em como se sustentar quando saiu da universidade, o duque lhe deu uma pensão para que pudesse continuar suas pesquisas sem se preocupar com dinheiro.

Um aspecto digno de nota de *Disquisitiones arithmeticae* é seu estilo não conciliatório. As demonstrações são cuidadosas e lógicas, mas o texto não faz concessões ao leitor e não dá pistas quanto à intuição por trás dos teoremas. Mais tarde ele justificou essa atitude, que adotou por toda sua carreira, com o seguinte argumento: "Quando alguém constrói um ótimo prédio, os andaimes não devem mais continuar visíveis." O que está muito certo se você só quer que as pessoas admirem o prédio, mas não ajuda muito se quer ensiná-las a fazer suas próprias construções. Carl Gustav Jacob Jacobi, cujo trabalho em análise complexa foi erigido com base nas ideias de Gauss, disse sobre seu ilustre predecessor: "Ele é como a raposa, que apaga seus rastros na areia com a cauda."

Por volta dessa época, os matemáticos começavam a perceber que, embora os números "complexos" parecessem artificiais, e seu conteúdo fosse incompreensível, eles tornavam a álgebra bem mais clara ao apresentar soluções para equações de uma maneira uniforme. Elegância e simplicidade eram as pedras de toque da matemática, e novos conceitos, por mais estranhos que parecessem a princípio, tendiam a vencer a longo prazo se ajudassem a *manter* o assunto elegante e simples.

Quando trabalhamos apenas com os números "reais" tradicionais, as equações podem ser irritantemente erráticas. A equação $x^2 - 2 = 0$ tem duas soluções, mais ou menos a raiz quadrada de 2; mas a equação $x^2 + 1 = 0$, muito semelhante, não tem solução alguma. Contudo, essa equação tem duas soluções em números complexos: i e $-i$. O símbolo i, que representa a $\sqrt{-1}$, foi introduzido por Euler em 1777, mas só foi dado a público em 1794. Qualquer teoria apoiada apenas em termos de equações "reais" é poluída por exceções e distinções pedantes. A teoria análoga de equações complexas evita todas essas complicações ao engolir no atacado uma grande complicação logo no nascedouro: permitindo números complexos, além de números reais.

Em 1750, o círculo de ideias iniciado pelos matemáticos na Itália renascentista estava maduro e fechado. Seus métodos para resolver equações cúbicas e quárticas eram vistos como uma extensão natural da solução babilônica das quadráticas. A relação entre números radicais e complexos havia sido exposta em alguns detalhes, e sabia-se que, nessa extensão do sistema numérico normal, um número não tem uma raiz cúbica, mas três; não uma raiz da quarta potência, mas quatro; não uma raiz de quinta potência, mas cinco. Essas raízes formam os vértices de um polígono regular de n lados no plano complexo, com um vértice em 1. As outras raízes se espaçam de forma regular ao redor de um círculo de raio 1 e centro em 0. Por exemplo, a Figura 14 mostra as localizações das raízes quintas de uma unidade.

De maneira mais geral, a partir de qualquer raiz quinta de um número é possível obter quatro outros, multiplicando o número por q, q^2, q^3 e q^4. Esses números também estão espaçados de forma regular ao redor de um círculo de centro em 0. Por exemplo, as raízes quintas de 2 são mostradas na figura da direita.

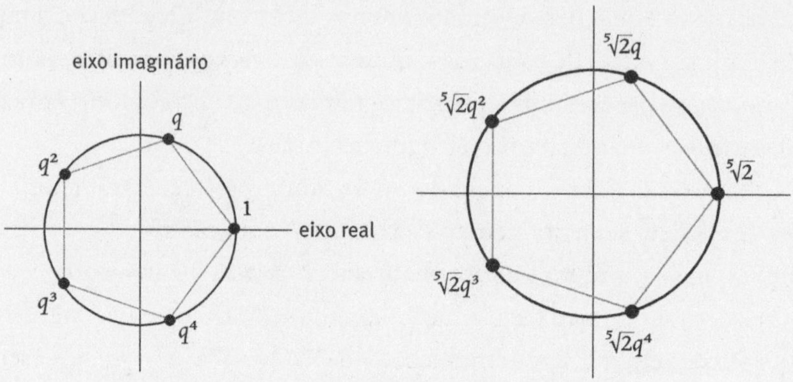

FIGURA 14: Raízes quintas de uma unidade no plano complexo (à esquerda). Raízes quintas de dois (à direita).

Tudo isso era muito bonito, porém apontava para algo muito mais profundo. As raízes quintas de 2 podem ser vistas como as soluções da equação $x^5 = 2$. Trata-se de uma equação de quinto grau, com cinco soluções complexas, mas só uma delas real. Da mesma forma, a equação $x^4 = 2$ para raízes quartas de 2 tem quatro soluções, a equação para raízes 17 de 2 tem 17 soluções, e assim por diante. Não é preciso ser um gênio para perceber o padrão: o número de soluções é igual ao grau da equação.

O mesmo parecia se aplicar não apenas a equações de raízes *n*, mas a *qualquer equação algébrica*. Os matemáticos se convenceram de que, dentro do domínio dos números complexos, qualquer equação tem exatamente o mesmo número de soluções de seu grau. (Tecnicamente, esse enunciado é verdadeiro apenas quando as soluções são contadas de acordo com suas "multiplicidades". Se não for usada essa convenção, o número de soluções é menor ou igual ao grau.) Euler provou essa propriedade para equações de graus 2, 3 e 4, e afirmou que métodos semelhantes funcionariam em geral. Sua ideia era plausível, mas superar as lacunas que deixava se mostrou quase impossível, e até hoje é preciso grande esforço para se chegar a uma conclusão quanto ao método de Euler. Mesmo assim, os matemáticos aceitaram que se estivessem resolvendo uma equação de algum grau deveriam encontrar exatamente esse número de soluções.

Enquanto desenvolvia suas ideias em teoria dos números e em análise numérica, Gauss começou a ficar cada vez mais insatisfeito com o fato de ninguém conseguir provar essa suposição. Como era típico de sua parte, ele apareceu com uma prova. Era complicada e curiosamente indireta: qualquer matemático competente podia se convencer de que estava correta, mas ninguém conseguia imaginar de onde Gauss tinha tirado aquela ideia. A raposa da matemática continuava a cobrir seus rastros com a cauda.

A TRADUÇÃO DO TÍTULO DA DISSERTAÇÃO escrita em latim é "Uma nova prova de que toda função integral racional em uma variável que pode ser resolvida em fatores reais do primeiro ou do segundo grau". Desvendando o jargão do período, o título afirma que qualquer polinômio (com coeficientes reais) é um produto de termos que são polinômios lineares ou quadráticos.

Gauss usou a palavra "real" para deixar claro que estava trabalhando no sistema numérico tradicional, em que quantidades negativas não têm raízes quadradas. Hoje enunciaríamos o teorema de Gauss de uma forma igualmente lógica, porém mais simplificada: qualquer polinômio real de grau n tem n raízes complexas ou reais. Mas Gauss escolheu sua terminologia com cuidado, de forma que seu trabalho não se baseasse em sistemas ainda enigmáticos envolvendo números complexos. Raízes complexas de um polinômio real sempre podem ser combinadas em pares para fornecer fatores quadráticos reais, independentemente de os fatores corresponderem a raízes reais. Ao elaborar o título em termos de dois tipos de fatores ("fatores do primeiro ou do segundo grau"), Gauss contornou a controversa questão dos números complexos.

Uma das palavras do título não se justifica: "nova", que implica a existência de provas "antigas". Gauss apresentou a *primeira* prova rigorosa desse teorema básico da álgebra. Mas, para não ofender ilustres predecessores que afirmavam ter provas – todas elas com problemas –, Gauss apresentou sua descoberta apenas como a prova mais recente, usando novos (agora, sim, corretamente) métodos.

Esse teorema ficou conhecido como "teorema fundamental da álgebra". Gauss o considerava tão importante que apresentou quatro demonstrações comprobatórias, a última quando já estava com setenta anos de idade. Pessoalmente, os números complexos não o afligiam, pois desempenhavam um papel importante em seu raciocínio; mais tarde ele desenvolveu a explicação de seu significado. Mas Gauss não gostava de controvérsias. Durante anos ele suprimiu muitas de suas ideias originais – geometria não euclidiana, análise complexa e uma rigorosa abordagem dos números complexos – por não querer atrair o que chamava de "os gritos dos beócios".

Gauss não se limitou à matemática pura. No início de 1801, o padre e astrônomo italiano Giuseppe Piazzi descobriu um novo planeta, ou ao menos foi o que ele pensou – um desmaiado ponto de luz em seu telescópio que se movia pelo cenário de estrelas de uma noite para outra, sinal inequívoco de que era um corpo do sistema solar. O astro recebeu o adequado nome de Ceres, mas na verdade era um asteroide, o primeiro a ser encontrado. Depois de descobrir aquele novo mundo, Piazzi logo o perdeu em meio ao brilho do Sol. Ele fizera tão poucas observações que outros astrônomos não conseguiam calcular a órbita do novo corpo celeste e se preocupavam em localizá-lo quando ressurgisse por trás do Sol.

Esse era um problema à altura de Gauss, e ele partiu para a solução com empenho. Inventou novos métodos para determinar órbitas a partir de poucas observações e previu onde Ceres iria reaparecer. Quando isso aconteceu, a fama de Gauss se difundiu muito. Quando o explorador Alexander von Humboldt perguntou a Pierre-Simon de Laplace, perito em mecânica celestial, qual era o maior matemático da Alemanha, a resposta foi "Pfaff". Quando o surpreso Humboldt perguntou "E Gauss?", Laplace respondeu: "Gauss é o maior matemático do mundo."

Infelizmente, a fama então recente desviou-o da matemática pura para longos cálculos sobre mecânica celeste – o que em geral era considerado um desperdício de seus consideráveis talentos. Não que a mecânica celeste fosse algo sem importância, mas outros matemáticos, menos habilidosos, poderiam fazer o mesmo trabalho. Por outro lado, isso melhorou a vida de Gauss, que estava em busca de uma posição de destaque que lhe rendesse um cargo público para recompensar seu patrocinador, o duque. Seu trabalho com Ceres resultou numa posição na diretoria do Observatório de Göttingen, posto que conservou até o término de sua vida acadêmica.

Gauss casou-se com Johanna Osthoff em 1805. Numa carta para Bolyai, ele descreveu sua nova vida:

> O lindo rosto de uma madona, um espelho de paz de espírito e saúde, olhos suaves, um tanto fantasiosos, uma figura impoluta – esta é uma coisa; uma mente brilhante e uma linguagem culta – esta é outra; mas a alma tranquila, serena, modesta e casta de um anjo incapaz de fazer mal a qualquer criatura... isso é o melhor.

Johanna foi mãe de dois filhos, mas morreu durante o parto em 1809, e um desconsolado Gauss "fechou seus olhos angélicos, nos quais encontrei o paraíso durante os últimos cinco anos". Gauss se tornou solitário e deprimido, e sua vida nunca mais foi a mesma. Acabou encontrando uma nova esposa, Minna Waldeck, a melhor amiga de Johanna, mas o casamento não foi muito feliz, apesar do nascimento de mais três filhos. Gauss estava sempre discutindo com os filhos e falando o que as filhas precisavam fazer, e os rapazes ficaram tão fartos que deixaram a Europa para morar nos Estados Unidos, onde prosperaram.

Logo depois de assumir a diretoria do Observatório de Göttingen, Gauss voltou à sua antiga ideia, a possibilidade de um novo tipo de geometria que satisfizesse todos os axiomas de Euclides, com exceção do axioma das paralelas. Acabou chegando à conclusão de que geometrias não euclidianas logicamente coerentes eram possíveis, mas nunca publicou seus resultados por temer que fossem considerados muito radicais. János Bolyai, filho de seu velho amigo Wolfgang, fez também descobertas similares, mas Gauss foi incapaz de elogiá-las, por ter antecipado a maior parte daquele trabalho. Mais tarde ainda, quando Nikolai Ivanovich Lobachevsky redescobriu a matemática não euclidiana de forma independente, Gauss fez dele membro da Academia de Göttingen, porém, mais uma vez, não teceu nenhum elogio público ao trabalho.

Anos mais tarde, quando os matemáticos estudaram essas novas geometrias com maiores detalhes, elas foram interpretadas como geometrias de "geodésicas" – caminhos mais curtos – em superfícies curvas. Se a superfície tivesse uma curvatura constante positiva, como uma esfera, a geometria era chamada de elíptica. Se a curvatura fosse constante e negativa (na forma de uma sela em todo ponto), a geometria era hiperbólica. A geometria euclidiana correspondia a uma curvatura zero, o espaço *plano*. Essas geometrias podiam ser caracterizadas por suas *métricas*, a fórmula para a distância entre dois pontos.

Essas ideias podem ter levado Gauss a um estudo mais genérico das superfícies curvas. Ele desenvolveu uma linda fórmula para a quantidade de curvatura, e demonstrou que ela fornecia o mesmo resultado em qualquer sistema de coordenadas. Nessa formulação, a curvatura não precisava ser constante: poderia variar de um lugar para outro.

Numa atitude não incomum na matemática, ao chegar à meia-idade Gauss se voltou para aplicações práticas. Assessorou diversos projetos de levantamentos topográficos, o maior deles sendo a triangulação da região de Hanôver. Realizou muitos trabalhos de campo, seguidos por análises de dados. Para ajudar em seu trabalho, ele inventou o heliotrópio, dispositivo para enviar sinais por luz refletida. Mas quando o coração começou a dar sinais de fraqueza, Gauss parou de fazer levantamentos e resolveu passar os anos que lhe restavam em Göttingen.

Durante esse período infeliz, um jovem norueguês chamado Abel escreveu a Gauss sobre a impossibilidade de resolver equações quínticas com radicais, mas não recebeu resposta. Provavelmente Gauss estava deprimido demais até para ler o trabalho.

Por volta de 1833, Gauss passou a se interessar por magnetismo e eletricidade, colaborando com o físico Wilhelm Weber em um livro, *Teoria geral do magnetismo terrestre*, publicado em 1839. Os dois também inventaram o telégrafo, ligando o observatório de Gauss ao laboratório de física onde Weber trabalhava, mas os fios estavam sempre se rompendo, e outros inventores surgiram com projetos mais práticos. Então Weber foi demitido de Göttingen, com seis outros cientistas, por se recusar a jurar obediência ao novo rei de Hanôver, Ernesto Augusto. Gauss ficou muito aborrecido com isso, mas seu conservadorismo político e a relutância em provocar qualquer tipo de agitação impediram-no de fazer um protesto público, embora possa ter se esforçado nos bastidores a favor de Weber.

Em 1845, Gauss produziu um relatório sobre o fundo de pensão para viúvas de professores de Göttingen, avaliando o provável efeito de um súbito aumento do número de participantes. Ele investiu em estradas de ferro e títulos do governo e conseguiu reunir uma boa fortuna.

Depois de 1850, perturbado com seus problemas cardíacos, Gauss reduziu o trabalho. O evento mais importante desse período, para a nossa história, foi a tese de habilitação de seu aluno Georg Bernhard Riemann. (No sistema acadêmico alemão, a habilitação é o passo seguinte ao doutorado.) Riemann generalizou o trabalho de Gauss sobre superfícies em espaços multidimensionais, que ele chamou de "variedade". Em especial, estendeu o conceito de uma métrica e encontrou uma fórmula para a curvatura de uma variedade. Na verdade, ele criou uma teoria para espaços curvos multidimensionais. Mais tarde essa ideia se mostraria crucial no trabalho de Einstein sobre a gravidade.

Já sob constante cuidado médico, Gauss compareceu a uma palestra pública sobre o assunto e ficou impressionado. Como sua saúde continuasse a se deteriorar, ele passava cada vez mais tempo na cama, mas continuava a ler e escrever cartas, e a administrar seus investimentos. No início de 1855, Gauss morreu em paz durante o sono, a mais brilhante mente matemática que o mundo já conheceu.

6. O médico frustrado e o gênio doente

O PRIMEIRO AVANÇO SIGNIFICATIVO de *A grande arte* de Cardano surgiu por volta de meados do século XVIII. Embora os matemáticos do Renascimento conseguissem resolver cúbicas e quárticas, seus métodos eram basicamente uma série de truques que, apesar de funcionar, talvez pudessem ser atribuídos mais a uma série de coincidências que a alguma razão sistemática. Essa razão afinal foi estabelecida por volta de 1770, por dois matemáticos: Joseph-Louis Lagrange, nativo da Itália que sempre se considerou francês, e Alexandre-Théophile Vandermonde, que era francês mesmo.

Vandermonde nasceu em Paris, em 1735. Seu pai queria que ele fosse músico, e Vandermonde se tornou hábil no violino e seguiu a carreira musical. Mas em 1770 começou a se interessar por matemática. Sua primeira publicação na área foi sobre funções simétricas das raízes de um polinômio – fórmulas algébricas como a soma de todas as raízes, que não se alteram se as raízes forem intercambiadas. Sua contribuição mais original foi demonstrar que a equação $x^n - 1 = 0$, associada ao polígono regular de n lados, pode ser resolvida por radicais se n for igual ou menor que 10. (Na verdade, a equação pode ser resolvida por radicais para qualquer valor de n.) Grande teórico da análise na matemática, o francês Augustin-Louis Cauchy depois citou Vandermonde como o primeiro a perceber que funções simétricas podem ser aplicadas à solução de equações por radicais.

Nas mãos de Lagrange, essa ideia se transformaria em ponto de partida para uma abordagem geral de todas as equações algébricas.

Lagrange nasceu na cidade italiana de Turim e foi batizado como Giuseppe Lodovico Lagrangia. A família tinha fortes ligações com a França – o bisavô fora capitão da cavalaria francesa antes de se mudar para a Itália, a fim de servir junto ao duque de Savoia. Quando era ainda bem jovem, Giuseppe passou a usar o sobrenome Lagrange, mas combinado com Lodovico ou Luigi como primeiro nome. Seu pai era tesoureiro do Gabinete de Obras Públicas e Fortificações em Turim; a mãe, Teresa Grosso, era filha de um médico. Lagrange foi o primeiro filho de um total final de onze, mas só dois sobreviveram além da infância.

Embora situada nos níveis mais altos da sociedade italiana, a família de Lagrange não tinha muito dinheiro, em consequência de alguns maus investimentos. Eles resolveram que Lagrange precisava estudar Direito, e ele cursou a faculdade em Turim. Gostava da matéria e dos clássicos, mas achava as aulas de matemática muito chatas, consistindo sobretudo em geometria euclidiana. Foi então que topou com um livro sobre métodos algébricos em ótica, do astrônomo inglês Edmond Halley, e sua opinião sobre a matemática mudou drasticamente. Lagrange lançou-se num caminho que dominaria suas primeiras pesquisas: a aplicação da matemática na mecânica, em especial na mecânica celeste.

Lagrange casou-se com uma prima, Vittoria Conti. "Minha esposa, que é uma de minhas primas e chegou a morar muito tempo com minha família, é uma boa dona de casa e não tem qualquer pretensão", escreveu para o amigo Jean le Rond D'Alembert, também matemático. Confidenciou-lhe ainda que não queria ter filhos, desejo que se realizou.

Lagrange assumiu um cargo em Berlim, escreveu inúmeros trabalhos de pesquisa e ganhou o prêmio anual da Academia Francesa em várias ocasiões – dividindo o prêmio de 1772 com Euler. Ganhou ainda o de 1774, por suas pesquisas em dinâmica da Lua, e o de 1780, por seu trabalho sobre a influência planetária nas órbitas dos cometas. Outra de suas paixões era a teoria dos números, e em 1770 ele demonstrou um clássico do gênero, o teorema dos quatro quadrados, segundo o qual cada número inteiro positivo é a soma de quatro quadrados perfeitos. Por exemplo, $7 = 2^2 + 1^2 + 1^2 + 1^2$, $8 = 2^2 + 2^2 + 0^2 + 0^2$, e assim por diante.

Lagrange tornou-se membro da Academia Francesa de Ciências e mudou-se para Paris, onde ficou até morrer. Ele acreditava que sempre era melhor obedecer às leis do país em que morava, mesmo se discordasse delas, ponto de vista que talvez o tenha ajudado a escapar do destino de muitos outros intelectuais durante a Revolução Francesa. Em 1788, Lagrange publicou sua primeira obra-prima, *Mecânica analítica*, que reformulou a mecânica como um ramo da análise. Orgulhava-se pelo fato de que seu imenso livro não contivesse nenhum diagrama; em sua visão, isso tornava a lógica mais rigorosa.

Em 1792, Lagrange se casou com a segunda esposa, Renée-Françoise-Adélaide Le Monnier, filha de um astrônomo. Em agosto de 1793, durante o reinado do Terror, a Academia foi fechada; a única parte que continuou ativa foi a comissão de pesos e medidas. Muitos destacados cientistas foram destituídos – o químico Antoine Lavoisier, o físico Charles Augustin Coulomb e Pierre Simon Laplace. Lagrange tornou-se o novo presidente do setor de pesos e medidas.

A essa altura sua origem italiana tornou-se um problema. O governo revolucionário aprovou uma lei exigindo que qualquer um nascido em país inimigo fosse preso. Lavoisier, que ainda tinha alguma influência, conseguiu que não se aplicasse a lei no caso de Lagrange. Logo depois, um tribunal revolucionário condenou Lavoisier à morte; ele foi guilhotinado no dia seguinte. Lagrange observou: "Levou apenas um instante para que sua cabeça caísse, e cem anos não serão o suficiente para produzir alguém como ele."

Sob o reinado de Napoleão, Lagrange recebeu várias honrarias: a Legião de Honra e o título de conde do Império, em 1808, e a Grande Cruz da Ordem Imperial da Reunião, em 1813. Uma semana depois de ter recebido a Grande Cruz ele morreu.

EM 1770, NO MESMO ANO em que elaborou o teorema dos quatro quadrados, Lagrange embarcou num vasto tratado sobre a teoria das equações, dizendo: "Proponho nestas memórias examinar os vários métodos encontrados até agora para a solução algébrica de equações, reduzi-las a princípios gerais, explicar, a priori, por que esses métodos funcionam para o terceiro e o quarto graus e por que não funcionam para graus mais altos." Como afirma Jean-Pierre Tignol em *Teoria das equações algébricas de Galois*: "O objetivo explícito de Lagrange é determinar não apenas *como* esses métodos funcionam, mas *por quê*."

Lagrange teve uma compreensão muito mais profunda dos métodos renascentistas que os próprios inventores dos métodos, tendo chegado a provar que o esquema geral que encontrara para explicar seu sucesso não poderia ser estendido ao quinto grau ou a graus mais elevados. Mas deixou de dar um passo adiante e considerar se havia alguma solução *possível* nesses casos. Em vez disso, ele nos diz que seus resultados "serão úteis para os que desejarão lidar com a solução dos graus mais altos, ao fornecer várias visões para este fim e, acima de tudo, ao poupá-los de inúmeros passos e tentativas inúteis".

Lagrange percebera que todos os truques especiais utilizados por Cardano, Tartaglia e outros baseavam-se numa técnica. Em lugar de tentar encontrar as raízes de uma dada equação diretamente, a ideia era transformar o problema na solução de alguma equação auxiliar cujas raízes estivessem relacionadas com as originais, mas fossem diferentes.

A equação auxiliar para uma cúbica era simples – uma quadrática. Essa "quadrática resolvente" podia ser solucionada pelo método babilônico; em seguida, a solução da cúbica podia ser reconstruída extraindo-se a raiz cúbica. Essa é exatamente a estrutura da fórmula de Cardano. Para uma quártica, a equação auxiliar também era simples – uma cúbica. Essa "cúbica resolvente" podia ser solucionada pelo método de Cardano; então o resultado da quártica poderia ser reconstruído extraindo-se uma raiz quarta – ou seja, uma raiz quadrada duplicada. Essa é exatamente a estrutura da fórmula de Ferrari.

Podemos imaginar o crescente entusiasmo de Lagrange. Se o padrão prosseguisse, a equação quíntica teria uma "quártica resolvente": era só solucioná-la com o método de Ferrari e extrair uma razão quinta. E o processo continuaria, com a sêxtica tendo uma quíntica resolvente, solucionável pelo que ficaria conhecido como método de Lagrange. Esse método seria capaz de resolver equações de *qualquer* grau.

Mas a dura realidade o trouxe de volta à Terra. A equação resolvente para a quíntica não era uma quártica, mas uma equação de grau mais *alto*, uma sêxtica. O mesmo método que simplificava as equações cúbicas e as quárticas *complicava* a quíntica.

A matemática não evolui substituindo problemas difíceis por outros ainda mais difíceis. O método unificado de Lagrange não funcionava na quíntica. Mas isso não quer dizer que estava provado que a quíntica era insolúvel, pois poderia haver métodos diferentes.

Por que não?

Para Lagrange, essa era uma pergunta retórica. Mas seus sucessores a levaram a sério e encontraram a resposta.

Seu nome era Paolo Ruffini, mas ao dizer que ele encontrou a "resposta" da pergunta retórica de Lagrange estou roubando um pouco no jogo. Ele *pensou* ter encontrado a resposta, e seus contemporâneos nunca perceberam nada de errado na resposta – em parte porque nunca levaram seu trabalho muito a sério. Ruffini passou a vida acreditando que tinha provado que a quíntica era insolúvel por radicais. Só depois de sua morte percebeu-se que sua prova tinha uma lacuna importante. Era fácil não perceber isso nas páginas e mais páginas de cálculos: era uma suposição "óbvia", que ele nunca notou enquanto trabalhava.

Como qualquer matemático profissional sabe por alguma amarga experiência, é muito difícil perceber quando se está fazendo uma suposição não enunciada – justamente por não ser enunciada.

Ruffini nasceu em 1765, filho de um médico. Em 1783 ingressou na Universidade de Módena para estudar medicina, filosofia, literatura e matemática. Aprendeu geometria com Luigi Fantini e cálculo com Paolo Cassiani. Quando este deixou o cargo a fim de trabalhar para a família Este, administrando suas vastas terras, Ruffini, ainda estudante, assumiu o curso de análise. Colou grau em filosofia, medicina e cirurgia em 1788, acrescentando a matemática em 1789. Logo depois assumiu o cargo que era de Fantini, cuja vista começava a falhar.

Alguns acontecimentos interferiram em seu trabalho acadêmico. Em 1796, Napoleão Bonaparte derrotou os exércitos da Áustria e da Sardenha, se interessou por Turim e conquistou Milão. Logo depois já ocupava Módena, o que forçou Ruffini a se envolver em política. Fazia parte dos seus planos voltar à universidade em 1798, mas ele se recusou, por questões religiosas, a jurar fidelidade à República. A perda do emprego fez com que Ruffini tivesse mais tempo para as pesquisas, e ele se concentrou no embaraçoso problema da quíntica.

Ruffini se convenceu de que havia um bom motivo para ninguém ter conseguido encontrar uma solução: não existia solução. Especificamente, não havia uma fórmula envolvendo nada mais esotérico do que radicais que resolvesse a quíntica geral. Nos dois volumes de *Teoria geral das equações*, publicados em 1799, ele asseverava ser capaz de provar isso ao dizer:

> A solução algébrica de equações gerais de grau maior que 4 é sempre impossível. Observe um teorema muito importante que acredito ser capaz de afirmar (se eu não estiver errado): apresentar a prova é a principal razão da publicação deste volume. O imortal Lagrange, com suas sublimes reflexões, forneceu a base de minha prova.

A demonstração ocupava mais de quinhentas páginas de uma matemática quase desconhecida. Alguns matemáticos consideraram-na um tanto intimidadora. Até hoje ninguém tem vontade de navegar por uma demonstração longa e técnica a não ser que haja uma boa razão para isso. Se Ruffini tivesse anunciado uma *solução* para a quíntica, sem dúvida seus pares teriam feito esse esforço. Mas pode-se entender a relutância em dedicar centenas de horas para chegar a um resultado negativo.

Em especial quando o resultado pode estar errado. Poucas coisas são mais aborrecidas que encontrar um erro na página 499 de um livro de matemática de quinhentas páginas.

Ruffini enviou a Lagrange um exemplar de seu livro em 1801. Depois de alguns meses de silêncio, mandou outro exemplar, com um bilhete: "Se eu tiver errado em alguma demonstração; ou se disse algo que acredito ser novo, e que na realidade não o é; finalmente, se escrevi um livro inútil – rogo para que me aponte o fato com sinceridade." Mesmo assim, não obteve resposta. Ruffini tentou outra vez em 1802. Nada.

Vários anos se passaram sem o reconhecimento reivindicado por Ruffini como um direito seu. Ao contrário, circulavam vagos rumores insinuando que havia equívocos em sua "prova". Mas, como ninguém dizia quais eram esses equívocos, ele não podia se defender. Afinal, admitiu, acertadamente, que sua demonstração era complicada demais, e partiu para descobrir algo mais simples. Conseguiu o que queria em 1803, e escreveu: "Nessa exposição, tentarei demonstrar a mesma proposta, espero que com raciocínio menos obscuro e com rigor total." A nova demonstração não se saiu melhor que a primeira. O mundo não estava preparado para o raciocínio de Ruffini, nem para as outras provas que publicou em 1808 e em 1813. Ele nunca deixou de tentar fazer com que seu trabalho fosse reconhecido pela comunidade matemática. Quando Jean Delambre – que previu a posição do planeta Urano – escreveu um resumo sobre o estado da matemática desde 1789, ele incluiu a frase: "Ruffini pretende demonstrar que a resolução da quíntica é impossível." Este replicou prontamente: "Eu não pretendo provar, na verdade eu provei."

Para ser justo, poucos matemáticos se entusiasmaram com a demonstração de Ruffini. Entre eles estava Cauchy, que tinha um triste histórico no que diz respeito a dar créditos a quem merecia, a não ser para si mesmo. Em 1821 ele escreveu a Ruffini: "Suas memórias sobre a resolução geral de equações é um trabalho que sempre me pareceu merecer a atenção de matemáticos e que, no meu julgamento, prova completamente a impossibilidade de resolver equações algébricas de graus maiores que 4." Mas o elogio chegou tarde demais.

Por volta de 1800, Ruffini começou a ensinar matemática aplicada na escola militar da cidade. Continuou a exercer medicina, cuidando de pacientes entre os mais pobres e os mais ricos da sociedade. Em 1814, depois da queda de Napoleão, ocupou o cargo de reitor da Universidade de Módena. A situação política ainda era extremamente complexa, e, apesar de suas habilidades pessoais, do grande respeito que inspirava e da reputação como homem honesto, sua gestão como reitor não deve ter sido nada fácil.

Nessa mesma época, Ruffini ocupava as cadeiras de matemática aplicada, medicina prática e medicina clínica na Universidade de Módena. Em 1817 houve uma epidemia de tifo, e Ruffini continuou tratando seus pacientes até contrair a doença. Conseguiu sobreviver, mas jamais recuperou totalmente a saúde, e em 1819 desistiu da cadeira de medicina clínica. Porém, nunca abandonou os trabalhos científicos, e em 1820 publicou um artigo sobre o tifo com base na própria experiência, como médico e paciente. Morreu em 1822, quase um ano depois de Cauchy ter escrito o elogio de seu trabalho sobre a quíntica.

Talvez a novidade fosse uma das razões pelas quais o trabalho de Ruffini não foi bem-recebido. Assim como Lagrange, ele baseava suas avaliações no conceito de "permutação". Permutação é uma forma de rearranjar uma lista ordenada. O exemplo mais famoso é embaralhar cartas. O objetivo normal é chegar a alguma ordem aleatória – isto é, imprevisível. O número de diferentes permutações num jogo de cartas é imenso, por isso a probabilidade de prever o resultado de um baralhamento é irrisória.

As permutações surgem na teoria das equações porque as raízes de um dado polinômio podem ser consideradas uma lista. Alguns aspectos bem básicos das equações estão diretamente relacionados ao efeito do baralhamento dessa lista. A intuição diz que a equação "não conhece" a ordem na qual você listou suas raízes, por isso a permutação das raízes não faz uma diferença importante. Em especial, os coeficientes da equação devem ser expressões totalmente simétricas nas raízes – expressões que não se alteram quando as raízes são permutadas.

Mas, como Lagrange havia avaliado, algumas expressões nas raízes podem ser simétricas em relação a algumas permutações, mas não a outras. Essas expressões "parcialmente simétricas" estão intimamente associadas a qualquer fórmula para a resolução da equação. Tal aspecto das permutações já era conhecido pelos pares de Ruffini. Muito menos conhecido era o uso sistemático que ele fazia de outra ideia de Lagrange: você pode "multiplicar" duas permutações para chegar a outra, fazendo isso uma de cada vez.

Considere os três símbolos *a*, *b*, *c*. Existem seis permutações: *abc*, *acb*, *bac*, *bca*, *cab e cba*. Pegue uma delas, digamos *cba*. À primeira vista, trata-se apenas de uma lista formada a partir de três símbolos. Mas também podemos vê-la como uma *regra* para rearranjar a lista original *abc*. Nesse caso, a regra é "reverter a ordem". Podemos aplicar a regra não apenas a essa lista, mas a qualquer lista. Se aplicarmos a regra a *bca*, digamos, vamos chegar a *acb*. Então, em certo sentido, *cba* × *bca* = *acb*.

Essa ideia é central para a nossa história, e talvez faça mais sentido se desenharmos alguns diagramas. Veja a seguir dois diagramas para permutações que rearranjam *abc* em *cba* e *bca*:

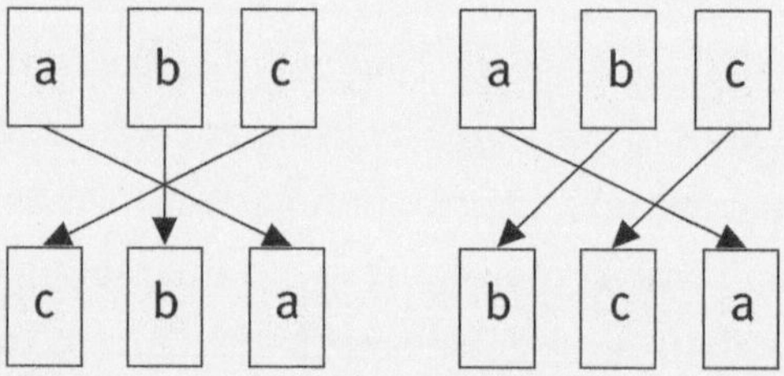

FIGURA 15: Duas permutações dos símbolos *a*, *b*, *c*.

Podemos combinar os dois arranjos em um só, empilhando essas imagens uma em cima da outra. Há duas maneiras de se fazer isso:

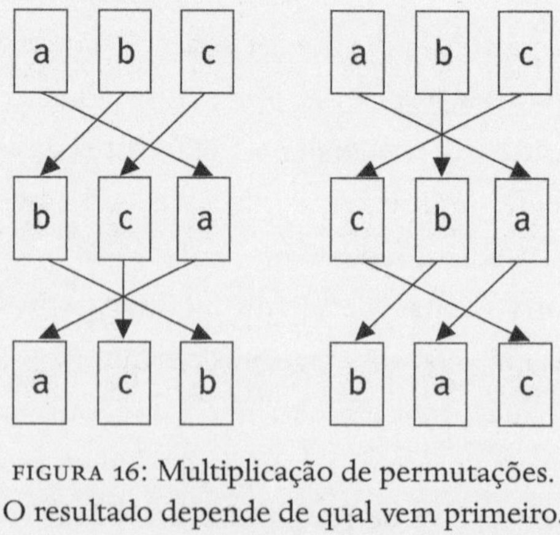

FIGURA 16: Multiplicação de permutações.
O resultado depende de qual vem primeiro.

Agora podemos ler o resultado da "multiplicação" de duas permutações anotando a fileira da base, que neste caso (parte esquerda da Figura 16) é *acb*. Com essa definição de "multiplicação" (que não é o conceito normal para multiplicar números), podemos entender o enunciado *cba* × *bca* = *acb*. A convenção é que a primeira permutação do produto vai para a *base* da pilha. Isso faz diferença, pois obtemos outra resposta se trocarmos as duas fileiras da pilha. A imagem à direita mostra que, quando as permutações são multiplicadas na ordem inversa, o resultado é *bca* × *cba* = *bac*.

A ESSÊNCIA DA DEMONSTRAÇÃO de impossibilidade de Ruffini era desenvolver condições que devem ser satisfeitas por qualquer raiz quíntica cujas raízes possam ser expressas por radicais. Se uma quíntica genérica não satisfizer essas condições, é porque ela *não* tem esse tipo de raiz – e por isso não pode ser resolvida por nenhuma extensão natural dos métodos que funcionavam para a cúbica e a quártica.

Pinçando uma página do livro de Lagrange, Ruffini concentrou-se nas funções simétricas das raízes e em sua relação com as permutações. A quíntica tem 5 raízes e 120 permutações de cinco símbolos. Ruffini percebeu que esse sistema de permutações teria de possuir certos aspectos estruturais, herdados de qualquer fórmula hipotética para soluções da quíntica. Se esses aspectos estivessem ausentes, não poderia existir a fórmula. Era um pouco como caçar um tigre numa floresta enlameada. Se houvesse mesmo um tigre, ele deixaria pegadas nítidas na lama. Sem pegadas, não há tigre.

Ao estudar as regularidades matemáticas dessa nova forma de multiplicação, Ruffini conseguiu provar – pelo menos para si mesmo – que a estrutura multiplicativa das 120 permutações é inconsistente com as funções simétricas que precisam existir se a equação puder ser resolvida por radicais. E ele chegou a algo significativo. Antes de Ruffini começar a trabalhar com a quíntica, quase todos os matemáticos do mundo estavam convencidos de que essa equação podia ser resolvida; a questão era como. Uma exceção era Gauss, que chegara a insinuar não haver solução – mas também observara que aquela questão não era muito interessante, numa das poucas vezes em que seu instinto falhou.

Depois de Ruffini, houve certo sentimento geral de que a quíntica não poderia ser resolvida por radicais. Pouca gente acreditava que Ruffini havia *provado* isso – mas seu trabalho decerto produziu muitas dúvidas sobre se os radicais poderiam solucionar o problema. Essa mudança de percepção teve um efeito colateral infeliz: os matemáticos ficaram menos interessados na questão como um todo.

Ironicamente, depois ficou claro que o trabalho de Ruffini tinha uma grande lacuna, mas ninguém percebeu isso na época. O ceticismo de seus contemporâneos se revelou justificável, de alguma forma. Mas a verdadeira inovação foi o método: Ruffini encontrou a estratégia correta; só não usou as táticas certas. O assunto precisava de um estrategista que também conseguisse prestar muita atenção às minúcias das táticas. Agora surgia um.

Depois de anos pregando a palavra do Senhor, sem reclamar, como pastor em uma das mais pobres e remotas regiões das montanhas da Noruega, Hans Mathias Abel recebeu sua justa recompensa em 1784. Foi nomeado pároco de Gjerstad, perto da costa sul da Noruega, não longe do fiorde de Oslo. Gjerstad não era exatamente próspera, mas sem dúvida muito mais rica que os lugares onde ele havia trabalhado antes. As finanças de sua família iriam melhorar bem.

A missão espiritual do pastor Abel era a de sempre: cuidar de seu rebanho e fazer o melhor para mantê-lo feliz e virtuoso. Abel era de uma família razoavelmente abastada. Seu bisavô dinamarquês fora mercador e montara um negócio lucrativo suprindo o exército norueguês. O pai, também mercador, foi conselheiro municipal na cidade de Bergen. Hans era orgulhoso, porém modesto; embora não fosse especialmente inteligente, também não tinha nada de bobo, e estava sempre preparado para dar sua opinião, custasse o que custasse.

Para ajudar na alimentação dos pobres da paróquia, Abel desenvolveu novos tipos de plantas em sua fazenda: linho para fazer tecidos e, acima de tudo, um novo tipo de tubérculo, a maçã da terra, também conhecida como batata. Ele escrevia poesia, trabalhava um pouco coletando informações para uma história da região e vivia em harmonia com a esposa, Elisabeth. Sua casa era famosa pela qualidade da comida; álcool nunca era servido. Bebida era um grande problema social na Noruega, e o pastor estava determinado a estabelecer um exemplo para seu rebanho – embora uma vez tenha chegado à igreja bêbado como um gambá, só para mostrar aos paroquianos quanto era degradante a bebedeira. Teve dois filhos, uma família pequena para a época: uma menina, Margaretha, e um menino, Soren.

Margaretha nada tinha de excepcional, jamais se casou e viveu a maior parte da vida com os pais. Soren era bem diferente: rápido, inteligente e original, com gosto para a alta sociedade. Não tinha a compostura e o sentido de dever do pai, e sofria por isso. Mesmo assim, seguiu a profissão paterna, primeiro tornando-se cura, depois pastor; casou-se com Anne Marie Simonsen, filha de uma família amiga; e aceitou um posto em Finnoy, na costa sudoeste. "As pessoas aqui são supersticiosas, mas cheias de conhecimentos da Bíblia", escreveu. "Eles apoiam qualquer opinião errada por não entenderem bem a autoridade divina." Mesmo assim, ele gostava do trabalho.

Em 1801, Soren escreveu a um amigo: "Minha alegria doméstica foi incrementada recentemente, pois no terceiro dia do Natal minha esposa me presenteou com um filho saudável." Era Hans Mathias. O irmão, Niels Henrik, chegou no verão de 1802. Desde os primeiros dias Niels demonstrou ter uma saúde precária, obrigando a mãe a dedicar muito tempo a ele.

As tensões militares andavam altas na Europa, e a combinação do Estado formado pela Noruega e pela Dinamarca encontrava-se comprimido entre as grandes potências da Inglaterra e da França. Napoleão queria aliar o Estado à sua causa, por isso, quando a Grã-Bretanha fez um acordo com a Suécia, a Noruega-Dinamarca instantaneamente se tornou inimiga dos britânicos, que invadiram o país. Depois de três dias, a Noruega-Dinamarca rendeu-se para salvar Copenhague da destruição. Mais tarde, quando o poder de Napoleão já declinava, seu auxiliar, Jean-Baptiste Bernadotte se tornou rei da Suécia. Quando a Noruega foi cedida à Suécia, o Parlamento norueguês, o Storting, foi forçado a aceitar Bernadotte como monarca.

Em 1815, os dois garotos Abel foram mandados para a Escola da Catedral em Oslo. O professor de matemática, Peter Bader, era do tipo que, para motivar os alunos, usava violência física da pesada. Mesmo assim os dois garotos se saíram bem. Algum tempo depois, em 1818, Bader aplicou uma surra tão grande em um de seus pupilos – filho de um representante do Storting – que o garoto morreu. De modo surpreendente, Bader não foi a julgamento, mas foi substituído por Bernt Holmboe, que fora assistente de Christoffer Hansteen, professor de matemática aplicada. Isso marcou um ponto de inflexão na carreira matemática de Niels, pois Holmboe deixava seus alunos abordarem questões interessantes que não constavam no programa de ensino. Niels pôde então tomar emprestado livros clássicos, entre eles alguns de Euler. "Desde então", escreveu depois Holmboe, "[Niels] Abel dedicou-se à matemática com a mais fervorosa vontade e progrediu em sua ciência com a velocidade característica de um gênio."

Pouco antes de se formar, Niels se convenceu de que havia resolvido a equação quíntica. Nem Holmboe nem Hansteen conseguiram encontrar nenhum erro, por isso apresentaram os cálculos a Ferdinand Degen, preeminente matemático dinamarquês, para possível publicação pela Academia de Ciência da Dinamarca. Degen tampouco encontrou erros no trabalho, mas, como era mais experiente e conhecia alguns truques, pediu a Niels que tentasse fazer os cálculos em alguns exemplos específicos. Niels logo percebeu que faltava alguma coisa. Ficou desapontado, mas ao mesmo tempo aliviado por não ter feito papel de tolo publicando um resultado errado.

A ambição de Soren e sua falta de tato se combinaram em resultados constrangedores. Ele leu uma declaração acusando dois representantes do Storting de ter prendido injustamente o gerente de uma fundição de propriedade de um deles. Seu ataque à integridade dos dois homens criou uma celeuma. Depois soube-se que o gerente envolvido não era confiável, mas Soren recusou-se a pedir desculpas. Deprimido e infeliz, acabou bebendo até morrer. No funeral, sua esposa, Anne Marie, embebedou-se e levou seu criado favorito para a cama. Na manhã seguinte, recebeu a visita de vários funcionários do governo – ainda na cama, com o amante ao lado. A tia dela escreveu: "Pobres rapazes, sinto muito por eles."

Niels se formou na Escola da Catedral em 1821 e prestou exame de admissão para a Universidade de Christiania (hoje, Oslo). Teve as maiores notas possíveis em aritmética e geometria e boas notas nas outras áreas da matemática, mas foi muito mal no resto. Agora muito pobre, requisitou uma subvenção que propiciasse acomodações grátis e lenha para o fogo, além de uma bolsa para despesas correntes. Reconhecendo seu talento incomum, alguns dos professores contribuíram com dinheiro para criar uma associação em seu favor. Desde então, Niels dedicou-se à matemática e à solução da quíntica, determinado a corrigir sua tentativa prévia.

Em 1823, Niels começou a trabalhar com integrais elípticas, uma área de análise que seria seu mais duradouro monumento, sobrepujando inclusive os resultados que obteve com a quíntica. Tentou demonstrar o último teorema de Fermat, mas não conseguiu confirmá-lo nem encontrar provas de que estivesse errado, embora tenha sugerido que qualquer exemplo em refutação ao teorema deveria envolver números gigantescos.

No verão daquele ano, ele foi a um baile, conheceu uma jovem e a tirou para dançar. Depois de várias tentativas fracassadas, os dois caíram na risada – nem um nem outro tinham a menor noção de dança. A moça era Christine Kemp, universalmente conhecida como "Crelly", filha de um comissário de guerra. Assim como Niels, ela não tinha dinheiro e ganhava a vida como professora particular de tudo, de tricô a ciência. "Ela não é bonita, tem sardas e cabelos ruivos, mas é uma garota maravilhosa", escreveu Niels. Os dois se apaixonaram.

Esses acontecimentos deram novo ânimo à matemática de Niels. No fim de 1823, ele demonstrou a impossibilidade da quíntica, sem qualquer lacuna – sem incorrer no pequeno equívoco de Ruffini. Sua estratégia foi semelhante à do trabalho de Ruffini, mas com táticas mais aprimoradas. No começo Niels não conhecia o trabalho de Ruffini. Depois, sem dúvida, tomou conhecimento dele, pois faz menção à sua incompletude. Mas nem Niels localizou com precisão a lacuna da demonstração de Ruffini – embora seu método tenha resultado no que ele precisava para preencher essa lacuna.

Niels e Crelly ficaram noivos. Mas para se casar com sua amada, Niels precisava de um emprego – o que significava que seu talento precisava ser reconhecido pelos mais destacados matemáticos da Europa. A publicação de sua teoria não seria suficiente: ele teria de enfrentar os leões em suas covas. A fim de fazer isso, precisava de dinheiro para viajar.

Depois de muitos esforços, a Universidade de Christiania foi convencida a garantir recursos suficientes para Niels fazer uma viagem de estudos a Paris, onde se encontraria com alguns dos mais destacados matemáticos do mundo. Durante os preparativos para a viagem, ele resolveu levar cópias impressas de seu melhor trabalho. Acreditava que sua demonstração da impossibilidade da quíntica impressionaria os pares franceses; infelizmente, todo o seu trabalho havia sido impresso em norueguês, num jornal obscuro. Por isso, resolveu que deveria imprimir seu trabalho sobre a teoria das equações numa gráfica particular na França. O título era "Memórias sobre equações algébricas, no qual se prova a impossibilidade de resolver a equação geral de quinto grau".

Para economizar nos custos de impressão, Niels destilou suas ideias até chegar apenas ao essencial, e a versão impressa tinha só seis páginas. Era muito menos do que as quinhentas páginas de Ruffini, mas na matemática às vezes a brevidade torna as ideias mais obscuras. Muitos detalhes lógicos – que nessa área eram cruciais – tiveram de ser deixados de fora. O artigo era um esboço, não uma demonstração.

Niels escreveu na nota introdutória:

> Os matemáticos, em geral, têm se ocupado com o problema de encontrar um método geral para resolver equações algébricas, e muitos se empenharam em provar sua impossibilidade. Ouso ter esperança, portanto, de que os matemáticos sejam favoráveis a este artigo, que tem como propósito superar essa lacuna da teoria das equações.

Era uma falsa esperança. Embora tenha conseguido visitar alguns matemáticos em Paris e convencê-los a ler seu artigo, o raciocínio de Niels estava de tal forma compactado que a maioria talvez o tenha considerado incompreensível. Gauss arquivou sua cópia, mas nunca a leu – quando foi encontrada, após sua morte, as páginas ainda estavam seladas.

Talvez percebendo seu erro, Abel produziu duas versões mais longas de sua demonstração, com maiores detalhes. Como já conhecesse o trabalho de Ruffini na época, escreveu nessas versões: "O primeiro a tentar demonstrar a impossibilidade de uma solução algébrica de uma equação geral foi o matemático Ruffini; mas seus relatos são tão complicados que é difícil julgar a correção do argumento. Parece-me que seu raciocínio nem sempre é satisfatório." Mas, como todos os outros, ele não disse *por quê*.

Ruffini e Abel escreveram seus argumentos na linguagem formal da matemática da época, que não era muito adequada ao estilo de pensamento exigido. A matemática estava basicamente concentrada em ideias concretas e específicas, enquanto a chave para a teoria das equações é pensar em termos mais gerais – sobre estruturas e processos, mais do que em *coisas* específicas. Por isso, suas ideias eram difíceis de entender para os contemporâneos, por razões que iam além da linguagem. Mesmo para os matemáticos modernos, o uso da terminologia daquele período dificulta a compreensão.

Felizmente, podemos captar os aspectos essenciais das análises utilizando uma metáfora arquitetônica. Uma das formas de pensar na quase prova de Ruffini e na prova completa de Abel é imaginar a construção de uma *torre*.

Essa torre tem um só cômodo em cada andar, com uma escada que o liga ao cômodo superior. Cada cômodo tem um saco. Se você abrir o saco, milhões de fórmulas algébricas se espalham pelo chão. À primeira vista, as fórmulas não têm uma estrutura específica e parecem ter sido colhidas aleatoriamente em páginas de textos sobre álgebra. Algumas são curtas, outras longas; algumas são simples, outras muito complicadas. Uma observação mais detalhada, porém, revela certas semelhanças conhecidas. As fórmulas de um dado saco apresentam muitos aspectos em comum. Quanto mais subimos na torre, mais complicadas se tornam as fórmulas.

O saco no primeiro andar, no nível do solo, contém todas as fórmulas que se pode elaborar tomando os coeficientes das equações e somando-os, subtraindo-os, multiplicando-os e dividindo-os – muitas vezes, quantas quisermos. No mundo das fórmulas algébricas, quando temos os coeficientes, todas essas combinações "inofensivas" surgem sem qualquer cobrança.

Para subir a escada até o andar acima, é preciso tirar uma das fórmulas do saco e usá-la para formar um *radical*. Pode ser uma raiz quadrada, uma raiz cúbica, uma raiz quarta, uma raiz quinta, o que for. Mas a fórmula cuja raiz você levar deve ter saído do saco. Você pode sempre considerá-la como raiz p, onde p é um número primo, pois raízes mais complexas podem ser construídas a partir de raízes primas, e essa simples observação pode ser mais útil do que se imagina.

Seja qual for a raiz que decidir levar, quando chegar ao segundo andar, você vai encontrar um segundo saco cujo conteúdo, de início, é idêntico ao do primeiro andar. Mas você abre esse saco e joga nele seu novo radical.

Fórmulas se *reproduzem*. Quando atracou sua arca no monte Ararat, Noé disse a todas as criaturas que seguissem e se multiplicassem. As fórmulas dos sacos fazem mais que isso: elas seguem em frente e se multiplicam, se somam, se subtraem e se dividem. Depois de alguns segundos de atividade frenética, o saco do segundo andar está lotado com todas as possíveis combinações "inofensivas" dos coeficientes da equação *e* do seu novo radical. Comparado ao saco do primeiro andar, existem muitas novas fórmulas – mas todas se parecem umas com as outras, cada uma incluindo o seu radical como novo componente.

Você faz mais ou menos a mesma coisa antes de seguir ao terceiro andar. Outra vez pega uma fórmula do novo saco – só uma – e forma um novo radical ao extrair uma raiz (prima) dessa fórmula. Você leva o novo radical pela escada até o terceiro andar, joga no saco e espera que a fórmula cumpra seus rituais de acasalamento.

E assim por diante. Cada novo andar introduz um novo radical, e novas fórmulas aparecem no saco. Em qualquer estágio, todas essas fórmulas são feitas de coeficientes, junto com quaisquer radicais que você tenha introduzido até o momento.

Finalmente você chega ao último andar da torre. E completa sua missão – resolver a equação original com radicais –, desde que, escondida dentro de um saco no sótão, você consiga encontrar pelo menos uma raiz da equação.

Existem muitas torres possíveis. Elas dependem de quais fórmulas você escolheu e dos radicais que levou. Algumas são desanimadoras, e não se pode encontrar nem sombra da raiz desejada. Mas se a busca for possível, se alguma fórmula elaborada a partir dos sucessivos radicais fornecer uma solução, a torre em questão tem mesmo uma raiz no sótão. Pois a fórmula nos revela exatamente como obter essa raiz ao juntarmos os sucessivos radicais. Isto é, nos diz exatamente como construir a torre.

Podemos interpretar as soluções clássicas da cúbica, da quártica, e até mesmo a solução babilônica das quadráticas em termos dessas torres. Nós começamos pela cúbica por ser um caso complicado o bastante para ser típico, mas também simples o bastante para ser compreensível.

A torre de Cardano só tem três andares.

O saco do primeiro andar contém os coeficientes e todas as suas combinações.

A escada para o segundo andar requer uma raiz quadrada. Uma raiz quadrada muito especial, de uma fórmula específica do primeiro saco. O saco no segundo andar contém todas as combinações dessa raiz quadrada, bem como os coeficientes.

A escada para o terceiro andar, o sótão, requer uma raiz cúbica – mais uma vez, uma raiz especial. É a raiz cúbica de uma fórmula específica envolvendo os coeficientes e a raiz quadrada que você usou para chegar ao andar anterior. Será que o saco no sótão contém uma raiz da equação cúbica? Sim, e a prova é a fórmula de Cardano. A subida à torre é um sucesso.

A torre de Ferrari é mais alta, tem cinco andares.

O primeiro andar, como sempre, tem um saco contendo apenas as combinações formadas pelos coeficientes. Você chega ao segundo andar fazendo combinações inofensivas e pegando a raiz quadrada adequada. Depois chega ao terceiro andar formando combinações inofensivas e pegando uma raiz cúbica adequada. Você chega ao quarto andar formando combinações inofensivas e pegando uma raiz quadrada adequada. Finalmente, você sobe ao quinto andar – o sótão – fazendo combinações inofensivas e extraindo uma raiz quadrada adequada.

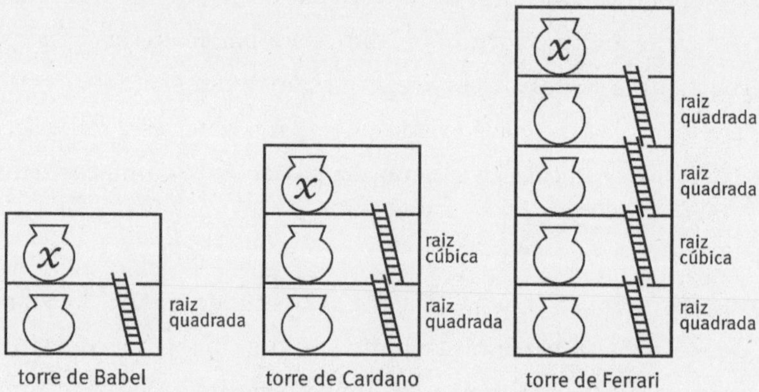

FIGURA 17: Solução da quadrática, da cúbica e da quártica.

E agora o saco do sótão realmente contém o que você estava procurando, uma raiz da equação quártica. A fórmula de Ferrari fornece as instruções para construir exatamente uma torre como esta.

A torre de Babel, que resolve a quadrática, também se encaixa nessa metáfora. Mas é uma torre baixinha, com apenas dois andares. O saco no primeiro andar contém só as combinações dos coeficientes. Uma única raiz quadrada cuidadosamente escolhida o leva ao andar de cima, ao sótão. Dentro desse saco está uma raiz da quadrática – aliás, as duas. O procedimento babilônico para a solução das quadráticas, a fórmula que aprendemos na escola, nos diz isso.

Mas e a quíntica?

Vamos supor que exista uma fórmula para resolver a quíntica com radicais. Não sabemos qual é, mas ainda assim podemos inferir. Em especial, ela deve corresponder a alguma potência. Vou chamar essa potência de torre de Abel.

A torre de Abel poderia ter centenas de andares, e as escadas talvez envolvam todos os tipos de radicais – raízes 19, raízes 37, não sabemos. Só sabemos ao certo é que o saco do primeiro andar contém apenas combinações inofensivas de coeficientes. Imaginamos que lá em cima, no sótão, além das nuvens, haja um saco contendo alguma raiz da quíntica.

Quando perguntamos como subir nessa torre, os matemáticos nos dizem que só existe uma forma de chegar ao segundo andar. Precisamos extrair uma raiz quadrada específica. Não existe outra forma.

FIGURA 18: Por que a quíntica é insolúvel.

Bem, não exatamente isso. Podemos extrair outras raízes, construir uma torre imensa e muito alta. Mas essa torre não pode ter uma raiz no sótão, a não ser que *algum* andar corresponda à raiz quadrada específica em que estou pensando. E nenhum dos andares prévios pode nos ajudar a chegar ao sótão: a construção foi um desperdício de tempo e dinheiro. Assim, qualquer construtor sensato deverá procurar essa raiz quadrada logo no início.

E o que vamos precisar para subir a escada até o terceiro andar?

Não *existe* uma escada para o terceiro andar. Você pode até chegar ao segundo andar, mas vai parar por ali. E se você não conseguir chegar ao terceiro andar da suposta torre, com certeza não vai conseguir chegar ao sótão para encontrar uma raiz no saco.

Em resumo, a torre de Abel não existe. Só o que existe é uma tentativa abandonada que acaba no segundo andar; ou talvez uma estrutura mais elaborada com muitos cômodos desnecessários que acabam terminando da mesma maneira, exatamente pelas mesmas razões. Foi isso que Ruffini demonstrou, com exceção de uma lacuna técnica. Simplificando, ele não conseguiu provar que se combinações inofensivas de radicais moram no sótão, os próprios radicais também devem estar por lá.

A demonstração de Ruffini e as torres de Abel apresentam nítidas semelhanças. Mas, ao usar as torres, Abel incrementou as táticas de Ruffini e preencheu a lacuna que ele deixara. Entre os dois, eles provaram que *nenhuma* torre radical sobe a partir dos coeficientes da quíntica até suas raízes. Em linguagem arquitetônica, isso nos diz que não existe uma fórmula para a raiz da quíntica que não exija algo mais elaborado do que radicais. Resolver a quíntica com radicais é tão impossível quanto subir até a Lua apoiando-se nos próprios ombros.

Com a chegada do Natal de 1828, Abel combinou de passar a data com seus velhos amigos Catharine e Niels Treschow, em Froland. Ele estava ansioso para visitar Crelly, que morava perto. Seu médico achou que viagem não era uma boa ideia, pelo estado de saúde de Abel. Em carta à esposa de Christoffer Hansteen, Johanne, Catharine escreveu: "Se ao menos você estivesse na cidade, ele teria preferido ficar. Mas tentou esconder quanto estava doente." Em meados de dezembro, Abel partiu para Froland, todo preparado para o frio do inverno. Chegou em 19 de dezembro usando todas as roupas que tinha na bagagem, inclusive meias nos braços e nas mãos. Apesar da tosse e dos arrepios, ele seguiu em frente com a matemática, feliz em trabalhar no escritório dos Treschow, cercado pelos filhos do casal. Ele gostava de companhia.

Abel ainda tentava encontrar um emprego fixo. Mesmo seu cargo temporário em Oslo era uma dúvida. Durante o Natal, ele concentrou seus principais esforços em garantir seu emprego em Berlim. O amigo August Crelle, trabalhando nos bastidores, tinha convencido o Departamento de Educação a criar um instituto de matemática tendo Abel como um de seus professores. Já obtivera o apoio do gigante da ciência Alexander von Humboldt, além de uma recomendação de Gauss e de Adrien-Marie Legendre, preeminente membro da Academia Francesa. Crelle disse ao ministro da Educação que Abel aceitaria um cargo em Berlim, mas que as autoridades deveriam agir depressa, pois outros locais também o queriam, em especial Copenhague.

Abel deveria partir de Froland para Oslo no dia 9 de janeiro, mas a tosse e os calafrios se agravaram, e ele passou a maior parte do tempo confinado no quarto. Os futuros sogros, os Kemp, ficaram muito preocupados. Na manhã de sua partida ele tossia muito e cuspia sangue. O médico da família foi imediatamente chamado a casa e prescreveu repouso e cuidados constantes. Crelly agia como enfermeira, e seus afetivos cuidados e várias medicações melhoraram bem o estado de saúde de Abel, que em algumas semanas já conseguia se sentar por breves períodos. Tiveram de impedi-lo de trabalhar em matemática.

Legendre escreveu para dizer quanto estava impressionado com o trabalho de Abel sobre funções elípticas e exortou o jovem a publicar sua solução para o problema de decidir quando uma equação podia ser resolvida por radicais: "Recomendo que imprima essa nova teoria o mais rápido que puder. Será uma grande honra para você, e será considerada a maior descoberta que ainda faltava ser feita na matemática." Enquanto alguns matemáticos, intencionalmente ou por desleixo, atrasavam a publicação do trabalho seminal de Abel, sua reputação em outras paragens crescia depressa.

No final de fevereiro de 1829, o médico percebeu que Abel não iria mais se recuperar, que só restava manter a doença sob controle pelo maior tempo possível. O médico enviou ao ex-professor de Abel, Bernt Holmboe, um certificado relatando o estado de saúde do jovem:

> Pouco depois de sua chegada à Siderúrgica Froland, ele sofreu um grave ataque de pneumonia, com considerável expectoração de sangue, que cessou depois de um breve período. Mas uma tosse crônica e uma grande fraqueza

o obrigaram a ficar de cama, onde ainda deve permanecer; além disso, não posso permitir que se exponha à menor variação de temperatura.

Mais grave ainda, a tosse seca com pontadas de dor no peito tornam muito prováveis a obstrução pulmonar e a tuberculose nos brônquios, que podem resultar em tísica peitoral, em parte por causa de sua constituição.

Pelo seu precário estado de saúde, … é muito improvável que ele possa voltar a Oslo antes da primavera. Até lá, ele não será capaz de se desincumbir dos deveres de seu cargo, mesmo que sua recuperação seja a mais favorável.

Crelle recebeu as más notícias em Berlim e redobrou seus esforços para assegurar a posição de Abel, aconselhando o ministro alemão que seria bom transferir Abel para um clima mais ameno.

Em 8 de abril, Crelle mandou boas notícias ao seu *protégé*:

> O Departamento de Educação decidiu convocá-loê para uma reunião em Berlim. … Em que termos você será contratado e quanto vai receber, isso eu não poderia dizer, pois também desconheço. … Só queria que soubesse logo a boa notícia; pode estar certo de que está em boas mãos. Não precisa se preocupar mais com o seu futuro; você já é nosso e está seguro.

Não foi bem assim.

Abel estava doente demais para viajar. Teve de permanecer em Froland, onde foi ficando cada vez mais fraco, apesar dos cuidados de Crelly, e a tosse piorou. Só saía da cama para que os lençóis fossem trocados. Quando tentou trabalhar em matemática, percebeu que não conseguia escrever. Começou a pensar no passado, em sua pobreza, mas não partilhou seus sentimentos com aqueles que amava, continuando cooperativo e de bom humor até o fim.

Naturalmente, Crelly achava cada vez mais difícil esconder sua aflição do noivo. Marie ou Hanna se mantinham ao lado da cama. A tosse incessante não deixava Abel dormir, e a família contratou uma enfermeira para cuidar dele à noite, a fim de que Crelly pudesse descansar um pouco.

Na manhã de 6 de abril, depois de uma noite de dores lancinantes, Abel morreu. Hanna escreveu: "Ele passou por sua pior agonia na noite de 5 de abril. Ao amanhecer, ficou mais tranquilo, mas no fim da manhã, às onze horas, deu seu último suspiro. Minha irmã e o noivo estavam com ele no último momento, e viram sua tranquila passagem para os braços da morte."

Cinco dias depois, Crelly escreveu para a irmã de Catharine Hansteen, Henriette Fridrichsen, pedindo que desse a triste notícia a Catharine.

> Minha querida, sim, só o dever poderia me fazer pedir isso, pois devo muito à sua irmã, *Frau* Hansteen. Tomo da pena com a mão trêmula para pedir que lhe informe que perdeu um filho gentil e dedicado, que a amava infinitamente.
>
> Meu Abel está morto! ... Perdi tudo na Terra. Nada, nada me foi deixado. Perdoe-me, a infeliz não pode mais escrever. Peça-lhe que aceite, anexo, o cacho de cabelo do meu Abel. Que você prepare sua irmã para isso da forma mais suave, é o que pede sua infeliz C. Kemp.

7. O revolucionário azarado

OS MATEMÁTICOS JAMAIS estão satisfeitos.

Cada problema resolvido suscita uma nova questão. Logo depois da morte de Abel, sua demonstração de que algumas quínticas não podiam ser resolvidas por radicais começou a ser reconhecida. Mas seu trabalho era só o começo. Embora as tentativas anteriores para resolver todas as quínticas tivessem topado com obstáculos, alguns poucos matemáticos muito inteligentes haviam demonstrado que certas quínticas *podiam* ser resolvidas por radicais. Não só as mais óbvias, como $x^5 - 2 = 0$, onde $x = \sqrt[5]{2}$, mas outras surpreendentes, como $x^5 + 15x + 12 = 0$, embora a solução seja complicada demais para explicar aqui.

Era um enigma. Se algumas quínticas podiam ser resolvidas e outras não, o que diferenciava um tipo do outro?

A resposta a essa pergunta mudou os rumos da matemática e da física matemática. Embora ela tenha sido dada 170 anos atrás, continua produzindo importantes descobertas. Olhando em retrospecto, são espantosas as consequências de uma inocente pergunta referente à estrutura interna da matemática. Resolver quínticas, ao que tudo indicava, não tinha utilidade prática. Se algum problema de engenharia ou astronomia envolvesse uma quíntica, havia métodos numéricos para determinar uma solução até quantas casas decimais fossem necessárias. A resolução – ou não – de uma quíntica por radicais era um exemplo clássico de matemática "pura", de questões formuladas por razões que não interessavam a ninguém além dos matemáticos.

Mas como podemos estar enganados!

Abel descobriu um obstáculo para a solução de certas quínticas por radicais. Provou que esse obstáculo de fato impedia as soluções existentes, ao menos para algumas quínticas. O próximo passo, o pivô em torno do qual orbita nossa história, foi dado por alguém que olhou bem os dentes do cavalo dado e fez o tipo de pergunta à qual os matemáticos não conseguem resistir quando algum grande problema foi resolvido: "Sim, está tudo muito bem… Mas como é que *realmente* funciona?"

Essa atitude pode parecer negativa, porém, muitas vezes se demonstrou válida. A filosofia subjacente é que a maioria dos problemas matemáticos é difícil demais para ser resolvida por qualquer um. Por isso, quando alguém consegue solucionar alguma coisa que desconcerta todos os seus predecessores, não basta apenas comemorar a grande solução. Ou quem resolveu o problema teve sorte (matemáticos não acreditam nesse tipo de sorte), ou alguma razão especial tornou possível a solução. E se for possível entender essa *razão*… Ora, vários outros problemas podem gerar métodos semelhantes.

Então, enquanto Abel burilava a pergunta específica – "Todas as quínticas podem ser resolvidas?" – e obtinha um claro "não" como resposta, um pensador ainda mais profundo lutava contra uma questão muito mais geral: quais equações podem ser resolvidas por radicais, e quais não podem? Para ser justo, Abel já tinha começado a pensar nesses termos, e talvez tivesse encontrado a resposta se a tuberculose o tivesse poupado.

A PESSOA QUE IRIA MUDAR o curso da matemática e da ciência chamava-se Évariste Galois, e sua vida é uma das mais dramáticas e também das mais trágicas da história da matemática. As magníficas descobertas que fez quase foram perdidas de uma vez só.

Se Galois não tivesse nascido, ou se o seu trabalho realmente tivesse se perdido, sem dúvida alguém acabaria fazendo as mesmas descobertas. Muitos matemáticos viajaram por esse mesmo território intelectual, deixando de fazer a grande descoberta por um triz. Em algum Universo alternativo, alguém com a visão e o talento de Galois (talvez um Niels Abel que tivesse evitado a tuberculose por mais alguns anos) acabaria penetrando o mesmo círculo de ideias Mas neste Universo aqui essa pessoa foi Galois.

Galois nasceu em 25 de outubro de 1811, em Bourg-la-Reine, à época pequeno vilarejo na periferia de Paris. Hoje é um subúrbio do departamento de Hau-de-Seine, na interseção entre as rodovias N20 e D60. A D60 tem atualmente o nome de Galois. Em 1792, o vilarejo de Bourg-la-Reine foi rebatizado como Bourg-l'Égalité, nome que refletia a agitação política e a ideologia do período: "Cidade da Rainha" tinha dado lugar à "Cidade da Igualdade". Em 1812, o nome voltou a ser Bourg-la-Reine, mas a Revolução ainda estava no ar.

O pai de Galois, Nicolas-Gabriel Galois, era republicano e líder do Partido Liberal da aldeia – *Liberté* na cidade da *Égalité* –, cuja principal política era a abolição da monarquia. Quando o rei Luís XVIII voltou ao trono, num estranho acordo firmado em 1814, Nicolas-Gabriel se tornou prefeito da cidade, o que não devia ser um cargo fácil para alguém com suas inclinações políticas.

A mãe, Adelaide-Marie, nasceu na família Démante. O pai era consultor jurídico, um perito independente cujo trabalho era apresentar opiniões sobre casos legais. Adelaide-Marie lia fluentemente em latim e transmitiu sua educação clássica ao filho.

Évariste foi educado em casa, pela mãe, nos primeiros doze anos de vida. Aos dez anos teve a chance de ocupar uma vaga no Colégio de Reims, mas parece que a mãe achou que era cedo demais para ele sair de casa. Porém, em outubro de 1823, o menino começou a cursar o Colégio Louis-le-Grand, uma escola preparatória. Quando Évariste entrou para o colégio, os estudantes se recusavam a cantar na capela escolar, e o jovem Galois presenciou o destino dos pretensos revolucionários: cem alunos foram expulsos. Infelizmente para a matemática essa lição não o intimidou.

Nos dois primeiros anos de estudo, Évariste recebeu o primeiro prêmio em latim, mas depois se entediou. Por essa razão, a escola exigiu que repetisse as aulas para melhorar seu desempenho, mas isso só aumentou o tédio, e as coisas foram de mal a pior. O que salvou Galois do escorregão para o esquecimento foi a matemática, assunto com um conteúdo intelectual na medida certa para prender seu interesse. Mas não qualquer matemática – Galois foi direto aos clássicos: *Elementos de geometria*, de Legendre. Isso equivale a um estudante de física, hoje, começar seus estudos lendo os textos especializados de Einstein. Na matemática, contudo, existe uma espécie de efeito limítrofe, um ponto de ultrapassagem intelectual. Se o estudante consegue superar os primeiros solavancos, entrar em sintonia com as peculiaridades notacionais do assunto e intuir que a melhor maneira de progredir é *compreender* as ideias, e não aprender de cor, ele consegue velejar tranquilamente estrada afora em direção a ideias cada vez mais obscuras e desafiadoras – enquanto o estudante mais lento empaca na geometria dos triângulos isósceles.

Quanto Galois teve de se empenhar para entender o trabalho seminal de Legendre continua discutível, mas, de qualquer forma, isso não o intimidou. Como ele começou lendo os textos técnicos de Lagrange e de Abel, não surpreende que seu trabalho posterior tenha se concentrado em suas áreas de interesse, em especial na teoria das equações. Talvez as equações fossem a única coisa que realmente chamava a atenção de Galois. Seus deveres escolares sofriam na medida de sua dedicação aos trabalhos dos gigantes da matemática.

Na escola, Galois era desleixado, hábito que nunca perdeu. Espantava os professores resolvendo problemas de cabeça, em vez de "mostrar o desenvolvimento do trabalho". Isso é um fetiche dos professores de matemática que até hoje aflige os jovens talentosos. Imagine o que aconteceria com um florescente jovem jogador de futebol se, toda vez que marcasse um gol, o técnico lhe exigisse escrever a sequência exata dos passos táticos que seguiu, senão o gol não valeria. Tal sequência não existe. O jogador vê uma abertura e coloca a bola no caminho que todo mundo que entende do jogo sabe ser o correto.

O mesmo acontece com jovens matemáticos.

A ambição levou Galois a pensar grande: ele quis continuar seus estudos em uma das mais prestigiosas instituições da França, a École Polytechnique, a incubadora dos matemáticos franceses. Mas ignorou o conselho de seu professor de matemática, que tentou fazer o jovem trabalhar de maneira sistemática e mostrar o desenvolvimento do seu trabalho, para que os examinadores seguissem seu raciocínio. Despreparado e autoconfiante demais, Évariste fez o exame de admissão – e foi reprovado.

Vinte anos depois, um influente matemático francês chamado Orly Terquem, editor de uma influente publicação, apresentou uma explicação para o fracasso de Galois: "Um candidato de inteligência superior se perde com um examinador de inteligência inferior. Como *eles* não me entendem, *eu* sou o bárbaro." Um comentarista moderno, mais ciente da necessidade de se comunicar, suavizaria essa crítica observando que um estudante de inteligência superior precisa fazer concessões aos menos dotados. Galois não se ajudou muito com a recusa a fazer acordos.

Galois continuou no Louis-le-Grand, onde teve um raro momento de boa sorte. Um professor chamado Louis-Paul Richard reconheceu o talento do jovem, que se matriculou num curso de matemática avançada sob sua orientação. Richard achava que Galois era tão talentoso que deveria ser admitido na École Polytechnique sem passar por qualquer exame. É muito provável que Richard tivesse uma ideia do que aconteceria se Galois prestasse o exame. Não há indicações de que tenha explicado seu ponto de vista à École Polytechnique. Se chegou a explicar, eles não o levaram em consideração.

Em 1829, Galois já tinha publicado seu primeiro texto de pesquisa, um competente porém simplório artigo sobre frações contínuas. Seu trabalho ainda não publicado era mais ambicioso: tinha contribuições fundamentais para a teoria das equações. Ele escreveu alguns dos resultados e os enviou à Academia de Ciências da França, para possível publicação no periódico da instituição. Na época, como até hoje, qualquer texto apresentado para publicação era enviado para um árbitro, um perito no campo em questão, para julgar o caráter inovador, o valor e o interesse do trabalho. Nesse caso o árbitro era Cauchy, talvez o mais destacado matemático francês na época. Com trabalhos já publicados sobre temas próximos aos envolvidos no texto de Galois, ele era uma escolha natural.

Infelizmente Cauchy andava muito ocupado. Existe uma história difundida de que Cauchy perdeu o manuscrito; algumas fontes sugerem que o tenha jogado fora num acesso de raiva. Parece que a verdade é mais prosaica. Existe uma carta de Cauchy para a Academia, datada de 18 de janeiro de 1830, na qual se desculpa por não ter apresentado um parecer sobre o trabalho do "jovem Galois", explicando que estava "em casa, indisposto", e também mencionando um texto de sua própria autoria.

Essa carta nos diz várias coisas. A primeira é que Cauchy não jogou fora o manuscrito de Galois e ainda o guardava, seis meses depois da apresentação. A segunda é que Cauchy deve ter lido o manuscrito e resolvido que era importante o suficiente para valer a pena notificar a Academia.

Porém, quando Cauchy compareceu à reunião seguinte, ele só apresentou seu próprio texto. O que teria acontecido com o manuscrito de Galois?

O historiador francês René Taton argumenta que Cauchy ficou impressionado com as ideias de Galois – talvez um pouco impressionado demais. Por isso, em vez de ler o trabalho para a Academia, como pretendia originalmente, preferiu aconselhar o autor a escrever uma exposição mais extensa e talvez mais detalhada da teoria, para ser apresentada ao Grande Prêmio de Matemática, uma enorme honra. Não existem provas documentais que confirmem essa hipótese, mas sabemos que Galois apresentou o texto para o Grande Prêmio em fevereiro de 1830.

Não podemos saber o que havia nesse documento, mas seu conteúdo geral pode ser inferido a partir dos escritos de Galois que chegaram até nós. Fica evidente que a história seria muito diferente se as abrangentes implicações do trabalho de Galois tivessem sido devidamente avaliadas. Mas o manuscrito simplesmente desapareceu.

Uma explicação possível veio à tona em 1831, em *The Globe*, um periódico publicado pelos saint-simonianos, movimento socialista neocristão. *The Globe* relatou um processo judicial em que Galois foi acusado de ameaçar publicamente a vida do rei e de ter sugerido que: "Este texto ... merecia o prêmio, pois poderia resolver algumas dificuldades que Lagrange não conseguiu superar. Cauchy fez os maiores elogios ao autor sobre o assunto. E o que aconteceu? O texto foi perdido, o prêmio é conferido sem a participação do jovem sábio."

O grande problema aqui é esmiuçar a base factual do artigo. Cauchy saiu do país em setembro de 1830 para fugir dos anti-intelectuais revolucionários, por isso o artigo não pode ter se baseado em nada que ele tenha dito. Então, parece que a fonte foi o próprio Galois. Ele tinha um amigo íntimo, Auguste Chevalier, que o convidara a entrar para uma comunidade de saint-simonianos. Parece provável que Chevalier tenha sido o autor da matéria – pois na época Galois estava envolvido em um julgamento que decidiria sua vida –, e portanto a história deve ter vindo de Galois. Ou ele inventou essa história, ou Cauchy realmente elogiou seu trabalho.

VAMOS VOLTAR A 1829. Na vanguarda da matemática, Galois sentia-se cada vez mais frustrado diante da aparente incompetência da comunidade matemática para reconhecê-lo como ele desejava. Depois disso, sua vida pessoal começou a ruir.

Nem tudo andava bem na aldeia de Bourg-la-Reine. O prefeito da localidade, Nicolas, pai de Galois, envolveu-se numa desagradável disputa política que irritou o padre do vilarejo. Este teve uma atitude nada caridosa ao fazer circular comentários maliciosos sobre os parentes de Nicolas e falsificar sua assinatura em alguns documentos. Desesperado, Nicolas se suicidou por asfixia.

A tragédia aconteceu poucos dias antes da última oportunidade de Galois passar no exame de admissão da École Polytechnique. Ele não se saiu bem. Há relatos de Galois atirando o apagador no rosto do examinador – um apagador provavelmente de tecido, não de madeira, mas ainda assim não deve ter impressionado bem o examinador. Em 1899, J. Bertrand forneceu alguns detalhes que sugerem que Galois se descontrolou ao ser arguido sobre algo que não havia previsto.

Seja qual for a razão, Galois foi reprovado no exame de admissão e via-se sem opções. Como se sentia muito confiante de que passaria no exame – parece que Galois era mesmo um jovem arrogante –, ele não se preocupou em se preparar para as provas de admissão em sua única alternativa, a École Préparatoire. Essa instituição, agora com o nome de École Normal, tem mais prestígio que a École Polytechnique, mas naquela época encontrava-se num mísero segundo lugar. Depressa Galois assimilou as matérias necessárias, passou em matemática e física, em alto estilo, e embromou no exame de literatura, mas foi admitido assim mesmo. Formou-se em ciências e letras no final de 1829.

Como já mencionei, em fevereiro de 1830 Galois apresentou um texto sobre a teoria das equações à Academia, para o Grande Prêmio. O secretário, Joseph Fourier, levou o trabalho para casa a fim de dar uma olhada. A má sorte que sempre perseguiu a carreira de Galois voltou a atacar: Fourier morreu de repente, sem ler o texto. Pior, o manuscrito não foi encontrado entre seus papéis. Mas havia outros três membros do comitê encarregados do prêmio: Legendre, Sylvestre-François Lacroix e Louis Poinsot. Talvez um deles seja o responsável pela perda do manuscrito.

Claro que Galois ficou furioso. Estava convencido de que havia uma conspiração de mentes medíocres para sufocar os esforços de um gênio, e logo encontrou um bode expiatório, o opressivo regime dos Bourbon. Por isso, quis contribuir para sua destruição.

Seis anos antes, em 1824, o rei Carlos X havia chegado ao trono da França sucedendo a Luís XVIII, mas estava longe da popularidade. A oposição liberal foi bem nas eleições de 1827, e melhor ainda nas de 1830, tendo obtido maioria. Diante da iminente perspectiva de ser forçado a abdicar, Carlos tentou dar um golpe: em 25 de julho, emitiu uma proclamação suspendendo a liberdade de imprensa. Ele interpretou mal o estado de espírito do povo, que logo se rebelou; em três dias, todos chegaram a um acordo: Carlos seria substituído como rei pelo duque de Orléans, Luís Felipe.

Os estudantes da École Polytechnique, a universidade que Galois queria cursar, tiveram papel importante nesses eventos, ao organizarem demonstrações nas ruas de Paris. Onde estava o antimonarquista Galois em toda essa agitação? Trancado na École Préparatoire, com seus colegas. O diretor, Guigniault, tinha resolvido ficar do lado mais seguro.

Galois ficou tão indignado por ter sido reprimido em seu papel na história que escreveu um contundente ataque a Guigniault na *Gazette des Écoles*:

> A carta que M. Guigniault postou no liceu ontem, a respeito de um dos artigos de sua publicação, pareceu muito imprópria. Achei que o senhor seria favorável a que esse homem fosse exposto de qualquer forma.

> Eis os fatos, que podem ser confirmados por 46 estudantes.
>
> Na manhã de 28 de julho, quando diversos alunos da École Normale quiseram aderir à luta, M. Guigniault lhes disse, duas vezes, que tinha o poder de chamar a polícia para restabelecer a ordem na escola. A polícia, no dia 28 de julho!
>
> No mesmo dia, M. Guigniault nos disse com seu habitual pedantismo: "Existem muitos homens corajosos lutando dos dois lados. Se eu fosse um soldado, não saberia decidir. O que sacrificar, liberdade ou LEGITIMIDADE?"
>
> Eis aí o homem que, no dia seguinte, cobriu o chapéu com um enorme laço tricolor [símbolo dos republicanos]. Essas são as nossas doutrinas liberais!

O editor publicou a carta, mas excluiu o nome do autor. O diretor prontamente demitiu Galois por ter publicado uma carta anônima.

Galois retaliou alistando-se na Artilharia da Guarda Nacional, organização paramilitar que era um ninho do republicanismo. Em 21 de dezembro de 1830, essa unidade, muito provavelmente com Galois em suas fileiras, foi acantonada nos arredores do Louvre. Quatro ex-ministros haviam sido julgados, e a opinião pública era funesta: eles queriam que os homens fossem executados, e estavam preparados para se manifestar se não o fossem. Mas pouco antes do anúncio do veredicto, a Artilharia da Guarda Nacional foi retirada e substituída pela Guarda Nacional regular, além de outros soldados leais ao rei. Foi anunciado o veredicto de uma sentença de prisão, as manifestações não aconteceram e, dez dias depois, Luís Felipe desfez a Artilharia da Guarda Nacional, considerando-a um risco para a segurança. Galois não tinha mais sucesso como revolucionário do que como matemático.

Questões práticas agora se tornaram mais urgente que a política: ele precisava ganhar a vida. Galois se ofereceu como professor particular de matemática, e quarenta estudantes se matricularam num curso de álgebra avançada. Sabemos que Galois não era bom expositor por escrito, e é razoável supor que suas aulas não fossem melhores. É provável que elas se misturassem a comentários políticos; e com quase certeza eram difíceis demais para mortais comuns. De qualquer forma, o número de matrículas caiu rapidamente.

Galois ainda não tinha desistido de sua carreira de matemático, e apresentou uma terceira versão de seu trabalho à Academia, intitulada *Sobre as condições de solubilidade de equações por radicais*. Como Cauchy havia fugido de Paris, os árbitros foram Siméon Poisson e Lacroix. Quando dois meses se passaram sem uma resposta, Galois escreveu perguntando o que estava acontecendo. Ninguém respondeu.

Na primavera de 1831, Galois estava se comportando de maneira cada vez mais errática. Em 18 de abril, a matemática Sophie Germain, que muito impressionou Gauss quando começou sua pesquisa em 1804, escreveu uma carta sobre Galois para Guillaume Libri: "Dizem que ele vai ficar completamente louco, e temo que seja verdade." Como nunca fora uma pessoa muito estável, Galois agora estava à beira da paranoia total.

Naquele mês, as autoridades prenderam dezenove membros da Artilharia por causa dos eventos no Louvre, a fim de que fossem julgados por sedição, mas o júri os inocentou. No dia 9 de maio, a Artilharia organizou uma comemoração à qual compareceram duzentos republicanos para um banquete no restaurante Vendanges de Bourgogne. Todos queriam ver Luís Felipe destronado. O romancista Alexandre Dumas, que estava presente, escreveu: "Seria difícil encontrar em toda Paris duzentas pessoas mais hostis ao governo do que as que se reuniram às cinco horas da tarde no grande saguão do andar térreo, sobre o jardim." Enquanto o evento ficava cada vez mais revoltoso, Galois foi visto com um copo em uma das mãos e uma adaga na outra. Os participantes interpretaram esse gesto como uma ameaça ao rei, deram toda sua aprovação e acabaram dançando nas ruas.

Na manhã seguinte, Galois foi preso na casa da mãe – que sugeriu que havia policiais espiões no banquete –, acusado de ameaçar a vida do rei. Pelo menos dessa vez ele parece ter adquirido um pouco de tino político, pois durante o julgamento admitiu tudo, com um só reparo: afirmou que havia proposto um brinde a Luís Felipe e sinalizara com a adaga, acrescentando as palavras: "Se ele se tornar um traidor." E lamentou que essas palavras vitais tivessem sido abafadas pelo alarido.

Mas Galois deixou claro que *realmente* esperava que Luís Felipe traísse o povo da França. Quando o promotor perguntou se o acusado podia "acreditar nesse abandono da legalidade por parte do rei", Galois respondeu: "Ele vai se tornar traidor logo, logo, se é que já não se tornou." Pressionado um pouco mais, não deixou dúvidas quanto ao que dizia: "A tendência do governo pode fazer supor que Luís Felipe vai trair algum dia, se já não traiu." Apesar de tudo, o júri o inocentou. Talvez sentissem o mesmo que ele.

Em 15 de junho, Galois estava em liberdade. Três semanas depois, a Academia se pronunciou sobre seu trabalho. Poisson considerou-o "incompreensível". O relatório dizia o seguinte:

> Fizemos todos os esforços para entender a demonstração de Galois. Seu raciocínio não é claro o bastante, nem suficientemente desenvolvido, para julgarmos sua correção, e não podemos fornecer nenhuma ideia neste relatório. O autor anuncia que a proposição que é objeto específico de seu trabalho é parte de uma teoria geral suscetível a muitas aplicações. Talvez ocorra que as diferentes partes de uma teoria sejam mutuamente elucidativas, que sejam mais fáceis de entender juntas que isoladamente. Sugerimos então que o autor publique a íntegra de seu trabalho a fim de formar uma opinião definitiva. Mas, no estágio em que a parte foi apresentada à Academia, no momento, não podemos propor sua aprovação.

O aspecto mais infeliz é que esse relatório pode ter sido totalmente justo. Como indicava o parecer:

> [O trabalho] não contém, como [o] título prometia, a condição de solubilidade de equações por radicais; na verdade, supondo que a proposta de M. Galois seja verdadeira, não se pode derivar dela uma boa maneira de decidir se uma dada equação de primeiro grau é resolvível ou não por radicais, já que primeiro deveríamos verificar se essa equação é irredutível e, depois, se qualquer uma de suas raízes pode ser expressa como uma fração racional de duas outras.

A sentença final se refere ao belo critério para a resolução por radicais de equações de primeiro grau que era o clímax da apresentação de Galois.

Não fica mesmo claro como esse teste pode ser aplicado a qualquer equação específica, pois precisamos conhecer as raízes antes que o teste seja aplicado. Mas sem uma fórmula, em que sentido se pode "conhecer" as raízes? Como diz Tignol: "A teoria de Galois não correspondeu ao que era esperado; era inovadora demais para ser aceita de imediato." Os árbitros queriam alguma condição dos *coeficientes* que determinassem a solução; Galois forneceu uma condição das *raízes*. A expectativa dos árbitros não era razoável. Nenhum critério simples com base nos coeficientes jamais foi encontrado, nem é provável que seja. Mas a visão retrospectiva não pode fazer nada para ajudar Galois.

Em 14 de julho, o dia da queda da Bastilha, Galois e seu amigo Ernest Duchâtelet estavam à frente de uma demonstração republicana. Galois vestia o uniforme da dissolvida Artilharia e levava uma faca, várias pistolas e um fuzil carregado. Era ilegal usar o uniforme, assim como portar armas. Os dois homens foram presos na Pont-Neuf, e Galois foi acusado do delito menor de usar um uniforme ilegal. Ambos foram mandados para a prisão de Sainte-Pélagie para aguardar o julgamento.

Na prisão, Duchâtelet fez um desenho na parede da cela mostrando a cabeça do rei, com uma legenda indicativa, caída ao lado de uma guilhotina. Isso não deve ter ajudado a melhorar sua situação.

Duchâtelet foi julgado primeiro, depois foi a vez de Galois. No dia 23 de outubro ele foi julgado e condenado; seu apelo foi recusado em 3 de dezembro. A essa altura ele já tinha passado mais de quatro meses na prisão. Agora era condenado a mais seis meses. Trabalhou um tempo na matemática, mas, com a epidemia de cólera de 1832, foi transferido para um hospital e depois libertado em regime condicional. Em liberdade, viveu seu primeiro e único caso de amor com certa "Stéphanie D", como suas garatujas a identificavam.

A partir desse ponto é preciso um bocado de adivinhação para interpretar os escassos registros históricos. Por um tempo, ninguém soube o sobrenome de Stéphanie ou o tipo de pessoa que ela era. O mistério aumentou sua imagem romântica. Galois escreveu o nome completo dela em um de seus manuscritos, mas depois rabiscou por cima, tornando-o ilegível. O trabalho forense do historiador Carlos Infantozzi, que examinou o manuscrito com todo o cuidado, revelou que a dama era Stéphanie-Felicie Poterin du Motel. Seu pai, Jean-Louis Auguste Poterin du Motel, era médico residente no Sieur Faltrier, onde Galois passou os últimos meses de vida.

Não sabemos o que Jean-Louis achava daquele relacionamento, mas parece pouco provável que concordasse que a filha fosse cortejada por um jovem tão intenso e perigoso, sem um tostão e desempregado, com visões políticas extremistas e uma ficha criminal.

Mas conhecemos um pouco as opiniões de Stéphanie, ainda que apenas por meio de sentenças garatujadas que Galois deve ter copiado de suas cartas. Há muito mistério ao redor desse interlúdio que teve importância crucial em eventos posteriores. Parece que Galois foi rejeitado e reagiu muito mal, mas as circunstâncias não podem ser determinadas. Será que aquilo só existiu na cabeça dele – um entusiasmo que nunca foi correspondido? Será que Stéphanie encorajou seus avanços? Será que depois sentiu medo? As mesmas circunstâncias que desagradavam ao pai podem ter se mostrado atraentes para a filha.

Do ponto de vista de Galois, aquela foi, sem dúvida, uma relação importante. Em maio, ele escreveu a seu amigo íntimo Chevalier: "Como posso me consolar se em um mês exauri a maior fonte de felicidade que um homem pode ter?" No verso de um de seus textos ele copiou fragmentos de duas cartas de Stéphanie. Uma delas começa assim: "Por favor, vamos terminar este caso", o que sugere que havia algo a terminar. Mas continua: "E não fique pensando nessas coisas que não existem e que jamais poderiam ter existido", dando a impressão contrária. O outro tem a seguinte sentença: "Segui seu conselho e pensei sobre o que ... aconteceu. ... De qualquer maneira, senhor, esteja certo de que nunca haveria nada além disso. O senhor está fazendo suposições errôneas, e suas lamúrias não têm fundamento."

Galois pode ter imaginado a coisa toda e seus sentimentos nunca foram correspondidos; ou talvez tenha de início recebido algum encorajamento só para depois ser rejeitado; mas a impressão é que Galois sofreu o pior tipo de amor não correspondido. Ou será que o caso todo foi mais sinistro? Logo depois do rompimento com Stéphanie, ou do que Galois interpretou como um rompimento, alguém o desafiou para um duelo. A razão ostensiva era que a pessoa se mostrara contra os avanços de Galois em relação à jovem dama, porém, mais uma vez, as circunstâncias estão mergulhadas em mistério.

A história mais comum envolve uma intriga política. Autores como Eric Temple Bell e Louis Kollros nos dizem que opositores políticos de Galois viram no seu entusiasmo por mademoiselle du Motel uma desculpa perfeita para eliminar o inimigo numa falsa "questão de honra". Uma das sugestões mais ousadas é a de que Galois foi vítima de um espião da polícia.

Essas teorias agora parecem implausíveis. Dumas afirmou em suas *Mémoires* que Galois foi morto por Pescheux D'Herbinville, um companheiro republicano que Dumas descreve como "um jovem encantador que fazia cartuchos de papel de seda amarrados com fitas de seda". Era a embalagem de uma forma primitiva de biscoito do tipo dos que agora são servidos no Natal. D'Herbinville era uma espécie de herói para os camponeses, tendo sido um dos dezenove republicanos inocentados de acusações de conspiração para derrubar o governo. Por certo não era um espião da polícia, pois Marc Caussidière revelou todos esses espiões em 1848, quando se tornou o chefe da polícia.

O relatório da polícia indica que o outro participante era um dos camaradas revolucionários de Galois, e que o duelo foi exatamente o que parecia. Essa teoria tem uma boa base nas palavras do próprio Galois sobre o assunto: "Imploro aos patriotas e aos meus amigos que não me reprovem por não morrer pelo meu país. Morro vítima de uma coquete infame. É numa infeliz rixa que minha vida é extinta. Ó, por que morrer por coisa tão trivial, por algo tão desprezível! ... Perdoem os que me mataram, eles são de boa-fé." Ou ele não sabia que estava sendo vítima de uma trama política, ou não existia trama alguma.

Na verdade, parece que Stéphanie era pelo menos uma causa remota do duelo. Antes de partir para o confronto, Galois deixou algumas anotações finais sobre sua mesa. Elas incluíam as palavras "*une femme*", com a segunda palavra rabiscada. Mas a causa central é tão impenetrável quanto todo o resto neste caso.

A história da matemática é muito mais clara. Em 29 de maio, na véspera do duelo, Galois escreveu a Auguste Chevalier esboçando suas descobertas. Chevalier acabou publicando a carta na *Revue Encyclopédique*. Era uma tentativa de estabelecer uma relação entre grupos e equações polinomiais, apontando uma condição necessária e suficiente para uma equação ser resolvida por radicais.

Galois mencionou ainda suas ideias sobre funções elípticas e a integração de funções algébricas, além de outras enigmáticas demais para serem identificadas. O comentário "Não tenho tempo" rabiscado nas margens do texto deu origem a outro mito: que Galois tenha passado a noite anterior ao duelo escrevendo freneticamente suas descobertas matemáticas. Mas essa frase tem outra ao lado "(Nota do autor)", que não se enquadra bem nessa interpretação. Ademais, a carta era um acompanhamento explanatório do terceiro manuscrito rejeitado de Galois, com uma anotação na margem acrescentada por Poisson.

O duelo foi com pistolas. O relatório póstumo afirma que foram disparadas a 25 passos, mas a verdade pode ser mais chocante. Um artigo publicado na edição de 4 de junho de 1832 de *Le Precursor* relatou:

> *Paris, 1 de junho* – Um deplorável duelo privou ontem as ciências exatas de um jovem que provocou as mais altas expectativas, mas cuja celebrada precocidade foi posteriormente obscurecida por suas atividades políticas. O jovem Évariste Galois ... lutava contra um de seus velhos amigos, um jovem como ele próprio, e como ele um membro da Sociedade dos Amigos do Povo, que era conhecido por ter também figurado em um julgamento político. Consta que o amor foi a causa do combate. A pistola foi a arma escolhida pelos adversários, mas, por causa da antiga amizade, eles não conseguiram olhar um para o outro e deixaram a decisão ao acaso. Armados com uma pistola cada, eles dispararam a curta distância. Só uma pistola estava carregada. Galois foi atravessado por uma bala de seu oponente; levaram-no ao Hospital Cochin,

> onde morreu em cerca de duas horas. Sua idade era 22 anos. L.D., seu adversário, era um pouco mais novo.

Será que "L.D." se referia a Pescheux d'Herbinville? Talvez. A letra "D" é aceitável por conta da grafia variável do período; o "L" pode ter sido um engano. O artigo não é confiável nos detalhes: a data do duelo está errada, assim como o dia da morte de Galois e sua idade. Portanto, o início também pode estar errado.

O cosmólogo e escritor Tony Rothman tem uma teoria mais convincente. A pessoa que melhor se encaixa na descrição aqui não é d'Herbinville, mas sim Duchâtelet, que foi preso com Galois na Pont-Neuf. Os biógrafos de Galois, Robert Bourgne e Jean-Pierre Azra, dão a Duchâtelet o primeiro nome de "Ernest", mas isso pode estar errado, ou mais uma vez o "L" pode ter sido um engano. Citando Rothman: "Chegamos a uma imagem consistente e crível de dois velhos amigos apaixonados pela mesma moça e resolvendo a questão numa versão horrível de roleta-russa."

Essa teoria também é consistente com uma terrível reviravolta da história. Galois foi ferido no estômago, na época um ferimento quase sempre fatal. Se o duelo foi a curta distância, não chega a ser uma grande surpresa; se os duelistas estavam a 25 passos de distância, esse é o exemplo final de sua má sorte.

Galois não morreu duas horas depois, como afirma *Le Precursor*, mas no dia seguinte, no Hospital Cochin, em 31 de maio. A causa da morte foi peritonite, e ele recusou os serviços de um padre. Em 2 de junho de 1832, Galois foi enterrado na vala comum do cemitério de Montparnasse.

Sua carta a Chevalier termina com as seguintes palavras: "Peça a Jacobi e a Gauss que deem suas opiniões publicamente, não quanto à verdade, mas quanto à importância desses teoremas. Ainda haverá algumas pessoas, espero, que tirem vantagem ao decifrar toda essa bagunça."

MAS, AFINAL, o que Galois conseguiu de verdade? O que era a "bagunça" a que ele se referia na última carta?

Essa resposta é crucial para nossa história, e não fácil de enunciar em poucas sentenças. Galois introduziu um novo ponto de vista na matemática, mudou seu conteúdo e deu um passo necessário, ainda que desconhecido, na abstração. Com Galois, a matemática deixou de ser o estudo dos números e das formas – aritmética, geometria e ideias desenvolvidas a partir daí como álgebra e trigonometria. Tornou-se o estudo de *estruturas*. O que começou como um estudo de *coisas* se transformou num estudo de *processos*.

Mas não devemos dar todos os créditos dessa transformação a Galois. Ele estava surfando uma onda posta em movimento por Lagrange, Cauchy, Ruffini e Abel, mas com tamanha habilidade que se apossou dela: ele foi a primeira pessoa a avaliar seriamente que questões matemáticas podiam às vezes ser mais bem compreendidas se transportadas para o domínio do pensamento abstrato.

Demorou um bom tempo para a beleza e o valor dos resultados de Galois penetrarem a consciência geral matemática. Na verdade eles quase se perderam. Foram recuperados por Joseph-Louis Liouville, filho de um capitão do exército de Napoleão que se tornou professor no Collège de France. Liouville falou para a Academia Francesa – o mesmo corpo docente que não entendera ou rejeitara os três trabalhos de Galois – no verão de 1843: "Espero ser de interesse da Academia", começava ele, "o anúncio de que entre os papéis de Évariste Galois encontrei uma solução, tão precisa quanto profunda, deste lindo problema: se existe ou não uma solução por radicais."

Se Liouville não tivesse se dado ao trabalho de perscrutar os manuscritos do revolucionário azarado, em geral desorganizados e confusos, e não tivesse dedicado tempo e esforços consideráveis para decifrar o que o autor pretendia, os manuscritos poderiam muito bem ter sido jogados no lixo, e a teoria dos grupos deveria esperar por alguém que redescobrisse, mais tarde, as mesmas ideias. Por isso, a matemática tem uma grande dívida com Liouville.

Quando o entendimento dos métodos de Galois ganhou corpo, um novo e poderoso conceito matemático veio à luz: o de um grupo. Todo um ramo da matemática, um cálculo de simetria chamado teoria dos grupos, passou a existir e desde então invadiu todos os recantos da matemática.

Galois trabalhou com grupos de permutações – uma forma de rearranjar uma lista de objetos. Em seu caso, os objetos eram raízes de uma equação algébrica. O exemplo mais simples e interessante é uma equação cúbica genérica, com três raízes *a*, *b* e *c*. Lembre-se de que há seis maneiras de permutar esses símbolos, em que – seguindo Lagrange e Ruffini – podemos *multiplicar* quaisquer duas permutações fazendo isso uma de cada vez. Já vimos, por exemplo, que $cba \times bca = acb$. Procedendo dessa forma, podemos construir uma "tabela de multiplicação" para as seis permutações. É mais fácil ver o que acontece se dermos nomes a cada uma das permutações, digamos, chamando $I = abc$, $R = acb$, $Q = bac$, $V = bca$, $U = cab$ e $P = cba$. Então, a tabela de multiplicação ficará assim:

	I	***U***	***V***	***P***	***Q***	***R***
I	*I*	*U*	*V*	*P*	*Q*	*R*
U	*U*	*V*	*I*	*R*	*P*	*Q*
V	*V*	*I*	*U*	*Q*	*R*	*P*
P	*P*	*Q*	*R*	*I*	*U*	*V*
Q	*Q*	*R*	*P*	*V*	*I*	*U*
R	*R*	*P*	*Q*	*U*	*V*	*I*

TABELA 1: Tabela de multiplicação para as seis permutações das raízes de uma equação cúbica.

Aqui, os dados na linha ***X*** e na coluna *Y* são o produto *XY*, que significa "fazer *Y*, depois fazer *X*".

Galois percebeu que um aspecto muito simples e óbvio dessa tabela é de importância crucial. O produto de quaisquer duas permutações é em si uma permutação – os únicos símbolos que aparecem na tabela são *I*, *U*, *V*, *P*, *Q*, *R*. Alguns conjuntos menores de permutações têm a mesma "propriedade de grupo": o produto de duas permutações no conjunto também está no conjunto. Galois chamou esse conjunto de permutações de um *grupo*.

Por exemplo, o conjunto [*I*, *U*, *V*] forma uma tabela menor:

	I	*U*	*V*
I	*I*	*U*	*V*
U	*U*	*V*	*I*
V	*V*	*I*	*U*

TABELA 2: Tabela de multiplicação para um subgrupo de três permutações.

e só aparecem esses três símbolos. Quando, como aqui, um grupo é parte de outro, nós o chamamos de *subgrupo*.

Outros subgrupos, como [*I*, *P*], [*I*, *Q*] e [*I*, *R*], contêm apenas duas permutações. Existe também o subgrupo [*I*], que só contém *I*. Pode-se demonstrar que os seis subgrupos aqui relacionados são os *únicos* subgrupos do grupo de todas as permutações em três símbolos.

Agora, disse Galois (embora não nesta linguagem), se escolhermos alguma equação cúbica, podemos examinar suas simetrias – as permutações que preservam todas as relações algébricas entre as raízes. Vamos supor, por exemplo, que $a + b^2 = 5$, uma relação algébrica entre as raízes a e b. A permutação *R* é uma simetria? Bem, se verificarmos a definição acima, *R* mantém a como era e troca b por c, então a condição $a + c^2 = 5$ deve se manter. Se não, *R* definitivamente não é uma simetria. Caso se mantenha, verificamos quaisquer outras relações algébricas válidas entre as raízes, e se *R* passar por *todos* esses testes, será uma simetria.

Descobrir com precisão quais permutações são simetrias de uma dada equação é um difícil exercício técnico. Mas de uma coisa podemos estar certos, e sem fazer nenhum cálculo: o conjunto de todas as simetrias de uma dada equação deve ser um subgrupo do grupo de todas as permutações das raízes.

Por quê? Vamos supor, por exemplo, que tanto *P* quanto *R* preservem todas as relações algébricas entre as raízes. Se tomarmos alguma relação e aplicarmos *R*, obtemos uma relação válida. Se depois aplicarmos *P*, novamente obtemos um relação válida. Mas aplicar *R* e depois *P* é o mesmo que aplicar *PR*. Então, *PR* é uma simetria. Em outras palavras, o conjunto de simetrias tem uma propriedade de grupo.

Esse fato direto é subjacente a todo o trabalho de Galois. Isso nos diz que existe um grupo associado a qualquer equação algébrica, seu grupo de simetria – agora chamado de *grupo de Galois* em homenagem ao seu inventor. E o grupo de Galois de uma equação é sempre um subgrupo do grupo de todas as permutações das raízes.

Desse aspecto-chave surge uma linha de abordagem natural: entender quais subgrupos surgem em quais circunstâncias. Em particular, se a equação pode ser resolvida por radicais, o grupo de Galois das equações deveria refletir esse fato em sua estrutura interna. Então, dada qualquer equação, simplesmente trabalhamos o seu grupo de Galois, verificamos se apresenta a estrutura exigida e ficamos sabendo se ela pode ser resolvida por radicais.

ÀQUELA ALTURA GALOIS podia remodelar todo o problema de um ponto de vista diferente. Em vez de construir uma torre com sacos e escadas, nós plantamos uma árvore.

Não que ele chamasse de árvore, assim como Abel não falava da torre de Cardano, mas podemos visualizar a ideia de Galois como um processo que se ramifica repetidamente a partir de um tronco central. O tronco é o grupo de equações de Galois. Os galhos, gravetos e folhas são os vários subgrupos.

Os subgrupos surgem naturalmente assim que começamos a pensar sobre como as simetrias das equações mudam quando começamos a extrair radicais. Como o grupo muda? Galois mostrou que se temos a *p-ésima* raiz, então o grupo de simetria pode ser subdividido em *p* blocos distintos, todos do mesmo tamanho. (Aqui, como observou Abel, podemos sempre supor que *p* é um número primo.) Então, por exemplo, um grupo de 15 permutações poderia se dividir em 5 grupos de 3, ou 3 grupos de 5. É crucial que os blocos satisfaçam algumas condições muito precisas; em especial, uma delas deve formar por conta própria um subgrupo de um tipo especial conhecido como "subgrupo normal de índice *p*". Podemos imaginar o tronco da árvore se dividindo em *p* galhos menores, um dos quais corresponde ao subgrupo normal.

Os subgrupos normais do grupo de todas as seis permutações de três símbolos são o grupo inteiro [*I*, *U*, *V*, *P*, *Q*, *R*], o subgrupo [*I*, *U*, *V*], cuja tabela acabamos de ver, e o subgrupo com apenas uma permutação, [*I*]. Os outros três subgrupos, que contêm duas permutações, não são normais.

Por exemplo, vamos supor que desejamos resolver a quíntica geral. Existem 5 raízes, então as permutações envolvem 5 símbolos. Existem precisamente 120 dessas permutações. Os coeficientes da equação, sendo totalmente simétricos, têm um grupo que contém todas essas 120. Esse grupo é o tronco da árvore. Cada raiz, sendo totalmente assimétrica, tem um grupo que contém apenas *uma* permutação – a trivial. Então a árvore tem 120 folhas. Nosso objetivo é juntar o tronco às folhas por galhos e gravetos cuja estrutura reflita as propriedades de simetria das várias quantidades surgidas se começarmos a trabalhar as partes de uma fórmula para as raízes, que supomos serem expressas por radicais.

Vamos presumir, para efeitos do nosso argumento, que o primeiro passo na fórmula seja adicionar uma raiz quinta. Então o grupo de 120 permutações deve se dividir em 5 pedaços, cada um contendo 24 permutações. Assim, a árvore desenvolve 5 galhos. Tecnicamente, essa ramificação deve corresponder a um subgrupo normal de índice 5.

Mas Galois conseguiu provar, fazendo apenas cálculos com permutações, que *não existe esse subgrupo normal*.

Muito bem, talvez a solução comece, digamos, com uma raiz sétima. Então as 120 permutações devem se dividir em 7 blocos de igual tamanho – mas isso não acontece, pois 120 não é divisível por 7. Então não é uma raiz sétima. Na verdade, não é nenhuma raiz prima, a não ser 2, 3 e 5, pois esses são os fatores primos de 120. E nós acabamos de eliminar o 5.

Então podemos começar com uma raiz cúbica? Infelizmente, não: o grupo de 120 permutações não tem um subgrupo normal de índice 3.

Só nos resta uma raiz quadrada. O grupo de 120 permutações tem um subgrupo normal de índice 2? Na verdade tem, exatamente um. Contém 60 permutações e é chamado de *grupo alternante*. Então, ao usarmos a teoria dos grupos de Galois, estabelecemos que qualquer fórmula para resolver uma quíntica genérica deve começar com uma raiz quadrada, levando ao grupo alternante. O primeiro lugar em que o tronco se divide leva a apenas dois galhos. Mas existem 120 folhas, por isso os galhos devem se dividir outra vez. Como os galhos se dividem?

Os divisores primos de 60 são também 2, 3 e 5. Por isso, cada um de nossos novos galhos deve se dividir em 2, 3 ou 5 gravetos. Ou seja, devemos adicionar outra raiz quadrada, uma raiz cúbica ou uma raiz quinta. Ademais, isso pode ser feito se, e apenas se, o grupo alternante tiver um subgrupo normal de índice 2, 3 ou 5.

Mas será que ele tem esse subgrupo normal? Essa é uma questão puramente de permutações de 5 símbolos. Ao analisar essas permutações, Galois conseguiu provar que o grupo alternante *não tem absolutamente subgrupos normais* (a não ser para o grupo todo e o subgrupo trivial [*I*]. É um grupo "simples" – um dos componentes básicos a partir do qual todos os grupos podem ser construídos.

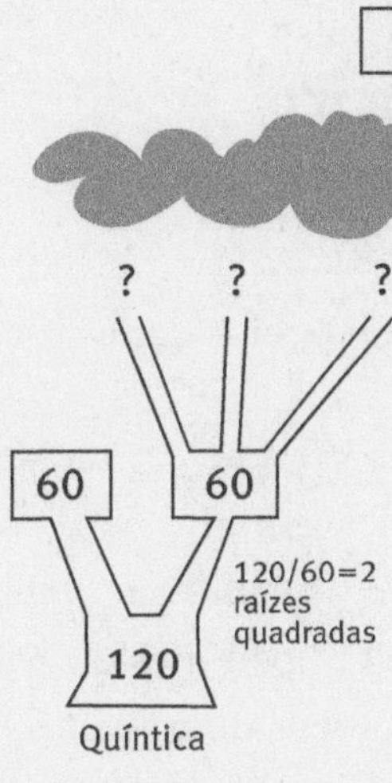

FIGURA 19: Demonstração de Galois de que a quíntica é insolúvel.

Existem muito poucos subgrupos normais para ligar o tronco às folhas que se dividam em um número primo de galhos a cada passo sucessivo. Então o processo de solução de uma quíntica por radicais estanca abruptamente depois do primeiro passo de adição de uma raiz quadrada. *Não há para onde ir*. Nenhuma árvore pode subir do tronco até chegar às folhas, portanto, não existe uma fórmula para as raízes em termos de radicais.

Essa mesma noção funciona para equações de graus 6, 7, 8, 9 – qualquer grau maior que 5. Isso nos faz pensar por que razão a quadrática, a cúbica e a quártica são solucionáveis. Por que razão os graus 2, 3 e 4 são excepcionais? Na verdade, a teoria dos grupos nos diz exatamente como resolver a quadrática, a cúbica e a quártica. Vou deixar de lado os aspectos técnicos e mostrar apenas as árvores. Elas correspondem precisamente às fórmulas clássicas.

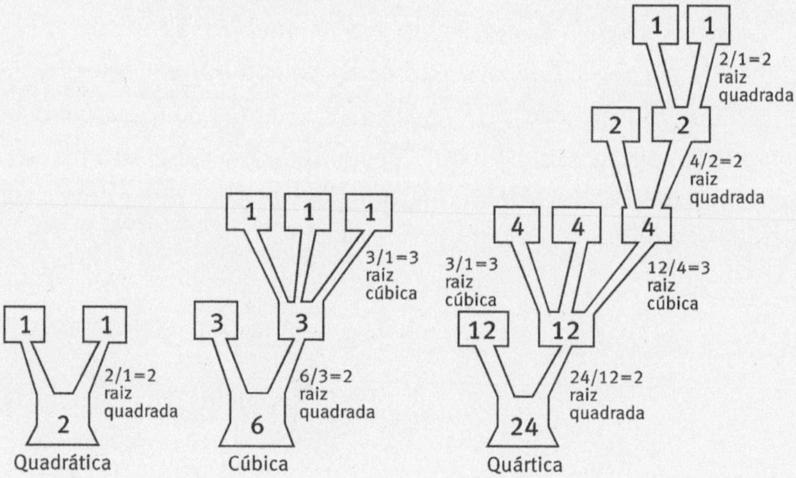

FIGURA 20: Usando grupos para resolver a quadrática, a cúbica e a quártica.

Agora começamos a ver a beleza da ideia de Galois. Não apenas isso demonstra que a quíntica genérica não tem soluções por radicais, como também explica por que a quadrática, a cúbica e a quártica genéricas *têm* soluções por radicais, e também nos diz mais ou menos como elas se parecem. Com um pouco mais de trabalho, isso nos diz *exatamente* como elas são. Finalmente, diferencia as quínticas que podem ser resolvidas das que não podem, e nos diz como solucionar as que podem ser resolvíveis.

O grupo de Galois de uma equação nos diz tudo que precisamos saber sobre suas soluções. Então, por que Poisson, Cauchy, Lacroix e todos os outros peritos não pularam de alegria quando viram o que Galois tinha feito?

O grupo de Galois tem um terrível segredo.

Vou contar o segredo. A maneira mais fácil de trabalhar o grupo de uma equação é usar as propriedades de suas raízes. Mas, claro, o problema todo é que em geral não sabemos quais são essas raízes. Lembre-se, estamos tentando resolver a equação, ou seja, encontrar suas raízes.

Vamos supor que alguém nos apresente uma quíntica específica, digamos

$$x^5 - 6x + 3 = 0$$

ou

$$x^5 + 15x + 12 = 0,$$

e nos peça que usemos os métodos de Galois para decidir se a equação pode ou não ser resolvida por radicais. Parece uma questão razoável.

A terrível verdade é que, com os métodos disponíveis de Galois, *não existe uma maneira de responder a essa questão*. Podemos afirmar que o mais provável é que o grupo associado contém todas as 120 permutações – e, se contiver, a equação não pode ser resolvida. Mas não sabemos ao certo se todas as 120 permutações ocorrem na verdade. Talvez as raízes quintas obedeçam a alguma restrição específica. Como podemos saber?

Por mais bonita que possa ser, a teoria de Galois tem limitações graves. Não funciona com os coeficientes, mas com as raízes. Em outras palavras, trabalha com os desconhecidos, não com os conhecidos.

Hoje qualquer um pode acessar um bom site de matemática na internet, jogar sua equação e calcular o grupo de Galois. Sabemos agora que a primeira equação acima não pode ser solucionada por radicais, mas a segunda *pode*. A questão não é o computador, mas o fato de alguém ter descoberto os passos a serem dados para resolver o problema. O grande avanço nessa área desde Galois foi a descoberta de como calcular o grupo de Galois de qualquer dada equação.

Galois não dispunha dessa técnica. Ainda seria preciso mais um século para que um cálculo rotineiro do grupo de Galois se tornasse viável. Contudo, a ausência dessa técnica deixou Cauchy e Poisson de fora. Eles podiam se queixar, com toda a razão, de que as ideias de Galois não solucionavam o problema de saber *quando* uma dada equação podia ser resolvida por radicais.

O que eles deixaram de perceber foi que o método resolvia um problema um pouco diferente: descobrir que propriedades das *raízes* tornavam a equação resolvível. Esse problema tinha uma resposta elegante – e profunda. O problema que queriam que ele solucionasse... bem, não há razão para uma resposta precisa. Simplesmente não existe um jeito exato de classificar as equações resolvíveis em termos das propriedades de seus coeficientes facilmente calculáveis.

Até aqui, a interpretação de grupos como simetrias tem sido de certa forma metafórica. Agora precisamos torná-la mais literal, e esse passo exige um ponto de vista mais geométrico. Os sucessores de Galois logo perceberam que a relação entre grupos e simetria é mais fácil de ser compreendida no contexto da geometria. De fato, é assim que o assunto em geral é apresentado aos estudantes.

Antes de Galois, as respostas a essa questão eram muito vagas, imprecisas, apelando para aspectos como elegância de proporção, que não é um conceito com o qual se possa fazer matemática. Depois de Galois – e depois de um curto período em que o mundo da matemática separou as ideias gerais por trás de sua aplicação muito específica – havia uma resposta simples e inequívoca. Primeiro, a palavra "simetria" deve ser reinterpretada como "*uma* simetria". Objetos não apresentam só uma simetria; em geral apresentam diferentes simetrias.

O que é, então, uma simetria? Uma simetria de um objeto matemático é uma transformação que preserva a estrutura do objeto. Vou destrinçar essa definição adiante, mas o primeiro aspecto a observar é que uma simetria é mais um processo que uma coisa. As simetrias de Galois são permutações (das raízes de uma equação), e uma permutação *é uma forma de rearranjar coisas*. Estritamente falando, não é o próprio rearranjo; é a regra que aplicamos para obtê-lo. Não é o prato, é a receita.

Essa distinção pode parecer enrolação, mas é fundamental para toda essa empreitada.

Existem três palavras-chave na definição de uma simetria: "transformação", "estrutura" e "preservação". Vou explicá-las lançando mão do exemplo de um triângulo equilátero. Essa figura é definida como um triângulo que tem os três lados do mesmo comprimento e os três ângulos da mesma medida, ou seja, 60°. Esses aspectos tornam difícil distinguir um lado do outro; frases como "o lado mais comprido" não nos dizem nada. Os ângulos também são indiferenciáveis. Como vemos agora, a incapacidade de distinguir um lado de outro, ou um ângulo de outro, é uma consequência das simetrias do triângulo equilátero. Na verdade, é o que define essas simetrias.

Vamos considerar essas três palavras, uma de cada vez.

Transformação. Podemos fazer algumas coisas no nosso triângulo. Em princípio, existem muitas coisas que podem ser feitas: torcê-lo, girar em torno de algum ângulo, amassá-lo, esticar como um elástico, pintar de cor-de-rosa. Mas nossa escolha é mais limitada, por causa da segunda palavra.

Estrutura. A estrutura do nosso triângulo consiste em seus aspectos matemáticos considerados significativos. A estrutura de um triângulo inclui coisas como "tem três lados", "os lados são retas", "um lado tem 18,36cm", "está situado em determinada localização do plano", e assim por diante. (Em outras áreas da matemática, os aspectos significativos podem ser diferentes. Em topologia, por exemplo, o que importa é que o triângulo forma um único caminho fechado, mas seus três ângulos e as retas que formam os lados não têm mais importância.)

Preservação. A estrutura do objeto transformado deve se conformar com a original. O triângulo transformado também deve ter três lados, por isso, não podemos dobrá-lo. Os lados devem permanecer retos, por isso não podemos entortá-lo. Um dos lados deve ter 18,36cm, por isso também é proibido esticar o triângulo. A localização deve ser a mesma, por isso não podemos deslocá-lo três metros para o lado.

A cor não é explicitamente mencionada como estrutura, por isso pintar o triângulo é irrelevante. Não precisa ser necessariamente eliminada, apenas não faz diferença para os propósitos geométricos.

Girar o triângulo num certo ângulo, contudo, preserva ao menos parte da estrutura. Se você recortar um triângulo equilátero de um pedaço de cartolina, puser sobre a mesa e girá-lo, ele vai continuar sendo um triângulo. Tem três lados, que continuam sendo retos, e os comprimentos não mudaram. Mas a localização do triângulo no plano pode ainda assim parecer diferente, dependendo do ângulo em que tenha sido girado.

Se eu girar o triângulo em ângulo reto, por exemplo, o resultado será diferente. Os lados apontam em direções diferentes. Se você tapou os olhos enquanto eu girei o triângulo, quando olhar de novo saberá que eu o movi.

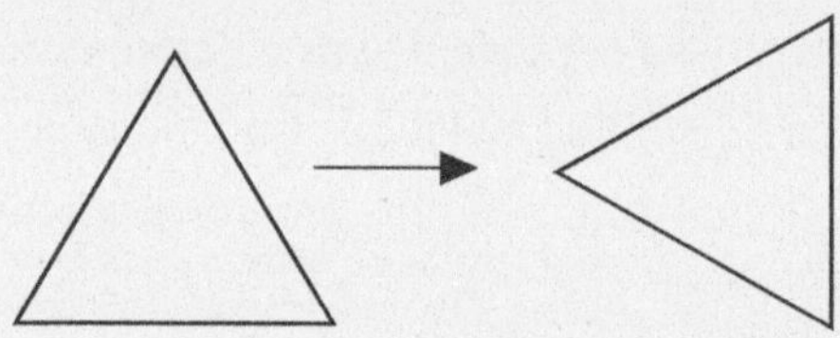

FIGURA 21: A rotação em ângulo reto não é uma simetria do triângulo equilátero.

Mas se eu girasse o triângulo 120°, você não conseguiria ver nenhuma diferença entre "antes" e "depois". Para mostrar o que estou dizendo, vou marcar secretamente os vértices com diferentes tipos de pontos, de modo que possamos ver como eles se movem. Esses pontos servem apenas como referência e não são parte da estrutura, que é preservada. Se você não vir os pontos, se o triângulo for homogêneo como qualquer objeto euclidiano bem-comportado, o triângulo rebatido vai parecer igual ao original.

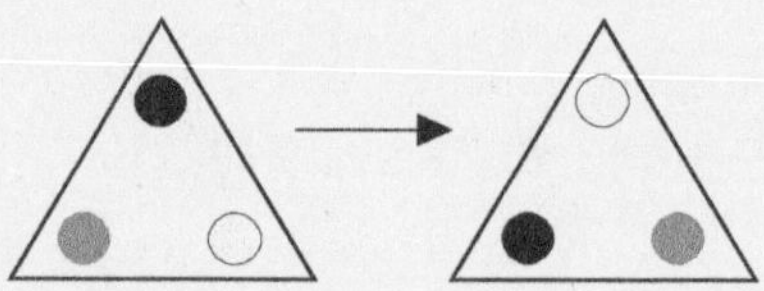

FIGURA 22: A rotação de 120° é uma simetria do triângulo equilátero.

Em outras palavras, "rotação de 120°" é uma simetria do triângulo equilátero. É uma transformação ("rotação") que preserva a estrutura (seu formato e localização).

Acontece que um triângulo equilátero tem exatamente seis diferentes simetrias. Outra é uma "rotação de 240°". Outras três são reflexos, que rebatem o triângulo de forma que um vértice permaneça fixo e os outros dois mudem de posição. Qual seria a sexta simetria? *Não fazer nada*. Deixar o triângulo quieto. Isso é trivial, mas se encaixa na definição de simetria. Na verdade, essa transformação se encaixa na definição independentemente do objeto que considerarmos ou da estrutura que desejamos preservar. Se você não fizer nada, nada muda.

Essa simetria trivial é chamada de *identidade*. Ela pode parecer insignificante, mas se a deixarmos de lado a matemática vira uma bagunça. É como tentar fazer uma soma sem o número 0 ou uma multiplicação sem o número 1. Se eu mantiver a identidade, tudo continua como esperado.

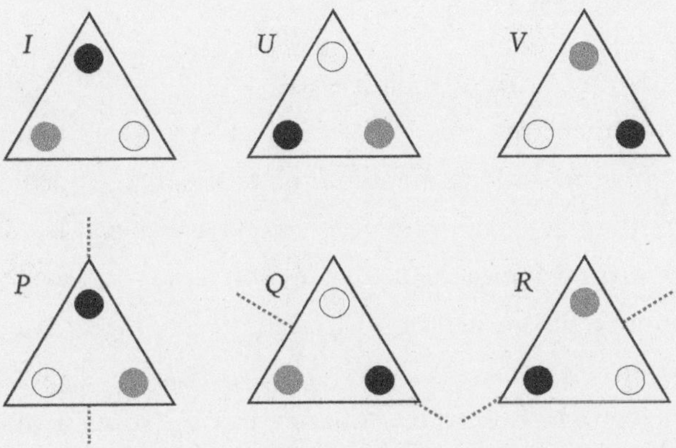

FIGURA 23: As seis simetrias do triângulo equilátero.

Para o triângulo equilátero, podemos pensar na identidade como uma rotação de 0°. Na Figura 23 estão os resultados da aplicação de seis simetrias ao nosso triângulo equilátero. São exatamente as seis maneiras diferentes que se tem de pegar um triângulo feito de cartolina e dispô-lo com seus esquemas originais. As linhas pontilhadas mostram onde situar o espelho para obter a reflexão necessária.

Agora quero convencer você de que essas simetrias são uma parte da álgebra. Por isso vou fazer o que os estudiosos de álgebra fariam: expressar tudo em termos de símbolos. Vamos chamar as seis simetrias de *I*, *U*, *V*, *P*, *Q*, *R*, de acordo com a Figura 23. A identidade é *I*; as outras duas rotações são *U* e *V*; as três reflexões são *P*, *Q* e *R*. Estes são os mesmos símbolos que usei para as permutações das raízes da cúbica. Há uma razão para essa duplicação, que veremos logo adiante.

Galois fez uma grande jogada com a "propriedade de grupo" de suas permutações. Se você fizer quaisquer duas de cada vez, obtém outra. Isso dá uma grande dica sobre o que devemos fazer com nossas seis simetrias. Devemos "multiplicar" essas simetrias em pares e ver o que acontece. Lembre-se da convenção: se X e Y forem duas transformações de simetria, o produto XY é o que acontece quando fazemos primeiro Y e depois X.

Vamos supor, por exemplo, que queremos chegar a VU. Isso significa que primeiro aplicamos U ao triângulo, depois V. Bem, U gira o triângulo em 120°, e V gira o triângulo resultante em 240°. Então VU gira o triângulo em 120° + 240° = 360°.

Ops, nos esquecemos de incluir essa.

Não, não esquecemos, não. Se você girar um triângulo em 360°, tudo termina exatamente onde começou. E na teoria dos grupos é o resultado final que importa, não o caminho percorrido para chegar lá. Na linguagem das simetrias, duas simetrias são consideradas uma só se tiverem o mesmo efeito final sobre o objeto. Como VU tem o mesmo efeito que a identidade, concluímos que $VU = I$.

Para um segundo exemplo, o que faz UQ? As transformações acontecem da seguinte maneira:

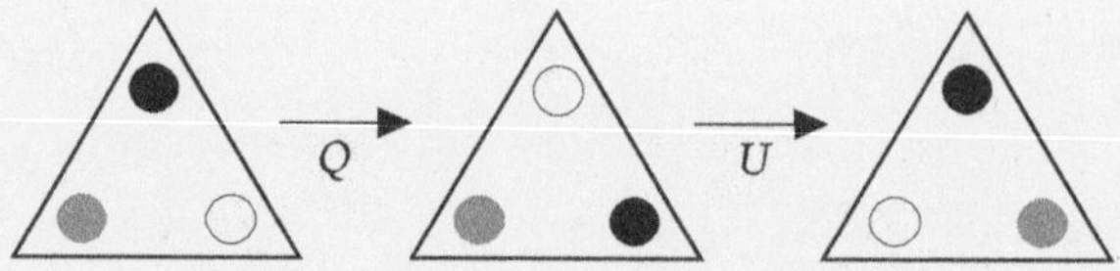

FIGURA 24: Como multiplicar simetrias.

Podemos reconhecer o resultado final: é P. Então $UQ = P$.

Com nossas seis simetrias podemos formar 36 produtos, e os resultados podem ser obtidos numa tabela de multiplicação. Exatamente a mesma tabela que obtemos para as seis permutações das raízes da cúbica.

ESSA APARENTE COINCIDÊNCIA surge como exemplo de uma das mais poderosas técnicas em toda a teoria dos grupos. Ela originou-se no trabalho do matemático francês Camille Jordan, que transformou a teoria dos grupos em um tema, mais do que um método de análise da solução de equações por radicais.

Por volta de 1870, Jordan chamou atenção para o que agora se chama de "teoria da representação". Para Galois, os grupos eram compostos por permutações – maneiras de embaralhar símbolos. Jordan começou a pensar sobre formas de embaralhar espaços mais complicados. Entre os espaços mais básicos da matemática estão os multidimensionais, e seu aspecto mais importante é a existência de linhas retas. A maneira natural de transformar esses espaços é *manter retas as linhas retas*. Nada de entortar, nada de retorcer. Existem muitas transformações desse tipo – rotações, reflexões, mudanças de escala. Estas são chamadas de transformações "lineares".

O advogado e matemático inglês Arthur Cayley descobriu que qualquer transformação linear pode ser associada a uma *matriz* – uma tabela quadrada de números. Qualquer transformação linear do espaço tridimensional, por exemplo, pode ser especificada desenhando-se uma tabela de 3 por 3 de números reais. Por isso as transformações podem ser reduzidas a cálculos algébricos.

A teoria de representação permite que se comece com um grupo que não consiste em transformações lineares e substituí-lo por um que consiste. A vantagem de converter o grupo em um grupo de matrizes é que a álgebra matricial é muito profunda e poderosa, e Jordan foi o primeiro a perceber isso.

Vamos examinar as simetrias do triângulo a partir do ponto de vista de Jordan. Em vez de desenhar pontos sombreados nos vértices do triângulo, vou usar os símbolos a, b, c, correspondentes às raízes da cúbica genérica. Isso torna óbvio que cada simetria do triângulo também permuta esses símbolos. Por exemplo, a rotação U muda abc para cab.

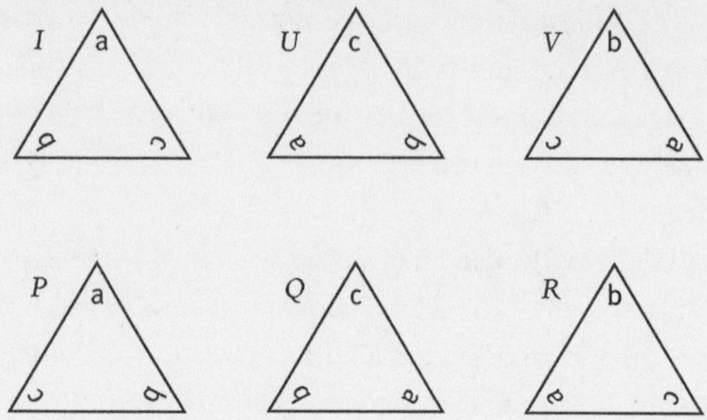

FIGURA 25: Como as simetrias do triângulo equilátero correspondem a permutações.

As seis simetrias do triângulo correspondem naturalmente às seis permutações das raízes *a*, *b*, *c*. Além disso, o produto das duas simetrias corresponde ao produto das permutações correspondentes. Mas as rotações e reflexões no plano são transformações lineares – elas preservam as linhas retas. Então nós reinterpretamos o grupo de permutação – nós o *representamos* – como um grupo de transformações lineares, ou equivalente a um grupo de matrizes. Essa ideia teria profundas consequências tanto na matemática quanto na física.

8. O engenheiro medíocre e o professor transcendente

A SIMETRIA NÃO ERA MAIS uma vaga impressão de regularidade ou uma sensação artística de elegância e beleza. Era um nítido conceito matemático com uma rigorosa definição lógica. Era possível fazer cálculos com simetrias e demonstrar teoremas sobre elas. Nascia uma nova área: a *teoria dos grupos*. A busca da humanidade pela simetria atingira um ponto de inflexão. O preço do ingresso nesse avanço era a vontade de pensar em termos mais conceituais. O conceito de grupo era abstrato, distante, em muitos aspectos, da matéria bruta composta de números e formas geométricas.

Os grupos já haviam demonstrado seu valor ao solucionar um antigo enigma, a quíntica. Logo ficaria evidente que o mesmo círculo de ideias acomodava muitos outros problemas antigos. Nem sempre era necessário usar a teoria dos grupos como tal, mas era preciso pensar como Abel, Galois e seus sucessores. Mesmo quando você não pensava em usar grupos, com frequência eles estavam ali, no cenário de fundo.

ENTRE OS PROBLEMAS não resolvidos legados pelos geômetras gregos à posteridade, três se tornaram renomados: os problemas da trissecção de um ângulo, a duplicação do cubo e a quadratura do círculo. Até hoje a trissecção e a quadratura do círculo atraem a atenção de muitos amadores, que parecem não ter entendido que os matemáticos falam sério quando usam a palavra "impossível". A duplicação do cubo não parece exercer o mesmo fascínio.

Em geral, essas três questões são mencionadas como "os três problemas da Antiguidade", mas a expressão exagera sua importância. Faz com que elas pareçam estar no mesmo nível de grandes enigmas históricos como o último teorema de Fermat, que ficou sem resposta por mais de 350 anos. Mas reconheceu-se que esse enigma não tem solução, e é impossível identificar exatamente o momento em que ele foi incluído pela primeira vez na bibliografia matemática. Todos os matemáticos estavam cientes não só do problema, mas também da pretensa resposta – e de quem foi o primeiro a responder à questão.

Os problemas dos gregos são diferentes. Você não vai encontrá-los relacionados em Euclides como coisas sem solução e que demandam atenção. Eles existem naturalmente: são extensões óbvias de resultados positivos, mas por alguma razão Euclides os evitou. Por quê? Porque ninguém sabia como resolvê-los. Será que ocorreu aos gregos que eles talvez *não tivessem* solução? Se assim foi, ninguém fez muito alarde. Sem dúvida pessoas como Arquimedes perceberam que não havia resolução com régua e compasso, pois ele desenvolveu técnicas alternativas, mas não há provas de que considerasse a questão da possibilidade de construção como um problema em si.

Depois essa questão se tornou importante. A falta de soluções para esses problemas indicava grandes lacunas na compreensão que a humanidade tinha da geometria e da álgebra; ganharam fama como problemas "folclóricos", conhecidos pelos profissionais por uma espécie de osmose cultural. Na ocasião em que foram resolvidos, já haviam assumido a aura de significado histórico e matemático. Por isso as soluções constituíram grandes descobertas – em especial a quadratura do círculo. E nos três casos a resposta foi a mesma: "Não pode ser resolvido." Não com as ferramentas tradicionais de régua e compasso.

Isso pode parecer um fator negativo. Na maior parte dos caminhos da vida, as pessoas procuram responder a questões ou superar dificuldades lançando mão de todos os meios disponíveis. Se um prédio mais alto não pode ser construído com tijolos e argamassa, os engenheiros usam estruturas de aço e concreto reforçado. Ninguém fica famoso ao provar que os tijolos não conseguem fazer o trabalho.

Os matemáticos não são bem assim. As limitações das ferramentas costumam ser tão importantes quanto o que eles conseguem realizar. A importância de uma questão matemática não depende da resposta enquanto tal, mas de por que ela está correta. Foi assim com os três problemas da Antiguidade.

O FLAGELO DE TODOS os que procuravam a trissecção nasceu em Paris, em 1814, e seu nome era Pierre Laurent Wantzel. O pai era oficial do Exército e depois professor de matemática aplicada na École Speciale du Commerce. Pierre era precoce. Adhémard Jean Claude Barré de Saint-Venant, que conhecia Wantzel, escreveu que o garoto mostrava "uma maravilhosa aptidão para a matemática, assunto sobre o qual lia com grande interesse. Logo superou inclusive seu mestre, que mandava chamar o jovem Wantzel, de nove anos, quando tinha dificuldades para resolver algum problema".

Em 1828, Pierre conseguiu se matricular no Colégio Charlemagne. Ganhou o primeiro prêmio em francês e em latim, em 1831, e foi o primeiro colocado na École Polytechnique e no departamento científico do que hoje é a École Normale – feito que ninguém jamais realizara. Interessava-se por quase tudo – matemática, música, filosofia, história –, e, acima de tudo, gostava de um bom e disputado debate.

Em 1834, Pierre se interessou pela engenharia e entrou para a École des Ponts e Chaussées. Mas logo confessava aos amigos que seria apenas um "engenheiro medíocre". Decidiu que queria ensinar matemática e obteve uma licença. A mudança funcionou: em 1838 ele se tornou lente de análise matemática na École Polytechnique, e em 1841 era também professor de mecânica aplicada em seu antigo curso de engenharia. Saint-Venant nos diz que Pierre "geralmente trabalhava durante a noite, indo para a cama tarde, depois lia e só dormia poucas horas de sono agitado, abusando de café ou de ópio, e fazendo suas refeições, até se casar, em horas estranhas e irregulares". O casamento foi com a filha de seu ex-professor de latim.

Wantzel estudou os trabalhos de Ruffini, Abel, Galois e Gauss, desenvolvendo um forte interesse pela teoria das equações. Em 1837, seu trabalho "Sobre as formas de avaliar se um problema geométrico pode ser resolvido com régua e compasso" foi publicado no *Journal de Mathématiques Pures et Appliquées* de Liouville. O texto retomava a história da construtividade onde Gauss a deixara. Pierre morreu em 1848, aos 33 anos – talvez em consequência de excesso de trabalho e de deveres docentes e administrativos.

Sobre as questões da trissecção e da duplicação do cubo, as demonstrações de impossibilidade de Wantzel lembram o trabalho épico de Gauss sobre polígonos regulares, mas são muito mais fáceis. Vou começar pela duplicação do cubo, em que os temas são mais transparentes. Será que existe uma construção com régua e compasso de uma linha de $\sqrt[3]{2}$?

A análise de Gauss dos polígonos regulares se baseia na noção de que qualquer construção geométrica se resume à solução de uma série de equações quadráticas. Ele mais ou menos aceita isso de forma tácita, pois é algo a que se chega algebricamente a partir das propriedades de linhas e círculos. Parte da álgebra razoável implica que o "polinômio mínimo" de qualquer quantidade possível de construir – a equação mais simples que a satisfaz – tem um grau igual à segunda potência. Essa equação pode ser linear, quadrática, quártica, octal (de grau 8) ou de grau 16, 32, 64 etc. Mas, seja qual for o grau, será uma potência de 2.

Por outro lado, $\sqrt[3]{2}$ satisfaz à equação cúbica $x^3 - 2 = 0$, que é um polinômio mínimo. O grau é 3, que não é uma potência de 2. Portanto, a suposição de que o cubo pode ser duplicado usando-se régua e compasso leva à conclusão, com uma lógica impecável, de que 3 é uma potência de 2. Claro que isso não é verdade. Portanto, por *reductio ad absurdum*, essa construção não pode existir.

A trissecção de um ângulo é impossível por razão semelhante, mas a demonstração é um pouco mais complicada.

Primeiro, *alguns* ângulos podem ser trissecados com exatidão. Um bom exemplo é o ângulo de 180°, que se divide em três ângulos de 60°, e que podemos obter construindo um hexágono regular. Por isso a prova de impossibilidade começa pela escolha de outro ângulo para demonstrar que ele não pode ser trissecado. O ângulo mais fácil a se tomar é o de 60°. Um terço desse ângulo é 20°, e vamos demonstrar que não podemos construí-lo usando régua e compasso.

Esse é um pensamento tranquilizador. Observe um transferidor, instrumento para medir ângulos. Estão marcados os ângulos de 10°, 20° e assim por diante. Mas esses ângulos não são exatos – para começar, as linhas desenhadas têm uma espessura. Podemos fazer um ângulo de 20° com precisão suficiente para ser usado em projetos arquitetônicos ou de engenharia. Mas não podemos construir um ângulo de 20° usando métodos euclidianos – e é isso que queremos demonstrar.

A chave desse enigma é a trigonometria, o estudo quantitativo dos ângulos. Vamos supor que comecemos com um hexágono inscrito num círculo de raio 1. Encontramos um ângulo de 60°; se pudéssemos fazer sua trissecção, seria possível traçar a linha em negrito vista na Figura 26.

Vamos supor que essa linha tenha o comprimento x. A trigonometria nos diz que x satisfaz a equação $8x^3 - 6x - 1 = 0$. Assim como no problema da duplicação do cubo, trata-se de uma equação cúbica, e mais uma vez é o polinômio mínimo de x. Mas se for possível construir x, o grau de seu polinômio mínimo deve ser uma potência de 2. Mesma contradição, mesma conclusão: a construção proposta é impossível.

A forma como apresento essas provas esconde uma estrutura mais profunda e uma perspectiva muito mais abstrata. A solução de Wantzel para todos esses problemas da Antiguidade se resume a argumentos de simetria: os grupos de Galois das equações que correspondem à geometria

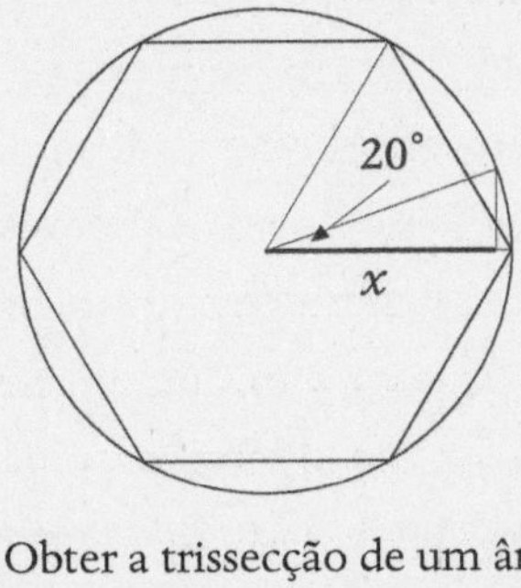

FIGURA 26: Obter a trissecção de um ângulo de 60° é equivalente a construir o comprimento de x.

têm a estrutura errada para construções com régua e compasso. Wantzel conhecia bem os grupos de Galois, e em 1845 desenvolveu uma nova demonstração de que algumas equações algébricas não podiam ser resolvidas por radicais. A demonstração acompanhava os raciocínios de Ruffini e Abel, mas simplificava e esclarecia algumas ideias. Na introdução de seu trabalho, Wantzel afirma:

> Embora a prova [de Abel] estivesse afinal correta, ela é apresentada de uma forma complicada demais e tão vaga que em geral não é aceita. Muitos anos antes, Ruffini … havia tratado a mesma questão de modo ainda mais vago. … Meditando sobre as pesquisas desses dois matemáticos, … chegamos a um tipo de demonstração que parece tão estrita a ponto de dirimir todas as dúvidas sobre essa importante parte da teoria das equações.

O ÚLTIMO PROBLEMA DA ANTIGUIDADE era a quadratura do círculo, tarefa que implica a construção de uma linha com o *exato* comprimento de π (pi). Demonstrar a impossibilidade dessa construção foi muito mais difícil. Por quê? Porque em vez de π ter um polinômio mínimo de grau errado, não tem *nenhum* polinômio mínimo. Não existe uma equação polinomial com coeficientes racionais com raiz igual a π. Você pode chegar o mais próximo que quiser, mas nunca chegará exatamente a π.

Os matemáticos do século XIX perceberam que a diferença entre números racionais e irracionais podia ser redefinida com vantagem. Havia diversos tipos de irracionais. Irracionais relativamente "domesticados", como $\sqrt{2}$, podiam ser representados como frações exatas, isto é, como números racionais, mas não podiam ser representados *em termos* de números racionais. Eles satisfaziam equações cujos coeficientes eram números racionais – nesse caso, $x^2 - 2 = 0$. Esses números foram chamados de "algébricos".

Mas os matemáticos observaram que em princípio poderia haver números irracionais que *não* fossem algébricos, cuja relação com os racionais fosse bem mais indireta do que no caso dos números algébricos. Eles *transcendiam* de vez o domínio dos números racionais.

A primeira questão foi: será que esses números "transcendentais" realmente existiam? Os gregos achavam que todos os números poderiam ser racionais até Hipaso negar esse fato, e consta que Pitágoras ficou tão furioso que afogou o mensageiro. (O mais provável é que Hipaso tenha sido apenas expulso do culto pitagórico.) Os matemáticos do século XIX estavam cientes de que qualquer convicção de que todos os números são algébricos provocaria uma tragédia, mas durante muitos anos lhes faltou um Hipaso. Eles só precisavam provar que algum número real específico – π era um candidato plausível – não era algébrico. Mas é difícil provar que algum número, como π, por exemplo, é irracional, e para isso só é preciso demonstrar que não existem dois números inteiros que, divididos um pelo outro, tenham π como resultado. Para provar que um número não é algébrico, é preciso substituir esses números inteiros hipotéticos por todas as equações possíveis, de todos os graus, e depois derivar uma contradição. Isso é muito complicado.

O primeiro avanço significativo foi feito pelo matemático e astrônomo alemão Johann Lambert, em 1768. Num texto sobre números transcendentais, ele provou que π é irracional, e seu método pavimentou o caminho para tudo que veio depois. Tornou essencial o emprego de noções de cálculo diferencial, em especial o conceito de "integral". (A integral de qualquer número é uma função cuja taxa de mudança gera a função original.) Partindo da suposição de que π é igual a alguma fração exata, Lambert propôs calcular uma integral um tanto complicada que ele criou só para esse propósito, envolvendo não apenas polinômios, mas também funções trigonométricas. Há duas maneiras distintas de calcular essa integral. Uma dá a resposta 0. A outra prova que a resposta *não* é 0.

Se π não fosse uma fração, nenhum dos dois métodos seria aplicável, portanto, não haveria problema. Mas se π fosse uma fração, 0 teria de ser diferente de si mesmo. Isso é impossível.

Os detalhes da demonstração de Lambert são técnicos, mas a maneira como funciona é muito ilustrativa. Para começar, ele teve de relacionar π a algo mais simples, e a trigonometria veio em seu socorro. O problema seguinte era arrumar as coisas de modo que algo especial acontecesse se

π fosse racional. Foi aí que entrou a parte polinômio, mais a inteligente ideia de formar uma integral. Depois disso, a prova era uma questão de comparar dois métodos distintos de calcular uma integral e mostrar que há diferentes respostas. Essa parte foi difícil e técnica, mas para os especialistas era rotineira.

A demonstração de Lambert foi um grande passo adiante, mas deu margem a que muitos números irracionais pudessem ser construídos, sendo que o mais óbvio era $\sqrt{2}$, a diagonal de um quadrado de lado 1. Então, a prova de que π era irracional não provava que não se podia construir π. Significava apenas que não havia mais razão para tentar encontrar uma fração exata para π – mas essa era outra questão.

A ESSA ALTURA OS MATEMÁTICOS estavam diante de um dilema incomum. Eles haviam feito uma diferenciação entre números algébricos e transcendentais que julgavam ser importante. Mas ainda não sabiam se os números transcendentais existiam. Em termos práticos, essa suposta diferenciação poderia não ter qualquer significado.

Só em 1844 ficou provada a existência dos números transcendentais. A descoberta foi feita por Liouville, que já havia resgatado o trabalho de Galois da lata de lixo acadêmica. Agora Liouville conseguia inventar um número transcendental. Era assim:

$$0{,}110001000000000000000001000\ldots,$$

em que sequências cada vez mais longas de 0 são separadas por números 1 isolados. A questão importante é que os comprimentos dos blocos de zeros precisam aumentar muito depressa.

Números desse tipo são "quase" racionais. Existem boas aproximações racionais – basicamente graças a esses blocos de zeros. O bloco longo acima, por exemplo, com 17 zeros consecutivos, implica que o que vier depois dele – 0,110001 – é uma aproximação muito melhor para o número de Liouville do que se poderia esperar de uma fração decimal aleatória.

E o número 0,110001, como qualquer decimal finita, é racional: é igual a $^{110001}/_{1000000}$. Em vez de ser exato até seis casas decimais, é exato até 23 casas decimais. O próximo dígito que não é 0, é um 1, na 24ª casa.

Liouville percebeu que os números algébricos não racionais são sempre muito *mal* aproximados pelos racionais. Esses números não são só irracionais; para uma boa aproximação racional, é preciso usar grandes números em qualquer fração que se aproxime. Por isso Liouville deliberadamente definiu seu número como tendo aproximações racionais extraordinariamente boas, boas demais para serem algébricas. Por isso tinham de ser transcendentais.

A única crítica que podemos fazer a essa ideia inteligente é que o número de Liouville é muito artificial. Não há nenhuma relação evidente com qualquer outra coisa na matemática. Ele é extraído do ar com o único propósito de ser bem aproximado pelos racionais. Ninguém se impressionaria com isso a não ser por um aspecto notável: provavelmente tratava-se de um número transcendental. Agora os matemáticos sabiam que os transcendentais existiam.

Se os transcendentais *interessantes* existiam, essa era outra questão, mas ao menos a teoria dos números transcendentais tinha algum conteúdo. Agora a tarefa era providenciar um conteúdo interessante. Acima de tudo, π seria transcendental? Se fosse, de cara isso resolveria o antigo problema da quadratura do círculo. Todos os números que podem ser construídos são algébricos, portanto nenhum número transcendental pode ser construído. Se π for transcendental, é impossível calcular a quadratura do círculo.

O NÚMERO π É FAMOSO justamente por sua relação com círculos e esferas. Mas a matemática tem outros números notáveis, e o mais importante – talvez até mais importante que π – é conhecido como *e*. Seu valor numérico aproximado é de 2,71828, e, assim como π, ele é irracional. Esse número surgiu em 1618, pouco depois da descoberta dos logaritmos; ele determina a taxa de juros correta quando juros compostos são aplicados em períodos cada vez menores. Foi chamado de *b* em uma carta que Leibniz escreveu a

Huygens em 1690. O símbolo *e* foi introduzido por Euler em 1727, tendo aparecido impresso em seu livro *Mecânica*, de 1736.

Ao usar números complexos, Euler descobriu uma notável relação entre *e* e π, em geral considerada a mais bela fórmula da matemática. Ele provou que $e^{i\pi} = -1$. (Esta fórmula tem uma explicação intuitiva, mas envolve equações diferenciais.) Depois da descoberta de Liouville, o passo seguinte para provar que π é transcendental demorou mais 29 anos e aplicava-se ao número *e*. Em 1873, o matemático francês Charles Hermite provou que *e* é transcendental. A carreira de Hermite tem paralelos notáveis com a de Galois – ele estudou no Louis-le-Grand, teve Richard como professor, tentou demonstrar que a quíntica é insolúvel e queria estudar na École Polytechnique. Mas, ao contrário de Galois, ele conseguiu ser admitido – de raspão.

Um dos alunos de Hermite, o famoso matemático Henri Poincaré, observou que a cabeça de Hermite funcionava de modo estranho: "Chamar Hermite de lógico! Nada pode estar mais longe da verdade. Os métodos sempre pareciam nascer em sua cabeça de forma misteriosa." Essa originalidade serviu bem a Hermite em sua demonstração de que *e* é transcendental. Essa demonstração foi uma elaborada generalização da demonstração de Lambert de que π é irracional. Também empregava cálculo diferencial; avaliava uma integral de duas formas; se *e* fosse algébrico, essas duas respostas seriam diferentes: uma igual a 0, outra diferente de 0. A dificuldade foi encontrar a integral certa para o cálculo.

A demonstração ocupa cerca de duas páginas impressas. Mas que duas páginas maravilhosas! Seria possível pesquisar a vida inteira e não descobrir a escolha da integral certa.

Pelo menos o número *e* é um objeto "natural" do estudo matemático. Aparece por toda a matemática e é absolutamente vital para a análise complexa e na teoria de equações diferenciais. Embora não tenha resolvido o problema de π, Hermite ao menos conseguiu melhorar o exemplo artificial de Liouville. Agora os matemáticos sabiam que as operações cotidianas da matemática podiam empregar números racionais que se tornavam transcendentais. Logo depois alguém usaria as ideias de Hermite para provar que um desses números era π.

Carl Louis Ferdinand von Lindemann nasceu em 1852, filho de um professor de línguas, Ferdinand Lindemann, com a filha do diretor da escola, Emilie Crusius. Ferdinand mudou de emprego, tornando-se diretor de uma companhia de gás.

Assim como muitos estudantes da Alemanha no final do século XIX, Lindemann Jr. mudou de uma universidade para outra – Göttingen, Erlangen, Munique. Em Erlangen, obteve um doutorado em geometria não euclidiana sob a supervisão de Felix Klein. Viajou ao exterior, para Oxford e Cambridge, e depois foi a Paris, onde conheceu Hermite. Ao obter sua licença, em 1879, conseguiu um cargo de professor na Universidade de Friburgo. Quatro anos depois, mudou-se para a Universidade de Königsberg, onde conheceu e se casou com Elizabeth Küssner, filha de professor que trabalhava como atriz. Dez anos depois ele assumiu um cargo de professor pleno na Universidade de Munique.

Em 1882, entre sua viagem a Paris e seu compromisso com Königsberg, Lindemann ficou famoso ao descobrir como estender o método de Hermite para provar a transcendência de π. Alguns historiadores acreditam que Lindemann era apenas um sortudo – seria uma espécie de picareta que topou com a extensão certa da magnífica ideia de Hermite. Mas o golfista Gary Player afirmou certa vez: "Quanto melhor eu jogo mais sorte tenho." Então, o mais provável é que tenha acontecido o mesmo com Lindemann. Se *qualquer um* pode dar sorte, por que não Hermite?

Algum tempo depois, Lindemann se interessou pela física matemática, estudando o elétron. Seu mais famoso aluno de pesquisas foi David Hilbert.

A demonstração de Lindemann sobre a transcendência de π empregava o método introduzido por Lambert e desenvolvido por Hermite: selecionar uma integral apropriada, calculá-la de duas formas e mostrar que se π é algébrico as respostas não coincidem. A integral relacionava-se de perto à utilizada por Hermite, porém era ainda mais complicada. A relação entre e e π, na verdade, era uma bela relação descoberta por Euler. Se π fosse algébrico, e teria de ter algumas novas e surpreendentes propriedades – análogas, porém diferentes, por ser algébrico. O cerne da prova de Lindemann diz respeito a e, não a π.

Com a prova de Lindemann, esse capítulo da matemática chega à sua primeira e verdadeiramente significativa conclusão. A impossibilidade de calcular a quadratura do círculo foi um espetáculo secundário. Muito mais importante foi o fato de os matemáticos saberem por que isso acontecia. Agora eles podiam desenvolver a teoria dos números transcendentais, hoje uma área de pesquisa muito atuante – e diabolicamente difícil. Até as mais óbvias e plausíveis conjecturas acerca dos números transcendentais permanecem, em sua maioria, não respondidas.

Municiados pelas descobertas de Abel e Galois, podemos revisitar o problema da construção dos polígonos regulares. Para quais números de n o polígono regular de n lados pode ser construído com régua e compasso? A resposta é extraordinária.

Em *Disquisitiones arithmeticae*, Gauss enunciou as condições necessárias e suficientes do número inteiro n, mas demonstrou apenas sua suficiência. Ele afirmou que dispunha de uma prova de que essas mesmas condições eram também necessárias, mas – como em boa parte de seu trabalho – nunca a publicou. Gauss tinha, na verdade, feito a parte mais difícil. Foi Wantzel quem completou os detalhes que faltavam em seu trabalho de 1837.

Para mostrar a resposta de Gauss, demos uma breve passada de olhos pelo polígono regular de 17 lados. O que há com o número 17 que permite a construção de um polígono regular de 17 lados? Por que isso não acontece com os números 11 ou 13?

Devemos ressaltar que os três números são primos. É fácil demonstrar que um polígono regular de n lados pode ser construído, por isso o mesmo se aplica a polígonos regulares de p lados para todos os números primos p divisores de n. Vamos examinar todos os *n/p-ésimos* vértices. Por exemplo, todos os terceiros vértices de um polígono regular de 15 lados formam um polígono regular de 5 lados. Por isso, faz sentido pensar em um número primo de lados, e usar os resultados dos primos para nos encaminharmos no sentido de uma solução completa.

O número 17 é primo, então é um bom começo. A análise de Gauss, reformulada em termos mais modernos, baseia-se no fato de que as soluções da equação $x^{17} - 1 = 0$ formam os vértices de um polígono regular de 17 lados no plano complexo. Há uma raiz óbvia, $x = 1$. As outras 16 são as raízes de um polinômio de grau 16, que a demonstração revela como $x^{16} + x^{15} + x^{14} + \ldots x^2 + x + 1 = 0$. O polígono de 17 lados é construído resolvendo-se uma série de equações quadráticas, e isso é possível porque 16 é uma potência de 2. É igual a 2^4.

De forma mais genérica, a mesma linha de raciocínio prova que quando p é um número primo ímpar, o polígono regular de p lados só pode ser *construído se, e somente se, p* $- 1$ for uma potência de 2. Esses primos ímpares são chamados de primos de Fermat, pois ele foi o primeiro a estudá-los. Os gregos sabiam construir os polígonos regulares de 3 e de 5 lados. Note que $3 - 1 = 2$, e que $5 - 1 = 4$, duas potências de 2. Por isso os resultados dos gregos são coerentes com o critério de Gauss, e 3 e 5 são os dois primeiros primos de Fermat. Por outro lado, $7 - 1 = 6$, que não é uma potência de 2, e por isso o polígono regular de 7 lados não pode ser construído.

Com um pouco mais de trabalho chegamos à caracterização de Gauss: o polígono regular de n lados pode ser construído se, e somente se, n for uma potência de 2, ou uma potência de 2 multiplicada por *diferentes* primos de Fermat.

Isso nos deixa com a pergunta: quais são os primos de Fermat? O seguinte, depois do 3 e do 5, foi descoberto por Gauss, é o 17. Depois vem o 257, seguido pelo bem alto 65.537. São os únicos primos de Fermat conhecidos. Nunca se demonstrou que existem outros primos de Fermat – mas também jamais ficou provado que eles não existem. Até onde sabemos, pode haver algum primo gigantesco de Fermat ainda não conhecido pela humanidade. No nosso atual estado de conhecimento esse número é pelo menos $2^{33554432} + 1$, e realmente deve ser o próximo primo de Fermat. (O expoente 33554432 é em si uma potência de 2, na verdade, 2^{25}. Todos os primos de Fermat são uma unidade a mais do que 2 elevado a uma potência de 2.) Esse número tem mais de 10 milhões de dígitos. Mesmo depois das grandes descobertas de Gauss, ainda não sabemos ao certo quais polígonos regulares podem ser construídos, mas a única lacuna no nosso conhecimento é a possível existência de primos de Fermat muito altos.

Embora tenha demonstrado que o triângulo de 17 lados pode ser construído, Gauss na verdade não descreveu essa construção, ainda que tenha observado que o ponto de partida seja traçar uma linha do seguinte comprimento:

$$\frac{1}{16}\left[-1+\sqrt{17}+\sqrt{34-2}\sqrt{17}+\sqrt{68+12\sqrt{17}-16\sqrt{34+2}\sqrt{17}-2(1-\sqrt{17})(\sqrt{34-2}\sqrt{17}}\right]$$

Fórmula que determina a construção, de Gauss, do polígono regular de 17 lados.

Como as raízes quadradas sempre são construíveis, a construção exigida está implícita nesse número notável. A primeira construção explícita foi planejada por Ulrich von Huguenin, em 1803. Em 1893, H.W. Richmond encontrou uma versão mais simples.

Em 1832, R.J. Richelot publicou uma série de artigos sobre a construção do polígono regular de 257 lados, com o título "De resolutione algebraica aequationis $x^{257} = 1$, sive de divisione circuli per bisectionem anguli septies repetitam in partes 257 inter se aequales commentatio coronata", que chega a ser ainda mais impressionante que o número dos lados de seu polígono.

Existe uma história apócrifa de que um muito zeloso estudante de doutorado teve como tarefa a construção de um polígono de 65.537 lados como projeto de tese, e que só reapareceu com o trabalho vinte anos depois. A verdade é quase tão bizarra: J. Hermes, da Universidade de Lingen, dedicou dez anos a essa tarefa, concluindo-a em 1894, e seu trabalho não publicado foi preservado na Universidade de Göttingen. Infelizmente, John Horton Conway, talvez o único matemático que leu esses documentos nos tempos modernos, duvida de que o trabalho esteja correto.

9. O vândalo bêbado

William Rowan Hamilton foi o maior matemático que a Irlanda já produziu. Nasceu ao som das badaladas da meia-noite, entre os dias 3 e 4 de agosto de 1805, e jamais se decidiu sobre a data de seu aniversário. Na maior parte das vezes ele comemorava no dia 3, mas sua lápide mostra a data de 4 de agosto, porque ele mudou de ideia por razões sentimentais. William era um linguista brilhante, um gênio matemático e alcoólatra. Tentou inventar uma álgebra de três dimensões, mas percebeu, num lampejo de intuição que o fez vandalizar uma ponte, que deveria ter tentado quatro dimensões em vez de três. Ele mudou para sempre a visão da álgebra, do espaço e do tempo.

William nasceu numa família rica, sendo o terceiro filho de Archibald Hamilton, advogado com ótima cabeça para negócios. William também tinha uma irmã, Elisa. O pai era bom de copo, o que o tornava uma boa companhia, mas só por algum tempo, porque o constrangimento aumentava com o passar da noite. Archibald era articulado, inteligente e religioso, e transmitiu todos esses traços ao filho mais novo. A mãe de William, Sarah Hutton, era ainda mais inteligente que o marido; vinha de uma família de distinção intelectual, mas sua influência sobre o jovem William, além da genética, foi interrompida quando o pai despachou o garoto, então com três anos, para estudar com o tio James, pároco e linguista de destaque; seus interesses determinaram o principal rumo da educação de William.

Os resultados foram impressionantes, porém obsessivamente restritos. Aos cinco anos William era fluente em grego, latim e hebreu. Aos oito já falava francês e italiano. Dois anos depois dominava também o árabe e o sânscrito; depois persa, sírio, hindu, malaio, o dialeto de Mahatta e bengali.

Tentativas de ensinar chinês ao rapaz foram tolhidas pela falta de textos apropriados. James reclamou: "Custou-me uma grande soma de dinheiro fornecer o que ele precisava aqui de Londres, mas espero que o dinheiro tenha sido bem gasto."

O matemático e quase historiador Eric Temple Bell ("quase" porque ele jamais permitiu que um fato exótico deixasse de produzir uma boa história) perguntou: "Para *que* tudo isso?"

Felizmente, serviu para a ciência e para a matemática, William foi poupado de passar a vida aprendendo milhares de idiomas quando entrou em contato com o prodígio de cálculo norte-americano Zerah Colburn. Este era uma dessas pessoas estranhas que parecem uma calculadora de bolso humana, pelo talento para cálculos rápidos e precisos. Se você perguntasse a raiz cúbica de 1.860.867, Colburn responderia "123" sem pestanejar.

Trata-se de um talento diferente da capacidade matemática, assim como a facilidade em grafar palavras não faz um bom romancista. Com exceção de Gauss, que deixou grandes cálculos em seus blocos de anotação e manuscritos, poucos matemáticos foram rápidos no cálculo. Todos eram competentes no que calculavam – naquela época isso era necessário –, porém, não mais que qualquer contador qualificado. Até hoje os computadores não tornaram obsoletos os cálculos feitos com lápis e papel ou mentais: é normal trabalhar em um problema matemático fazendo cálculos a mão e observando os símbolos trocarem de lugar. Porém, com o aplicativo certo, boa parte deles escrita por matemáticos, qualquer um com o treinamento certo pode esnobar tipos como Colburn.

Nada disso vai fazer alguém se comparar a Gauss, nem de longe.

Colburn não entendia bem os truques e atalhos que usava, embora conhecesse o grande papel desempenhado pela memória. Ele foi apresentado a Hamilton na expectativa de que o jovem gênio conseguisse lançar alguma luz sobre aquelas misteriosas técnicas. William fez isso e ainda tirou vantagem da situação. Quando Colburn partiu, Hamilton tinha afinal encontrado uma área que fazia jus a seu espantoso poder mental.

Aos dezessete anos, William já tinha lido muitos trabalhos dos mestres matemáticos e sabia o suficiente de astronomia matemática para calcular eclipses. Ainda passava mais tempo com os autores clássicos do que com a matemática, mas esta se tornou sua verdadeira paixão. Logo estava fazendo descobertas. Assim como Gauss revelou a construção de um polígono regular de 17 lados aos dezenove anos, o jovem Hamilton fez uma descoberta igualmente sem precedentes, uma analogia – em termos matemáticos, uma identidade – entre a mecânica e a ótica, a ciência da luz. Primeiro mencionou essas ideias numa enigmática carta à irmã, Elisa, mas podemos conhecer melhor a natureza do assunto a partir de uma carta posterior a seu primo Arthur.

Foi uma descoberta incrível. Mecânica é o estudo de corpos em movimento – balas de canhão que viajam num arco parabólico, pêndulos que oscilam regularmente de um lado para outro, planetas que se movem em elipses ao redor do Sol. A ótica é a geometria dos raios de luz, reflexão e refração, arco-íris, prismas e lentes de telescópios. Seria uma surpresa que essas duas coisas se relacionassem; que fossem a *mesma coisa*, isso era inacreditável.

E também era verdade. Isso levou diretamente ao cenário formal usado hoje pelos matemáticos e pela física matemática, e não apenas em mecânica e ótica, mas também na teoria quântica, que são sistemas hamiltonianos. Seus principais aspectos são o de derivarem as equações de movimento de um sistema mecânico a partir de uma única quantidade, a energia total, agora chamada de *hamiltoniana*, do sistema. As equações resultantes envolvem não só as posições das partes do sistema, mas também a velocidade com que se movem – o *momentum* do sistema. Finalmente, as equações têm o lindo aspecto de não depender da escolha das coordenadas. Beleza é verdade, ao menos na matemática. E aqui a física é tão bela quanto verdadeira.

HAMILTON TEVE MAIS SORTE que Abel e Galois, pois seus talentos incomuns foram amplamente reconhecidos desde a infância. Por isso não foi surpresa quando, em 1823, admitiram-no na principal universidade da Irlanda, o Trinity College de Dublin. Nem admira encontrá-lo no topo da lista de cem candidatos. No Trinity, ele ganhou todos os prêmios. Mais importante ainda, concluiu o segundo volume de sua obra-prima em ótica.

Na primavera de 1825, Hamilton descobriu o fascínio do sexo frágil na pessoa de Catherine Disney. Inexperiente, limitou-se a escrever poemas, mas sua pretendida logo se casou com um clérigo rico, quinze anos mais velho que ela e que preferia uma abordagem menos literária das jovens donzelas. Hamilton ficou devastado: apesar de ser muito religioso, chegou a pensar em se afogar, um pecado mortal. O bom-senso prevaleceu, e ele se consolou despejando suas frustrações em outro poema.

Hamilton adorava poesia, e seu círculo de amigos incluía literatos importantes. William Wordsworth era um amigo próximo; também passava momentos com Samuel Taylor Coleridge e vários outros escritores e poetas. Wordsworth prestou um valioso serviço ao insinuar delicadamente que o talento de Hamilton não estava na poesia: "Você me mandou torrentes de versos que recebi com muito prazer, ... mas temo que essa atividade possa afastá-lo do caminho da ciência. ... Aventuro-me a submeter à sua consideração se os aspectos poéticos de sua natureza não encontrariam um campo mais favorável nas regiões da prosa."

Hamilton respondeu que sua verdadeira poesia era a matemática, e sabiamente passou a se dedicar à ciência. Em 1827, ainda antes de se formar, foi aprovado por unanimidade para ensinar astronomia no Trinity College, depois que o titular, John Brinkley, se demitiu para se tornar bispo de Cloyne. Hamilton começou com um estrondo ao publicar seu livro sobre ótica – assunto inteiramente válido para um astrônomo, pois era subjacente à maior parte dos projetos de construção de instrumentos astronômicos.

A vinculação com a mecânica estava presente apenas de forma embrionária. O principal enfoque do livro, por assim dizer, era a geometria dos raios de luz – como eles mudavam de direção quando refletidos num espelho ou refratados numa lente. Depois, a "ótica dos raios" deu lugar à "ótica das ondas", que reconhecia que a luz era uma onda. As ondas têm todos os tipos de propriedades extraordinárias, sobretudo na difração. Interferências entre ondas podem suavizar os contornos de uma imagem projetada ou mesmo fazer a luz parecer se dobrar, truque proibido nos raios de luz.

A geometria dos raios de luz não era um tópico novo, tendo sido estudada em detalhes por matemáticos anteriores, que remetiam a Fermat e até ao filósofo grego Aristóteles. Agora Hamilton fazia para a ótica o que o famoso Legendre fizera para a mecânica: ele se livrou da geometria, substituindo-a pela álgebra e pela análise. Especificamente, substituiu o raciocínio geométrico evidente, baseado em diagramas, por cálculos simbólicos.

Esse foi um grande avanço, porque substituía imagens imprecisas por uma análise rigorosa. Mais tarde os matemáticos empreenderam grandes esforços para reverter o trajeto de Hamilton e reintroduzir o pensamento visual. Mas àquela altura a postura da álgebra formal já tinha se tornado parte integrante do pensamento matemático, uma companheira natural dos argumentos visuais, mais evidentes. O círculo de tendências deu uma volta completa, passando para um nível mais alto, como uma escada em espiral.

A grande contribuição de Hamilton para a ótica foi a unificação. Ele tomou uma grande variedade de resultados e reduziu todos à mesma técnica fundamental. No lugar de um sistema de raios de luz, ele introduziu uma só quantidade, a "função característica" do sistema. A partir daí, qualquer configuração ótica era representada por uma só equação. Além disso, essa equação podia ser resolvida por um método uniforme, levando a uma completa representação do sistema de raios e seu comportamento. O método apoiava-se num só princípio fundamental: que os raios de luz percorrendo qualquer sistema de espelhos, prismas e lentes seguirão sempre o caminho que leve a luz ao seu destino no tempo menor.

Fermat já tinha encontrado alguns casos especiais desse princípio, chamando-o de princípio do tempo mínimo. O exemplo mais fácil para explicar isso é quando a luz se reflete num espelho plano. A parte esquerda da Figura 27 mostra um raio de luz emergindo de um ponto e ricocheteando no espelho para atingir um segundo ponto. Umas das grandes primeiras descobertas da ótica foi a lei da reflexão, segundo a qual os dois segmentos do raio de luz formam ângulos iguais com relação ao espelho.

Fermat apelou para um truque esperto: refletir o segundo segmento do raio, e o segundo ponto, no espelho, como na parte da direita da Figura 27.

Graças a Euclides, a condição "ângulos iguais" equivale a dizer que na representação da reflexão o caminho entre o primeiro ponto e a imagem do segundo ponto está em linha reta. Mas Euclides provou que uma linha reta é o caminho mais curto entre dois pontos. Como a velocidade da luz no ar é constante, a *distância* mais curta representa o *tempo* mais curto. Se "desrefletirmos" a geometria e voltarmos para a parte esquerda da Figura 27, o enunciado continua a valer. Por isso, a condição de ângulos iguais é o equivalente lógico do raio de luz que leva menos tempo para chegar do primeiro ao segundo ponto, sujeito a bater num espelho no meio do caminho.

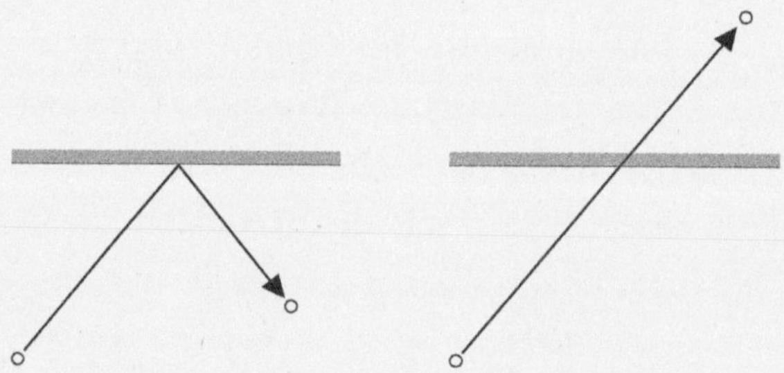

FIGURA 27: Como o princípio do tempo mínimo leva à lei da reflexão.

Um princípio relacionado a este, a lei da refração de Snell, nos diz como os raios de luz se desviam quando passam do ar para a água, ou de qualquer meio para outro. Ele pode ser derivado por método semelhante, tendo em mente que a luz viaja mais devagar na água que no ar. Hamilton foi além, declarando que o mesmo princípio de minimização do tempo se aplicava a todos os sistemas óticos, e condensou esse conceito num único objeto matemático, a função característica.

A matemática aí envolvida era impressionante, mas nas mãos de Hamilton levou de imediato a um resultado experimental. Ele notou que seu método implicava a existência de uma "refração cônica", na qual um único raio de luz, atingindo um cristal adequado, emergiria como um cone inteiro de raios. Em 1832, essa previsão, uma grande surpresa para todos que trabalhavam com ótica, foi confirmada de maneira dramática por Humphry Lloyd, usando um cristal do mineral aragonita. Da noite para o dia, Hamilton tornou-se um nome célebre na ciência.

Em 1830, Hamilton estava pensando em se estabelecer e se casar com Ellen de Vere, dizendo a Wordsworth que "admirava a maneira de ela pensar". Mais uma vez recorreu à poesia e mandou poemas à jovem; já se preparava para pedi-la em casamento quando Ellen declarou que jamais sairia de Curragh, sua aldeia natal. Hamilton interpretou aquela afirmação como uma delicada dispensa, e talvez tivesse razão, pois um ano depois ela se casou com outro e se mudou da aldeia em que morava.

Afinal Hamilton acabou se casando com Helen Bayly, uma garota que morava perto do observatório. Ele a definia como "nada brilhante". A lua de mel foi um desastre: Hamilton trabalhava em temas relacionados à ótica e Helen estava doente. Em 1834 eles tiveram um filho, William Edwin. Depois disso, Helen afastou-se por quase um ano. Um segundo filho, Archibald Henry, nasceu em 1835, mas o casamento já desmoronava.

A POSTERIDADE AFIRMA que a analogia mecânica-ótica de Hamilton foi sua maior descoberta. Do seu ponto de vista, contudo, até sua morte e com uma obsessão cada vez maior, essa honra estava reservada a algo muito diferente: os quatérnions.

Quatérnions são uma estrutura algébrica, parentes próximos dos números complexos. Hamilton estava convencido de que eles eram a chave para as regiões mais profundas da física; na verdade, em seus últimos anos de vida, ele acreditava que eram a chave para quase tudo. Mas a história parecia discordar, e durante o século seguinte os quatérnions aos poucos desapareceram da vista do público, tornando-se uma zona obscura da álgebra abstrata, com poucas aplicações de importância.

Há pouco tempo, porém, os quatérnions renasceram. Embora talvez nunca cheguem à altura das expectativas de Hamilton, são cada vez mais reconhecidos como uma importante fonte de estruturas matemáticas significativas. Acontece que eles são bichos muito especiais – e são especiais justamente da forma exigida pelas modernas teorias da física.

Quando foram descobertos, os quatérnions deram início a uma grande revolução na álgebra. Eles romperam com uma das importantes regras algébricas. Durante os vinte anos seguintes, praticamente todas as regras da álgebra foram sendo demolidas, às vezes com enormes benefícios, às vezes levando a estéreis becos sem saída. O que os matemáticos dos meados dos anos 1850 consideravam regras invioláveis se transformou em meras suposições convenientes, que tornavam mais fácil a vida dos praticantes da álgebra, contudo, nem sempre batiam com as necessidades mais profundas da própria matemática.

No admirável mundo novo depois de Galois, a álgebra não mais lidava apenas com símbolos em lugar de números nas equações. Ela operava com a estrutura profunda das equações – não números, mas processos, transformações, simetrias. Essas inovações radicais mudaram a face da matemática. Tornaram-na mais abstrata, porém mais geral e poderosa. O campo todo ostentava uma beleza estranha e muitas vezes desconcertante.

Antes do Renascimento, os matemáticos de Bolonha começaram a cogitar se o número −1 (menos um) poderia ter uma raiz quadrada plausível, já que todos os números que apareciam na matemática pertenciam a um só sistema. Até hoje, como um legado da confusão histórica envolvendo a relação entre matemática e realidade, esse sistema é conhecido como dos *números reais*. É um nome infeliz, pois sugere que esses números de alguma forma pertencem ao tecido do Universo, e não que tenham sido gerados por tentativas humanas de entendê-los. Não é verdade. Esses números não são mais reais que outros "sistemas numéricos" inventados pela imaginação humana ao longo dos últimos 150 anos. Mas apresentam, na verdade, uma relação mais direta com a realidade que a maioria dos novos sistemas. Correspondem bem de perto a uma forma idealizada de mensuração.

Um número real é, essencialmente, um decimal. Não por causa do tipo específico de notação, que é apenas uma forma conveniente de escrever números reais de maneira que se prestem a fazer cálculos, mas pelas propriedades mais profundas que os decimais apresentam. Os números reais nasceram de antecessores mais simples e menos ambiciosos. Primeiro a humanidade tateou o caminho em direção ao sistema de "números naturais", 0, 1, 2, 3, 4, e assim por diante. Digo "tateou" porque, nos primeiros estágios, vários desses números não eram reconhecidos como números de modo algum. Houve época em que os gregos antigos não consideravam o 2 um número: era pequeno demais para ter uma "numerosidade" típica. Os números começavam do 3. Afinal, eles permitiram que o 2 fosse um número, assim como 3, 4 ou 5, mas depois empacaram no 1. Afinal, se alguém afirmasse ter "um número de vacas" e depois se descobrisse que só tinha *uma* vaca, isso representava um grande exagero. "Número" decerto significava "pluralidade", o que eliminava o singular.

Mas, com o desenvolvimento dos sistemas de notação, ficou óbvio que o 1 era tão parte do sistema de cálculo quanto seus irmãos maiores. Aí ele se tornou um número – mas um número especial, muito pequeno. Todavia, de alguma forma, era o número mais importante de todos, pois era onde os outros começavam. Somando um monte de 1 obtinham-se os demais – e durante um tempo a notação fazia literalmente isso, de modo que "sete" seria escrito com sete traços, | | | | | | |.

Muito mais tarde, os matemáticos hindus reconheceram a existência de um número ainda mais importante, que *precedia* o 1. Afinal, os números não começavam no 1. Começavam no zero – agora simbolizado por 0. Mais tarde ainda, passou a ser útil jogar números negativos na mistura – números *menores que nada*. E assim os números negativos entraram no sistema, e a humanidade inventou os números inteiros: ... −3, −2, −1, 0, 1, 2, 3... Mas não parou por aí.

O problema dos números inteiros é que eles não conseguem representar muitas quantidades úteis. Um fazendeiro comerciando grãos, por exemplo, pode querer especificar uma quantidade de trigo entre 1 saco e 2 sacos. Se a quantidade estiver entre os dois números, será constituída de 1 ½ saco. Talvez seja um pouco menos, 1 ⅓, ou um pouco menos ainda, 1 ⅔. E assim foram inventadas as frações, com uma variedade de notações. Frações interpoladas entre os números inteiros. Frações complicadas interpoladas também são muito úteis, como já vimos na matemática babilônica. Sem dúvida, qualquer quantidade poderia ser representada por uma fração.

Aí entra Pitágoras e o teorema que leva seu nome. Uma consequência imediata é que o comprimento da diagonal de um quadrado de lado 1 é um número cujo quadrado é exatamente 2. Esse número deve existir, porque você pode desenhar um quadrado, e ele obviamente *tem* uma diagonal, e essa diagonal deve ter um comprimento. Mas, como percebeu Hipaso com tristeza, seja qual for a raiz quadrada de 2, ela não pode ser uma fração exata. É um número irracional. Então, eram necessários mais números ainda para preencher as lacunas invisíveis do sistema de frações.

Com o tempo, esse processo parece ter sido interrompido. Os gregos abandonaram esquemas numéricos em favor da geometria, mas, em 1585, um matemático e engenheiro flamengo chamado Simon Stevin, que vivia na cidade de Bruges, foi nomeado por William o Silencioso para ser tutor de seu filho, Maurício de Nassau. Stevin subiu na carreira e se tornou inspetor de diques, intendente-geral do Exército e ministro das Finanças. Esses cargos, em especial os dois últimos, fizeram com que percebesse a necessidade de uma contabilidade apropriada, e ele tomou emprestados os sistemas dos escribas italianos. Em busca de uma forma de representar frações com a flexibilidade da notação posicional dos árabes e dos hindus e a precisão fina dos sexagesimais babilônicos, Stevin chegou a um análogo com base 10 do sistema babilônico (que tinha base 60): os decimais.

Stevin publicou um ensaio descrevendo seu novo sistema de notação. Ele estava muito atento às questões do mercado, pois incluiu uma declaração de que as ideias haviam sido submetidas a "um julgamento minucioso por homens práticos que a consideraram tão úteis que de boa vontade descartaram os atalhos de suas próprias invenções para adotar a nova". Além disso, ele afirmava que seu sistema decimal "ensina como todos os cálculos necessários nos negócios podem ser realizados somente com números inteiros, sem a ajuda de frações".

A notação de Stevin não usa a vírgula decimal de hoje, mas está diretamente relacionada à nossa forma. Onde nós escreveríamos 3,1416, Stevin escrevia 3 ⓪ 1 ① 4 ② 1 ③ 6 ④. O símbolo ⓪ indicava um número inteiro, ① indicava um décimo, ② indicava um centésimo, e assim por diante.

Quando se acostumaram com o sistema, as pessoas dispensaram o ①, ② etc. e ficaram só com o ⓪, que se transformou no ponto decimal.*

É verdade que não podemos escrever a raiz quadrada de 2 em decimais – ao menos se tivermos a intenção de parar em algum momento. Mas também não podemos escrever a fração ⅓ em decimais. É algo próximo de 0,33, mas 0,333 é mais próximo, e 0,3333 é mais próximo ainda. Só existe uma representação exata – usando essa palavra de uma forma nova – se contemplarmos uma lista infinitamente longa de 3. Mas se isso for aceitável, podemos também, em princípio, escrever a raiz quadrada de 2 com exatidão. Não existe um padrão evidente nos dígitos, porém, se chegarmos a um número de dígitos, poderemos chegar a um número cujo quadrado estará tão próximo de 2 quanto desejarmos. Conceitualmente, se abrangermos *todos* eles, chegaremos a um número cujo quadrado é exatamente 2.

Com a aceitação dos "decimais infinitos", o verdadeiro sistema numérico estava completo. Podia representar qualquer número exigido por um homem de negócios ou um matemático até a precisão desejada. Se fosse necessário escrever números negativos, o sistema decimal podia fazer isso com facilidade. E nenhum outro tipo de número era necessário. Não havia mais lacunas a serem superadas.

A NÃO SER QUE...

A maldita fórmula cúbica de Cardano parecia nos dizer alguma coisa, mas, fosse o que fosse, era algo terrivelmente obscuro. Se você começasse com uma cúbica aparentemente inofensiva – da qual você *soubesse* a raiz –, a fórmula não dava a resposta de forma explícita. Apresentava uma receita confusa que exigia a extração de raízes cúbicas de coisas ainda mais confusas, e essas coisas pediam o impossível, como a raiz quadrada de um número negativo. Os pitagóricos já tinham empacado na raiz quadrada de 2, mas a raiz quadrada de -1 mostrou-se ainda mais chocante.

* Cabe aqui lembrar que o sistema de notação decimal norte-americano usa ponto, e não vírgula (como empregamos no Brasil) para indicar a casa das unidades. (N.R.T.)

Durante muitos séculos, a possibilidade de dar algum sentido razoável à raiz quadrada de -1 habitou a consciência matemática coletiva. Ninguém fazia ideia se tal número podia existir. Mas todos começaram a perceber que seria muito útil se existisse.

No início, essas quantidades "imaginárias" tinham um uso preciso: indicar que um problema não tinha solução. Se você quisesse encontrar um número cujo quadrado fosse -1, a solução formal "raiz quadrada de menos um" era imaginária, portanto não havia solução. Até o pensador René Descartes chegou a fazer essa afirmação. Em 1637, ele estabeleceu a diferença entre os números "reais" e os números "imaginários", insistindo em que a presença de imaginários sinaliza a ausência de soluções. Newton disse a mesma coisa. Mas esses dois luminares estavam fazendo seus cálculos sem considerar Bombelli, que séculos antes já havia notado que às vezes os imaginários sinalizavam a *presença* de soluções. Mas era uma sinalização difícil de decifrar.

Em 1673, o matemático inglês John Wallis, nascido em Ashford, a cerca de 23km de minha cidade natal, no condado de Kent, fez uma descoberta fantástica. Ele encontrou um modo simples de representar números imaginários – e até números "complexos", que combinavam números reais e imaginários – como pontos num plano. O primeiro passo é o agora conhecido conceito de "reta dos reais", uma espécie de régua que se estende até o infinito nas duas direções, com o 0 no meio e os números positivos reais se afastando para a direita, e os negativos para a esquerda.

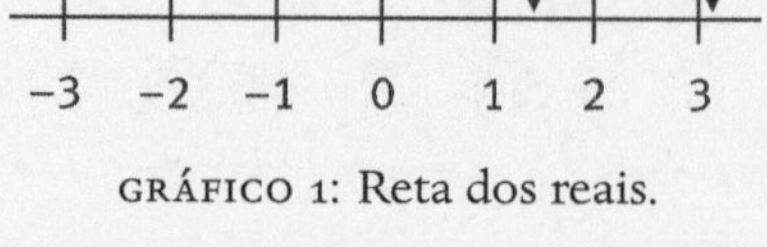

GRÁFICO 1: Reta dos reais.

Todos os números reais podem ser localizados na linha. Cada casa decimal sucessiva exige uma subdivisão do comprimento da unidade em 10, 100, 1.000 etc. partes iguais, mas isso não é problema. Se quisermos, números como $\sqrt{2}$ podem ser localizados com precisão, em algum ponto entre o 1 e o 2, um pouco à esquerda de 1,5. O número π fica um pouco à direita de 3, e assim por diante.

Mas onde fica o $\sqrt{-1}$? Não existe lugar para ele na reta dos reais. Ele não é positivo nem negativo; não pode se situar nem à direita nem à esquerda do 0.

Wallis colocou esse número em outro lugar. Ele introduziu uma segunda reta numérica para incluir os imaginários – os múltiplos de *i* –, e os situou em ângulos retos relativos à reta dos reais. Foi um caso de "pensamento lateral".

As duas retas, a dos números reais e a dos imaginários, devem se encontrar em 0. É muito fácil provar que, se os números fizerem algum sentido, 0 vezes *i* deve ser igual a 0, portanto as origens das retas real e imaginária coincidem.

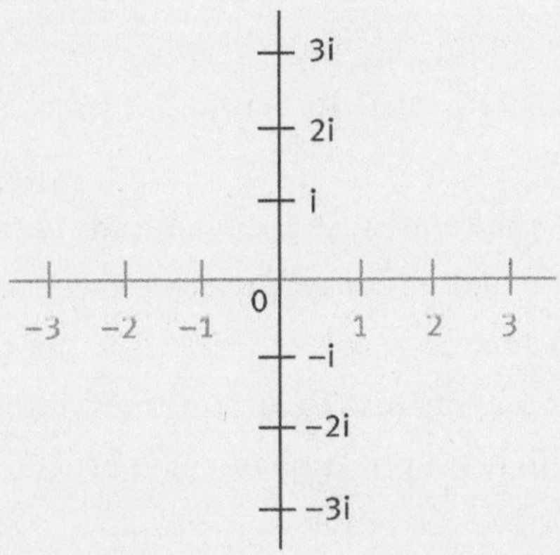

GRÁFICO 2: Duas cópias da reta dos reais, dispostas em ângulo reto.

Um número complexo consiste em duas partes: uma real, outra imaginária. Para localizar esse número no plano, Wallis disse aos seus leitores que medissem a parte real ao longo da reta horizontal "real", e que depois medissem a parte imaginária na vertical – paralela à linha imaginária.

Essa proposta resolvia de vez o problema do significado dos números complexos e imaginários. Era simples, porém decisiva, o verdadeiro trabalho de um gênio.

Mas foi totalmente ignorada.

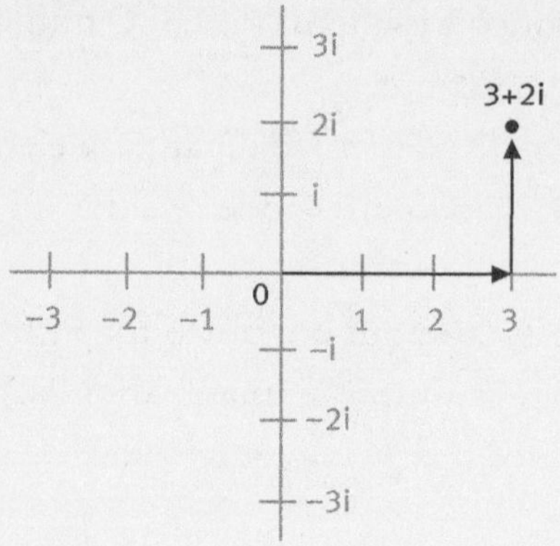

GRÁFICO 3: O plano complexo, de acordo com Wallis.

APESAR DA FALTA DE RECONHECIMENTO PÚBLICO, a descoberta de Wallis deve ter se infiltrado na consciência matemática, pois os matemáticos começaram a empregar imagens subconscientes diretamente relacionadas à ideia básica de Wallis: não existe uma reta dos números complexos, existe um *plano* complexo.

À medida que a matemática se tornava mais versátil, os matemáticos começaram a tentar calcular coisas cada vez mais complicadas. Em 1702, Johann Bernoulli, buscando resolver um problema de cálculo, descobriu que precisava avaliar o logaritmo de um número complexo. Em 1712, Bernoulli e Leibniz batalhavam por uma questão crucial: qual o logaritmo de um número negativo? Se isso fosse solucionado, seria possível encontrar o logaritmo de qualquer número complexo, pois o logaritmo da raiz quadrada de um número é exatamente a metade do logaritmo desse número. Então, o logaritmo de i é metade do logaritmo de -1. Mas qual é o logaritmo de -1?

O que estava em questão era simples. Leibniz acreditava que o logaritmo de -1 devia ser complexo. Bernoulli dizia que tinha de ser real. Bernoulli baseava sua afirmação num cálculo simples; Leibniz refutava alegando que nem o método nem a resposta faziam sentido. Em 1749, Euler resolveu a controvérsia pendendo para o lado de Leibniz. Bernoulli, ele disse, tinha esquecido uma coisa. Seu cálculo era de um tipo que envolvia a soma de uma "constante arbitrária". Em seu entusiasmo pelo cálculo dos complexos, Bernoulli havia pressuposto tacitamente que sua constante era 0. Não era. Era um número imaginário. Essa omissão explicava as discrepâncias entre as respostas de Bernoulli e de Leibniz.

O ritmo da "complexificação" da matemática esquentava. Cada vez mais ideias que se originavam no estudo dos números reais eram extrapolados para os números complexos. Em 1797, um norueguês chamado Caspar Wessel publicou um método para representar números complexos como pontos num plano. Caspar vinha de uma família de sacerdotes e era o sexto de quatorze filhos. Na época, a Noruega não tinha universidades, mas estava unida à Dinamarca, e em 1761 ele entrou para a Universidade de Copenhague. Ele e o irmão Ole estudaram Direito, e Ole fazia bico como agrimensor para aumentar a renda familiar. Mais tarde, Caspar tornou-se assistente de Ole.

Enquanto trabalhava como agrimensor, Caspar inventou uma forma de representar a geometria do plano em termos de números complexos – principalmente suas linhas e direções. De modo recíproco, suas ideias podiam ser vistas como a representação de números complexos em termos de geometria do plano. Em 1797, ele apresentou o trabalho – seu único trabalho de pesquisa em matemática – para a Academia Real da Dinamarca.

Quase nenhum matemático de destaque lia em dinamarquês, por isso o texto só foi lido depois de traduzido para o francês, um século mais tarde. Enquanto isso, o matemático francês Jean-Robert Argand teve a mesma ideia, de forma independente, e publicou-a em 1806. Em 1811 ocorreu a Gauss, também de forma independente, que os números complexos podiam ser vistos como pontos de um plano. Os termos "diagrama de Argand", "plano de Wessel" e "plano de Gauss" começaram a circular. Diferentes nacionalidades tendiam a empregar nomes diferentes.

Hamilton deu o passo final. Em 1837, quase trezentos anos depois de a fórmula de Cardano ter sugerido que os números "imaginários" poderiam ser úteis, Hamilton suprimiu o elemento geométrico e reduziu os números complexos à álgebra pura. Sua ideia era simples, estava implícita na proposta de Wallis e nas ideias equivalentes de Wessel, Argand e Gauss. Mas ninguém havia explicitado.

Do ponto de vista algébrico, disse Hamilton, um ponto no plano pode ser identificado por dois números reais, suas coordenadas (x, y). Se você observar o diagrama de Wallis (ou o de Wessel, ou o de Argand, ou o de Gauss), vai ver que x é a parte real do número, e que y é sua parte imaginária. Um número complexo $x + iy$ é "realmente" apenas um par de números reais, (x, y). Podemos até estabelecer regras para somar e multiplicar esses pares; o principal passo é observar que, como i corresponde ao par $(0, 1)$, então $(0, 1) \times (0, 1)$ deve ser igual a $(-1, 0)$. Nesse estágio, Gauss revelou, em carta ao geômetra húngaro Wolfgang Bolyai, que tivera exatamente a mesma ideia em 1831. Mais uma vez a raposa tinha coberto seus rastros – de forma tão completa que nada ficou visível.

Problema resolvido. Um número complexo é apenas um par de números reais manipulados de acordo com uma pequena lista de regras simples. Como um par de números reais é tão "real" quanto um só número real, números reais e complexos também se relacionam de perto à realidade, e "imaginário" é um termo enganoso.

Hoje o ponto de vista é diferente: o "real" que é enganoso. Tanto os números reais quanto os imaginários são parte da imaginação humana.

A REAÇÃO À SOLUÇÃO DE HAMILTON para um enigma de trezentos anos foi um silêncio perplexo. Quando os matemáticos teceram a noção dos números complexos numa teoria coerente e poderosa, os temores sobre a existência de números complexos perderam a importância. Mas assim mesmo o uso de pares por Hamilton acabou se mostrando muito importante. Embora a questão dos números complexos não seja mais uma fonte de entusiasmo, a ideia de construir novos sistemas numéricos a partir dos antigos se enraizou na consciência matemática.

Os números complexos, como ficou evidente, eram úteis não apenas na álgebra e no cálculo básico. Eles constituíam um poderoso método para resolver problemas sobre fluxo de fluidos, gravidade, som, quase todas as áreas da física matemática. Mas havia uma grande limitação: eles resolviam esses problemas num espaço bidimensional, não no tridimensional em que vivemos. No entanto, alguns problemas, como o movimento do couro de um tambor ou o fluxo de uma fina camada de fluido, podem ser reduzidos a duas dimensões, por isso eles não eram assim tão inúteis. Contudo, os matemáticos ficavam cada vez mais irritados quando não conseguiam extrapolar seus métodos para os números complexos em um plano para o espaço de três dimensões.

Será que poderia haver uma extensão não descoberta do sistema numérico aplicável a três dimensões? A formalização de Hamilton de números complexos como *pares* de números reais sugeria uma forma de abordagem para essa proposta: tentar estabelecer um sistema numérico baseado em *triplas* (x, y, z). O problema é que ninguém tinha criado uma álgebra de triplas. Hamilton resolveu tentar.

Somar números triplos era fácil: era possível pegar uma dica a partir de números complexos e simplesmente somar as coordenadas correspondentes. Esse tipo de aritmética, hoje conhecida como "adição de vetores", obedece a certas regras interessantes, e só existe uma maneira razoável de fazer isso.

O problema era a multiplicação. Mesmo para os números complexos, a multiplicação não funciona como a adição. Você não multiplica dois pares de números reais multiplicando o primeiro e o segundo componentes separadamente. Se fizer isso, acontece um monte de coisas agradáveis – porém acontecem também duas coisas fatais e desagradáveis.

A primeira é que não existe mais uma raiz quadrada de -1.

A segunda é que você pode multiplicar dois números diferentes de 0 e obter 0. Esses "divisores de 0" infernizam todos os métodos algébricos usuais, como as formas de resolver equações.

Com os números complexos, podemos superar esse obstáculo escolhendo uma regra menos óbvia para a multiplicação – e foi o que Hamilton fez. Mas ao tentar truque semelhante em triplas de números teve um choque terrível. Por mais que tentasse, ele não conseguia evitar um furo letal. Hamilton conseguiu extrair a raiz quadrada de -1, mas só introduzindo divisores de 0. Parecia completamente impossível se livrar dos divisores de 0, por mais que ele se empenhasse.

Se você está pensando que isso soa um pouco como resolver a quíntica, não deixa de ter certa razão. Quando muitos matemáticos capazes tentam fazer alguma coisa e não conseguem, é concebível que essa coisa seja impossível. Se existe algo que os matemáticos nos ensinaram é que muitos problemas não têm solução. Não se pode obter uma fração cujo quadrado seja 2. Não se pode dividir um ângulo em três partes usando régua e compasso. Não se pode resolver a quíntica com radicais. A matemática tem limites. Talvez não seja possível elaborar uma álgebra tridimensional com todas as belas propriedades que gostaríamos de ver vigorar.

Se estivermos falando a sério sobre saber se este é o caso, será preciso todo um programa de pesquisa. Primeiro cabe especificar as propriedades que queremos em nossa álgebra tridimensional. Depois devemos analisar as consequências dessas propriedades. Uma vez fornecidas ao programa as informações suficientes, podemos procurar aspectos que essa álgebra deve ter caso ela realmente exista, bem como as razões pelas quais ela não poderia existir.

Ao menos é o que fazemos hoje. A abordagem de Hamilton não era tão sistemática. Ele supôs tacitamente que sua álgebra deveria ter "todas" as propriedades razoáveis, e de repente percebeu que talvez tivesse de descartar uma delas. Mais importante ainda, percebeu que uma álgebra de três dimensões não estava no baralho. O mais perto que conseguiu chegar foi quatro. Quádruplas, não triplas.

Vamos voltar às obscuras regras da álgebra. Quando fazem cálculos algébricos, os matemáticos rearranjam símbolos de formas matemáticas. Lembre-se de que o termo original *al-jabr*, em árabe, significa "restauração" – que hoje em dia chamamos de "mover o termo para o outro lado da equação e mudar seu sinal". Foi só nos últimos 150 anos que os matemáticos se deram ao trabalho de fazer listas explícitas das regras por trás dessas manipulações, derivando outras regras bem conhecidas como consequências lógicas. Essa abordagem axiomática faz para a álgebra o que Euclides fez para a geometria, e demorou apenas 2 mil anos para os matemáticos terem essa ideia.

Para montar a cena, podemos focalizar três dessas regras, todas relacionadas à multiplicação. (A adição é semelhante, só que mais direta; é na multiplicação que as coisas começam a engrossar.) Crianças aprendendo a tabuada de multiplicação acabam percebendo que alguns esforços são duplicados. Não é só 3 × 4 que dá o resultado de 12: o mesmo acontece com 4 × 3. Quando você multiplica dois números, o resultado é o mesmo, independentemente de qual venha primeiro. Esse fato é chamado de *lei comutativa*, que, em termos de símbolos, nos diz que $ab = ba$, para quaisquer números a e b. Essa regra também se mantém no sistema ampliado de números complexos. É possível demonstrar isso examinando a fórmula de Hamilton para a multiplicação de pares.

Uma lei mais sutil é a *lei associativa*, que diz que, quando multiplicamos três números na mesma ordem, não faz diferença por onde começamos. Por exemplo, vamos supor que eu queira resolver a conta 2 × 3 × 5. Posso começar com 2 × 3 e obter 6, e depois multiplicar 6 por 5. Como alternativa, eu posso começar com 3 × 5, que é 15, e depois multiplicar 2 por 15. Os dois métodos dão o mesmo resultado, ou seja, 30. A lei associativa afirma que isso sempre será assim; em símbolos, ela diz que $(ab)c = a(bc)$, onde o parêntese mostra as duas formas de fazer a multiplicação. Mais uma vez, essa regra é verdadeira tanto para números reais quanto para os complexos, e isso pode ser provado usando as fórmulas de Hamilton.

Uma regra final, muito útil – que vou chamar de *lei da divisão*, embora você a encontre nos livros-textos como "existência de um inverso multiplicativo" –, afirma que você sempre pode *dividir* qualquer número por qualquer número diferente de 0. Existem boas razões para proibir a divisão por 0: a principal é que quase nunca faz sentido.

Já vimos que é possível elaborar uma álgebra de triplas usando uma forma "óbvia" de multiplicação. Esse sistema satisfaz à lei comutativa e à lei associativa. Mas não consegue obedecer à lei da divisão.

A grande inspiração de Hamilton, depois de horas de buscas e cálculos infrutíferos, foi a seguinte: é possível formar um novo sistema numérico no qual tanto a lei associativa quanto a lei da divisão sejam válidas, mas é preciso sacrificar a lei comutativa. Mesmo assim, não se pode fazer isso com triplas de números reais. É preciso usar quádruplas. Não existe uma álgebra tridimensional "razoável", mas existe uma álgebra *quadridimensional* bem mais simpática. É a única de sua espécie, e não é ideal apenas em um aspecto: a lei comutativa não funciona.

Isso é importante? O grande bloqueio mental de Hamilton foi pensar que a lei comutativa era essencial. Tudo mudou no instante em que, inspirado por sei lá o quê, de repente ele entendeu como multiplicar quádruplas. Foi no dia 16 de outubro de 1843. Hamilton e sua esposa estavam caminhando pelo Royal Canal, em direção a uma reunião na prestigiosa Real Academia Irlandesa de Dublin. O subconsciente dele devia estar fumegando com o problema da álgebra tridimensional, pois de repente lhe bateu a inspiração. "Ali e naquele momento eu senti o circuito galvânico do pensamento se *fechar*", escreveu ele depois numa carta, "e as faíscas que se soltaram eram as *equações fundamentais entre i, j, k; exatamente* as que eu tinha usado desde sempre".

Hamilton ficou tão enlevado que de imediato rabiscou as fórmulas nas pedras da ponte Broome (ele a chamava de "Brougham"). A ponte existe até hoje, mas não as inscrições – embora haja ali uma placa comemorativa. As fórmulas ainda sobrevivem:

$$i^2 = j^2 = k^2 = ijk = -1.$$

São fórmulas bonitas, com um bocado de simetria. Mas você deve estar se perguntando: onde estão as quádruplas?

Números complexos podem ser escritos como pares (x, y), mas em geral são escritos como $x + iy$, onde $i = \sqrt{-1}$. Da mesma maneira, os números que Hamilton tinha em mente podiam ser escritos tanto em quádruplos (x, y, z, w) quanto numa combinação $x + iy + jz + kw$. As fórmulas de Hamilton usam a segunda notação; se você tiver um pensamento mais formal, pode preferir usar quádruplas no lugar.

Hamilton chamou seus novos números de *quatérnions*. E provou que eles obedecem à lei associativa e – incrivelmente, como ficou claro depois – também à lei da divisão. Mas não à lei comutativa. As regras para a multiplicação de quatérnions implicam que $ij = k$, mas $ji = -k$.

O sistema de quatérnions contém uma cópia dos números complexos, os quatérnions da forma $x + iy$. As fórmulas de Hamilton mostram que -1 não tem só duas raízes quadradas, i e $-i$. Tem também j, $-j$, k e $-k$. Aliás, existem infinitas raízes quadradas diferentes de -1 no sistema de quatérnions.

Então, com a lei comutativa, perdemos também a regra de que a equação quadrática tem duas soluções. Felizmente, na época em que os quatérnions foram inventados, o foco da álgebra já tinha deixado de lado a solução das equações. As vantagens dos quatérnions superam em muito suas deficiências. Só é preciso se acostumar com eles.

Em 1845, Thomas Disney visitou Hamilton e trouxe sua filha Catherine, o grande amor de infância de William. Na época ela já tinha perdido o primeiro marido e se casado de novo. O encontro reabriu antigas cicatrizes, o que agravou as bebedeiras de Hamilton. Ele se expôs a tal ridículo durante um jantar científico em Dublin que parou de beber, e passou a água os dois anos seguintes. Mas quando o astrônomo George Airy começou a provocá-lo por causa da abstinência, Hamilton reagiu bebendo muito. A partir dali tornou-se um alcoólico crônico.

Dois tios seus morreram, um amigo e um colega se suicidaram; em seguida, Catherine começou a lhe escrever, o que só piorou a depressão de Hamilton. Ela logo percebeu que o que estava fazendo não era apropriado a uma respeitável mulher casada e esboçou uma desanimada tentativa de se matar. Depois se separou do marido e foi morar com a mãe.

Hamilton continuou a escrever para ela, por intermédio de parentes. Em 1853 ela retomara o contato com ele, mandando-lhe um pequeno presente. Hamilton reagiu indo encontrá-la, levando um exemplar de seu livro sobre quatérnions. Duas semanas depois Catherine estava morta, e Hamilton, consternado. Sua vida começou a ficar cada vez mais desordenada; restos de comida foram encontrados misturados aos textos matemáticos, depois de sua morte, em 1865 – atribuída à gota, doença comum entre os que bebem pesadamente.

Hamilton acreditava que os quatérnions eram o Santo Graal da álgebra e da física – a verdadeira generalização dos números complexos em dimensões mais elevadas, a chave para a geometria e a física no espaço. Claro que o espaço tem três dimensões, e os quatérnions têm quatro, mas Hamilton localizou um subsistema natural com três dimensões. Eram os quatérnions "imaginários" $bi + cj + dk$. Em termos geométricos, os símbolos i, j, k podem ser interpretados como rotações ao redor de três eixos perpendiculares entre si no espaço, embora haja algumas sutilezas: basicamente, você precisa trabalhar com uma geometria na qual um círculo completo tem 720°, não 360°. Fora essa peculiaridade, é possível ver por que Hamilton os achou tão úteis para a geometria e a física.

Os quatérnions "reais" se comportavam exatamente como números reais. Não era possível eliminá-los de vez, pois provavelmente reapareceriam sempre que se fizessem cálculos algébricos, mesmo que começassem com quatérnions imaginários. Se fosse possível ficar apenas no domínio dos quatérnions imaginários, existiria uma álgebra tridimensional razoável, e a busca de Hamilton teria sido bem-sucedida. O sistema quadridimensional de quatérnions era a melhor saída, e o sistema tridimensional natural embutido nele era tão útil quanto teria sido uma álgebra puramente tridimensional.

Hamilton dedicou o resto da vida aos quatérnions, desenvolvendo sua matemática e promovendo aplicações à física. Alguns poucos seguidores dedicados cantaram loas. Eles fundaram uma escola de quaternionistas, e quando Hamilton morreu as rédeas foram arrebatadas por Peter Tait, em Edimburgo, e Benjamin Peirce, em Harvard.

Outros, no entanto, não gostavam dos quatérnions – em parte pelo artificialismo, mas muito porque acreditavam ter encontrado algo melhor. Os dissidentes mais famosos eram o prussiano Hermann Grassmann e o norte-americano Josiah Willard Gibbs, reconhecidos como os criadores da "álgebra vetorial". Os dois elaboraram tipos úteis de álgebra com qualquer número de dimensões. Para eles não havia um limite para subconjuntos quadri ou tridimensionais de quatérnions imaginários. As propriedades algébricas desses sistemas vetoriais não eram tão elegantes quanto os quatérnions de

Hamilton. Não era possível dividir um vetor por outro, por exemplo. Mas Grassmann e Gibbs preferiram conceitos gerais que funcionassem, mesmo que não apresentassem algumas características normais dos números. Podia ser impossível dividir um vetor por outro, mas e daí?

Hamilton foi para o túmulo acreditando que os quatérnions eram sua grande contribuição para a ciência e a matemática. Durante os cem anos seguintes, quase ninguém, a não ser Tait e Pierce, teria concordado com ele, e os quatérnions continuaram a ser um obsoleto traste da álgebra vitoriana. Se você quisesse porque quisesse um exemplo de esterilidade da matemática, os quatérnions eram o caso. Mesmo nos cursos universitários de matemática pura, os quatérnions jamais apareciam, nem eram mostrados como curiosidade. De acordo com Bell:

> A mais profunda tragédia de Hamilton não foi o álcool nem o casamento, mas sua obstinada convicção de que os quatérnions eram a chave para o universo da física e da matemática. A história tem mostrado que Hamilton se iludia de forma trágica quando insistia: "Ainda devo afirmar que essa descoberta me parece tão importante na metade do século XIX como foi a descoberta dos diferenciais no fim do século XVII." Jamais um grande matemático esteve tão enganado.

Será?

Os quatérnions podem não ter se desenvolvido exatamente ao longo dos caminhos assentados por Hamilton, mas sua importância aumenta a cada ano. Tornaram-se absolutamente básicos para a matemática, e veremos que eles e suas generalizações são fundamentais também para a física. A obsessão de Hamilton abriu a porta para vários espaços da álgebra moderna e da física matemática.

Nunca um quase historiador esteve tão enganado.

HAMILTON PODE TER EXAGERADO nas aplicações dos quatérnions, e até os obrigado a realizar truques para os quais na verdade não são apropriados, mas a fé que tinha em sua importância começa a parecer justificada. Os quatérnions desenvolveram o estranho hábito de aparecer nos lugares mais improváveis. Uma das razões é porque eles são únicos. Caracterizam-se por algumas poucas propriedades razoáveis e relativamente simples – uma seleção das "leis da aritmética", omitindo apenas uma lei importante –, e constituem o único sistema matemático com essas propriedades.

Essa afirmação merece uma explicação mais detalhada.

O único sistema numérico conhecido pela maioria das pessoas neste planeta é o dos números reais. Você pode somar, subtrair, multiplicar e dividir números reais, e o resultado será sempre um número real. Claro que a divisão por 0 não pode ser tolerada, mas, à parte essa limitação necessária, é possível efetuar grandes séries de operações aritméticas sem jamais abandonar o sistema dos números reais.

Os matemáticos chamam esse sistema de *corpo*. Existem muitos outros corpos, como os dos números racionais e dos números complexos, mas o corpo dos números reais é especial. É o único com duas propriedades a mais: é ordenado e é completo.

"Ordenado" significa que os números ocorrem numa ordem linear. Os números reais estão enfileirados numa linha, com números negativos à esquerda e positivos à direita. Existem outros corpos ordenados, como o dos números racionais, mas, ao contrário dos outros corpos ordenados, os reais são também completos. Essa propriedade extra (cujo enunciado completo é um tanto técnico) é que permite que existam números como $\sqrt{2}$ e π. Basicamente, a propriedade de completude diz que decimais infinitos fazem sentido.

Pode-se provar que os números reais constituem o único corpo ordenado completo. São o único contexto em que aritmética, "maior do que" e operações básicas de cálculo podem fazer sentido.

Os números complexos acrescentam aos números reais um novo tipo de número, a $\sqrt{-1}$. Mas o preço que pagamos pela possibilidade de extrair raízes quadradas de números negativos é a perda da ordem. Os números complexos são um sistema completo, mas se difundem num plano, em vez de se alinharem numa sequência única e ordenada.

O plano é bidimensional, e 2 é um número inteiro finito. Os números complexos são o único corpo que contém os números reais e tem dimensões finitas – além dos próprios números reais, com dimensão 1. Isso implica que os números complexos também são únicos. Para muitos e importantes propósitos, os números complexos são a única geringonça que consegue fazer o trabalho. Esse aspecto único os torna indispensáveis.

Os quatérnions emergem quando tentamos estender os números complexos, aumentando a dimensão (mantendo-a finita) e conservando tantas leis da álgebra quanto possível. As leis que queremos manter são todas as propriedades normais da adição e da subtração, a maior parte das propriedades da multiplicação e a possibilidade de dividir por qualquer coisa diferente de 0. Desta vez o sacrifício é mais sério; foi o que causou tantos dissabores a Hamilton. É preciso abandonar a lei comutativa da multiplicação. Cumpre aceitar esse fato brutal e seguir em frente. Quando nos acostumamos a isso, nos perguntamos por que chegamos a esperar que a lei comutativa se mantivesse em todos os casos, e começamos a pensar nela como um pequeno milagre que se mantém nos números complexos.

Qualquer sistema com essa mistura de propriedades, comutativo ou não, é chamado de *álgebra de divisão*.

Os números reais e os números complexos são álgebras de divisão, pois não precisamos eliminar a comutatividade da multiplicação, nós simplesmente não precisamos dela. Todos os corpos são uma álgebra de divisão. Mas algumas álgebras de divisão não são corpos, e o primeiro corpo a ser descoberto foram os quatérnions. Em 1898, Adolf Hurwitz provou que o sistema de quatérnions também é único. Os quatérnions são a única álgebra de divisão finito-dimensional que contém os números reais e não é igual aos números reais nem aos números complexos.

Existe um padrão interessante aqui. As dimensões dos reais, dos complexos e dos quatérnions são 1, 2 e 4, muito parecidas com o início de uma sequência, as potências de 2. Uma continuação natural seria 8, 16, 32, e assim por diante.

Será que existem sistemas algébricos interessantes com essas dimensões?

Sim e não. Mas teremos de esperar para saber a razão, pois a história da simetria entra agora numa nova fase: as relações com equações diferenciais, a forma mais amplamente usada para modelar o mundo físico e a linguagem na qual a maioria das leis físicas da natureza é expressa.

Mais uma vez, os aspectos mais profundos da teoria se resumem na simetria, mas com uma diferença. Agora os grupos de simetria não são finitos, mas "contínuos". A matemática estava prestes a ser enriquecida por um dos mais influentes programas de pesquisa jamais implementados.

10. O quase soldado e o frágil rato de biblioteca

Marius Sophus Lie só começou a se dedicar à ciência porque sua vista era tão ruim que ele não pôde seguir a profissão militar. Quando Sophus, como viria a ser chamado, se formou pela Universidade de Christiania, em 1865, já tinha feito alguns cursos de matemática, inclusive um sobre a teoria de Galois, ministrado pelo norueguês Ludwig Sylow, mas não mostrou nenhum talento especial para o tema. Ficou indeciso por algum tempo – ele sabia que almejava uma carreira acadêmica, mas não sabia bem se seria em botânica, zoologia ou talvez astronomia.

Os registros da biblioteca da universidade mostram que ele começou a pegar cada vez mais livros sobre temas matemáticos. Em 1867, no meio da noite, Sophus teve uma visão do trabalho de sua vida. Seu amigo Ernst Motzfeldt ficou perplexo ao ser acordado por um entusiasmado Lie que gritava: "Eu descobri, é muito simples!"

Ele havia descoberto uma nova maneira de pensar sobre a geometria.

Lie começou a estudar os trabalhos dos grandes geômetras, como o alemão Julius Plücker e o francês Jean-Victor Poncelet. Entendeu, com a ajuda de Plücker, a noção de geometrias cujos elementos subjacentes não são os pontos familiares de Euclides, mas outros objetos – linhas, planos, círculos. Em 1869 publicou à própria custa um artigo esboçando sua grande ideia. Assim como Galois e Abel, Lie percebeu que suas ideias eram muito revolucionárias para a velha guarda, e os jornais não quiseram publicar suas pesquisas. Mas Ernst se recusou a deixar o amigo desanimado e o manteve trabalhando em geometria. Afinal, um dos artigos de Lie foi publicado num prestigioso jornal e foi bem-recebido. Isso rendeu-lhe uma bolsa de estudos. Passara a ter dinheiro para viajar, visitar matemáticos ilustres e debater suas ideias. Procurou os centros de estudo de matemáticos prussianos e alemães, Göttingen e Berlim, conversou com os algebristas Leopold Kronecker e Ernst Kummer, e com o analista Karl Weierstrass. Ficou impressionado com a forma como Kummer fazia matemática, mas não tanto com o método de Weierstrass.

O encontro mais importante, contudo, foi em Berlim, com Felix Klein – que, por acaso, tinha sido aluno de Plücker, que Lie muito admirava e cujos passos desejava seguir. Lie e Klein tinham uma formação matemática muito parecida, mas seus gostos diferiam bastante. Klein, basicamente algebrista com conhecimentos de geometria, gostava de trabalhar com problemas especiais, com beleza interna; Lie era um analista que gostava do grande alcance das teorias gerais. Ironicamente, foram as teorias gerais de Lie que presentearam a matemática com uma de suas estruturas especiais mais importantes, que era e ainda são extraordinariamente belas e profundas, e, acima de tudo, algébricas. Talvez essas estruturas nem tivessem sido descobertas não fosse a tendência de Lie à generalidade. Se você tentar entender todos os objetos matemáticos possíveis de um tipo específico e conseguir, vai inevitavelmente encontrar muitos que apresentam aspectos incomuns.

Em 1870, Lie e Klein se encontraram outra vez em Paris, onde Jordan converteu Lie à causa da teoria dos grupos. Havia uma crescente percepção de que a geometria e a teoria dos grupos eram dois lados da mesma moeda, mas levou um bom tempo até a ideia se formar por inteiro. Lie e Klein fizeram alguns trabalhos em conjunto, tentando estabelecer uma relação entre grupos e geometria de uma forma mais explícita. Afinal, Klein cristalizou o pensamento em seu "Programa Erlangen" de 1872, de acordo com o qual a geometria e a teoria dos grupos eram idênticas.

Em linguagem moderna, a ideia soa tão simples que devia ter parecido óbvia o tempo todo. O grupo correspondente a uma geometria é o *grupo simétrico* dessa geometria. Inversamente, a geometria correspondente a um grupo é o objeto ao qual corresponde o grupo simétrico do grupo. Isto é, a geometria é definida pelas coisas que são invariáveis sob o grupo.

Por exemplo, as simetrias da geometria euclidiana são as transformações do plano que preservam comprimentos, ângulos, linhas e círculos.

Esse é o grupo de todos os movimentos rígidos do plano. Inversamente, qualquer coisa invariável sob esses movimentos rígidos cai naturalmente no contexto da geometria euclidiana. A geometria não euclidiana simplesmente emprega diferentes grupos de transformação.

Por que então se dar ao trabalho de converter a geometria em teoria dos grupos? Por fornecer duas maneiras diferentes de pensar sobre a geometria e duas maneiras diferentes de pensar em grupos. Às vezes uma maneira é mais fácil de entender que a outra. Às vezes é a outra. Dois pontos de vista funcionam melhor que um.

As relações entre a França e a Prússia se deterioravam depressa. O imperador Napoleão III acreditava poder salvar sua popularidade em declínio começando uma guerra com a Prússia. Bismarck enviou ao imperador francês um telegrama mordaz, e a Guerra Franco-Prussiana foi declarada em 19 de julho de 1870. Klein, um prussiano em Paris, achou mais prudente voltar para Berlim.

Mas Lie era norueguês, e estava gostando muito de sua estada, por isso resolveu ficar em Paris. Só mudou de ideia quando percebeu que a França perdia a guerra, e o exército alemão começava a avançar em direção a Metz. Embora fosse cidadão de um país neutro, não era seguro permanecer numa potencial zona de guerra.

Lie decidiu fazer uma grande caminhada e partiu para a Itália. Não chegou muito longe, pois as autoridades francesas o detiveram em Fontainebleau, cerca de quarenta quilômetros a sudeste de Paris, carregando inúmeros documentos cobertos de símbolos incompreensíveis. Como estavam evidentemente em código, Lie foi preso, porque sem dúvida estava espionando para os alemães. Foi necessária a intervenção de um matemático francês de destaque, Gaston Darboux, para convencer as autoridades de que se tratava de escritos matemáticos. Lie foi libertado, o exército francês se rendeu, os alemães começaram um bloqueio a Paris, e Lie mais uma vez partiu para a Itália – agora com sucesso. De lá ele voltou à Noruega. No meio do caminho parou para uma visita a Klein, que tinha ficado em segurança em Berlim.

Lie concluiu o doutorado em 1872. O mundo acadêmico norueguês ficou tão impressionado com seu trabalho que no mesmo ano a Universidade de Christiania criou um cargo especial para ele. Ao lado de seu ex-professor Ludwig Sylow, ele assumiu a tarefa de editar os trabalhos reunidos de Abel. Em 1874 se casou com Anna Birch, com quem teve três filhos.

A essa altura Lie estava concentrado em um tópico específico que ele considerava maduro para desenvolver. Existem muitos tipos de equações em matemática, mas dois são muito importantes. O primeiro são as equações algébricas, do tipo estudado tão bem por Abel e Galois. O segundo são as equações diferenciais, introduzidas por Newton em seu trabalho sobre as leis da natureza. Essas equações envolvem conceitos de cálculo infinitesimal e, em vez de lidar diretamente com alguma quantidade física, descrevem como essa quantidade muda com o passar do tempo. Mais precisamente, elas especificam a *razão da mudança* da quantidade. Por exemplo, a mais importante lei do movimento de Newton afirma que a aceleração de um corpo é proporcional à força total agindo sobre ele. Aceleração é a razão da mudança da velocidade. Em vez de nos dizer qual a velocidade do corpo, a lei nos diz a razão da mudança de velocidade. Da mesma forma, outra equação desenvolvida por Newton, para explicar como a temperatura de um objeto muda quando ele esfria, afirma que *a razão da mudança* da temperatura é proporcional à diferença entre a temperatura do objeto e a temperatura do ambiente.

A maioria das equações importantes da física – relacionadas ao fluxo dos fluidos, à ação da gravidade, ao movimento dos planetas, à transferência de calor, ao movimento das marés, à ação do magnetismo e à propagação da luz e do som – são equações diferenciais. Como Newton foi o primeiro a perceber, os padrões da natureza, em geral, ficam mais simples e fáceis de localizar se considerarmos as razões da mudança das quantidades que queremos observar, e não as quantidades em si mesmas.

Lie formulou uma importante questão. Existe uma teoria de equações diferenciais análoga à teoria das equações algébricas de Galois? Existe uma forma de decidir quando uma equação diferencial pode ser resolvida por métodos específicos?

A chave, mais uma vez, era a simetria. Lie passou a perceber que alguns resultados na geometria poderiam ser interpretados em termos de equações diferenciais. Dada uma solução de uma equação diferencial específica, Lie podia aplicar uma transformação (a partir de um grupo específico) e provar que o resultado também era uma solução. De uma solução ele podia chegar a muitas, todas relacionadas pelo grupo. Em outras palavras, o grupo consistia em simetrias da equação diferencial.

Essa foi uma grande dica de que alguma coisa bonita estava para ser descoberta. Considere o que a aplicação de Galois de simetrias fez pelas equações algébricas. Agora imagine realizar a mesma coisa com a muito mais importante classe de equações diferenciais!

Os grupos estudados por Galois eram todos finitos. Isto é, o número de transformações em um grupo é um número inteiro. O grupo de todas as permutações das cinco raízes de uma quíntica, por exemplo, tem 120 elementos. No entanto, muitos grupos são infinitos, inclusive grupos de simetria de equações diferenciais.

Um grupo infinito comum é o grupo de simetria de um círculo, contendo transformações que rotam o círculo em algum ângulo. Como existem infinitos ângulos possíveis, o grupo de rotação de um círculo é infinito. O símbolo para esse grupo é SO(2). Aqui, "O" quer dizer "ortogonal", significando que as transformações são movimentos rígidos do plano; "S" significa "especial" – rotações que não rebatem o plano.

Os círculos têm também infinitos eixos de simetria reflexiva. Se você refletir um círculo em qualquer diâmetro, vai chegar ao mesmo círculo. Aumentar as reflexões leva a um grupo maior, O(2).

Os grupos SO(2) e O(2) são infinitos, mas do mesmo tipo de infinito. As diferentes rotações podem ser todas determinadas especificando um único número – o ângulo relevante. Quando duas rotações são compostas, você apenas acrescenta os ângulos correspondentes. Lie chamou esse tipo de comportamento de "contínuo", e, em sua terminologia, SO(2) é o exemplo mais simples de um *grupo de Lie*, que tem dois tipos de estrutura ao mesmo tempo: é um grupo e também uma variedade – um espaço multidimensional. Para SO(2), a variedade é um círculo, e a operação de grupo combina dois pontos no círculo acrescentando os ângulos correspondentes.

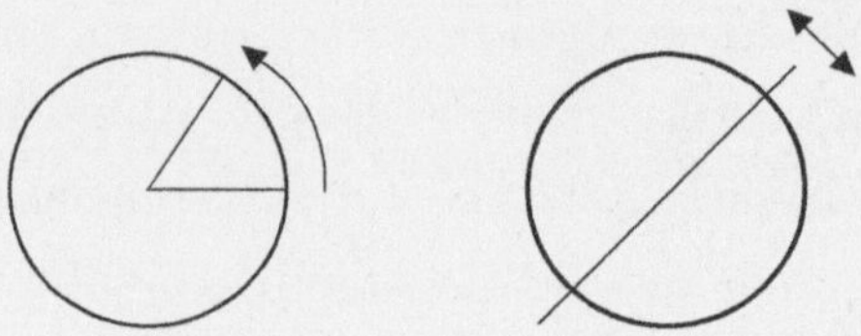

FIGURA 28: O círculo tem infinitas simetrias rotacionais (à esquerda) e infinitas simetrias reflexivas (à direita).

Lie descobriu um belo aspecto dos grupos de Lie: a estrutura do grupo pode ser "linearizada". Ou seja, a variedade curva subjacente pode ser substituída por um espaço plano euclidiano. Esse espaço é o espaço tangente à variedade. Veja na Figura 29 a representação para SO(2):

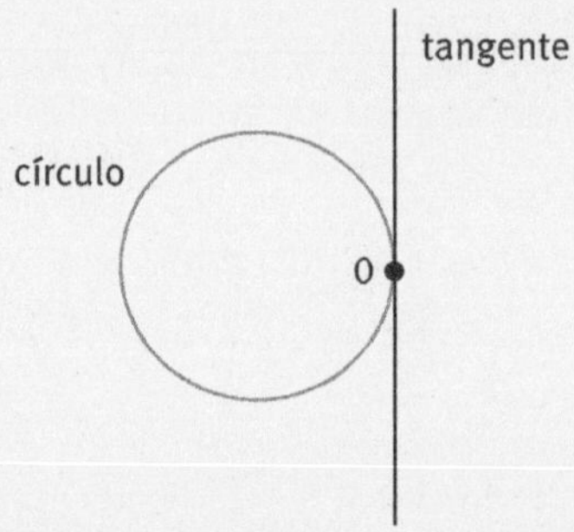

FIGURA 29: Do grupo de Lie à álgebra: o espaço tangente a um círculo.

A estrutura de grupo, quando linearizada dessa maneira, dá ao espaço tangente uma estrutura algébrica própria, que é uma espécie de versão "infinitesimal" da estrutura de grupo, descrevendo como se comportam as transformações muito próximas da identidade. A isso deram o nome de *álgebra de Lie* desse grupo. Ele tem a mesma dimensão do grupo, mas sua geometria é muito mais simples, por ser plana.

Mas há um preço a pagar por essa simplicidade, claro: a álgebra de Lie capta propriedades muito importantes do grupo correspondente, mas alguns detalhes mais finos se perdem. E essas propriedades captadas passam por mudanças sutis. Ainda assim, pode-se aprender muito sobre um grupo de Lie passando para a álgebra de Lie, e muitas questões são respondidas mais facilmente nos parâmetros da álgebra de Lie.

Acontece – e essa foi uma das grandes sacadas de Lie – que a operação algébrica natural na álgebra de Lie não é o produto AB, mas a diferença $AB - BA$, que é chamada de *comutador*. Para grupos como SO(2), onde $AB = BA$, o comutador é 0. Mas num grupo como SO(3), o grupo de rotação em três dimensões, $AB - BA$ é diferente de 0, a não ser que os eixos de rotação de A e B sejam iguais ou estejam em ângulos retos. Por isso a geometria do grupo aparece no comportamento dos comutadores.

O sonho de Lie, de uma "teoria de Galois" de equações diferenciais, foi afinal realizado com o surgimento de uma teoria de "campos diferenciais" no início dos anos 1900. Mas a teoria de grupos de Lie acabou sendo muito mais importante e de aplicação mais abrangente do que ele esperava. Em vez de ser uma ferramenta para determinar se uma equação diferencial pode ser resolvida de formas específicas, a teoria de grupos de Lie e as álgebras de Lie passaram a permear quase todos os ramos da matemática. A "teoria de Lie" escapou de seu criador e se tornou maior do que ele imaginava.

Analisando-se em retrospecto, a razão disso é a simetria. A simetria está profundamente envolvida em todas as áreas da matemática e subjaz à maioria das ideias básicas da física matemática. Simetrias expressam regularidades subjacentes do mundo, e são elas que movem a física. Simetrias contínuas, como as rotações, estão relacionadas de perto à natureza do espaço, do tempo e da matéria; implicam várias leis de conservação, como a lei da conservação de energia, que afirma que um sistema fechado não pode ganhar nem perder energia. Essa relação foi desenvolvida por Emmy Noether, uma aluna de Hilbert.

O próximo passo, claro, é compreender os possíveis grupos de Lie, assim como Galois e seus sucessores diferenciaram muitas propriedades dos grupos finitos. Nesse estágio, um segundo matemático entrou na caçada.

Anna Catharina estava preocupada com o filho.

Seu médico havia dito que o jovem Wilhelm era "muito fraco e, além disso, muito desajeitado" e "sempre entusiasmado, mas um rato de biblioteca sem qualquer senso prático". A saúde de Wilhelm melhorou com o tempo, mas sua tendência a roer bibliotecas, não. Pouco antes de completar 39 anos, ele publicaria uma pesquisa matemática que tem sido definida, com justiça, como "o maior artigo sobre matemática de todos os tempos". Claro que essas designações são subjetivas, mas o texto de Wilhelm decerto poderia constar da lista feita por qualquer um.

Wilhelm Karl Joseph Killing era filho de Josef Killing e Anna Catharina Kortenbach. Ele tinha um irmão, Karl, e uma irmã, Hedwig. Josef era escriturário jurídico, e Anna era filha de um farmacêutico. Os dois se casaram em Burbach, no lado leste da Alemanha central, e logo depois se mudaram para Medebach, quando Josef se tornou prefeito da cidade. Depois disso ele foi prefeito de Winterberg e ainda de Rüthen.

A família tinha posses e pôde pagar um professor particular a fim de preparar Wilhelm para ingressar no curso médio, que em seu caso foi em Brilon, 75 quilômetros a oeste de Dortmund. Na escola, ele gostava dos clássicos – latim, hebraico, grego. Um professor chamado Harnischmacher o apresentou à matemática: Wilhelm acabou se mostrando muito bom em geometria e decidiu se tornar matemático. Ele estudou no que é hoje a Universidade de Münster, mas na época era apenas uma Academia Real. A Academia não ensinava matemática avançada, por isso Killing teve que aprender por conta própria. Leu os trabalhos geométricos de Plücker e tentou derivar alguns novos teoremas de sua autoria. Também leu *Disquisitiones arithmeticae*, de Gauss.

Depois de dois anos na Academia Real, ele se mudou para Berlim, onde a qualidade do ensino da matemática era muito superior, e caiu sob a influência de Weierstrass, Kummer e Hermann von Helmholtz, um físico-matemático que esclareceu a relação entre conservação de energia e simetria. Killing escreveu uma tese de doutorado sobre geometria das superfícies, baseado em algumas ideias de Weierstrass, e arranjou emprego como professor de matemática e física, além de grego e latim.

Em 1875, ele se casou com Anna Commer, filha de uma professora de música. Seus dois primeiros filhos, ambos homens, morreram na infância; os dois seguintes, mulheres, de nome Maria e Anka, sobreviveram. Mais tarde Killing seria pai de mais dois filhos.

Em 1878 ele voltava para sua antiga escola, mas agora como professor. Tinha uma carga de trabalho pesada, mais ou menos 36 horas por semana, porém, de alguma forma encontrou tempo para continuar suas pesquisas matemáticas – os grandes sempre conseguem. Publicou uma série de importantes artigos em periódicos de destaque.

Em 1882, Weierstrass conseguiu um cargo de professor para Killing no Liceu Hosianum, em Braunsberg, onde ele passou dez anos. Braunsberg não tinha muita tradição em matemática, e não havia colegas com quem debater suas pesquisas, mas Killing parecia não precisar de muito estímulo, pois foi lá que fez uma das mais importantes descobertas de toda a matemática. E isso o deixou bastante desapontado.

O que ele esperava descobrir era muito mais ambicioso: uma descrição de *todos* os possíveis grupos de Lie. O Liceu não comprava as publicações em que Lie escrevia, e Killing não sabia muito do seu trabalho, mas em 1884 descobriu de forma independente o papel das álgebras de Lie. Por isso Killing sabia que cada grupo de Lie estava associado a uma álgebra de Lie, e logo reconheceu que as álgebras de Lie talvez fossem mais tratáveis que os grupos de Lie; portanto, seus problemas se reduziram à classificação de todas as álgebras possíveis de Lie.

Esse problema se revelou extremamente difícil – agora sabemos que talvez não tenha uma resposta razoável, no sentido de que nenhuma construção simples pode produzir todas as álgebras de Lie com um procedimento uniforme e transparente. Por isso Killing foi forçado a estabelecer um objetivo menos ambicioso: descrever os componentes básicos a partir dos quais todas as álgebras de Lie podem ser elaboradas. É um pouco o equivalente a descrever todos os estilos arquitetônicos possíveis estabelecendo uma lista de todas as formas e tamanhos possíveis de tijolos.

Esses constituintes básicos são conhecidos como álgebras de Lie *simples*. Distinguem-se por uma propriedade muito semelhante à noção de grupo simples de Galois, sem nenhum subgrupo normal, exceto os triviais. Na verdade, um grupo de Lie simples tem uma álgebra de Lie simples, e o contrário também é quase verdadeiro. De modo surpreendente, Killing conseguiu relacionar todas as álgebras de Lie simples possíveis – os matemáticos chamam esse teorema de "classificação".

Aos olhos de Killing, essa classificação era uma versão muito limitada de algo muito mais genérico, e ele ficou frustrado pelas diversas suposições restritivas que foi forçado a fazer para chegar a algum lugar. Ficou em especial aborrecido pela necessidade de pressupor a simplicidade, o que o forçava a mudar para as álgebras de Lie quando se trata de números complexos, e não para os números reais. Estes últimos são mais bem-comportados, porém, estão menos diretamente relacionados aos problemas geométricos que fascinavam Killing. Por conta dessas limitações autoimpostas, ele considerou que não valia a pena publicar seu trabalho.

Killing conseguiu entrar em contato com Lie, na verdade sem resultado. Primeiro ele escreveu a Klein, que o pôs em contato com o assistente de Lie, Friedrich Engel, que então trabalhava em Christiania. Killing e Engel entenderam-se de imediato, e o último se tornou firme apoiador do trabalho do primeiro, ajudando-o a superar alguns aspectos enganosos e encorajando-o a ir adiante com suas ideias. Sem Engel, talvez Killing tivesse desistido.

De início, Killing achou que conhecia a lista completa de álgebras de Lie simples, que seriam as álgebras de Lie so(*n*) e su(*n*) associadas a duas famílias infinitas de grupos de Lie: os grupos ortogonais especiais SO(*n*), consistindo em todas as rotações no espaço-*n*, e seus análogos SU(*n*) em espaço-*n* complexo, os grupos especiais unitários. O historiador Thomas Hawkins imaginou "o espanto com que Engel leu a carta de Killing e suas ousadas conjecturas. Lá estava um obscuro professor de liceu, dedicado ao ensino de clérigos no confim leste da Prússia, discursando com autoridade e conjecturando profundos teoremas sobre a teoria de Lie a respeito da transformação de grupos".

No verão de 1886, Killing visitou Lie e Engel em Leipzig, onde os dois trabalhavam agora. Infelizmente, houve certo atrito entre Lie e Killing: na verdade, Lie jamais apreciou o trabalho de Killing, tratando-o, em geral, como alguém insignificante.

KILLING LOGO PERCEBEU que sua conjectura original sobre as álgebras de Lie simples estava errada, pois descobriu uma nova, cujo grupo de Lie correspondente é agora conhecido como G_2. Tinha 14 dimensões e, diferentemente das álgebras linear e ortogonal de Lie, não parecia pertencer a uma família infinita. Era uma exceção solitária.

Se isso já era estranho, a classificação final, que Killing completou no inverno de 1887, era ainda mais. Às duas famílias finitas, Killing acrescentou uma terceira, as álgebras de Lie sp(2*n*), do que agora são conhecidos como grupos simpléticos Sp(2*n*). (Hoje nós dividimos os grupos ortogonais em duas subfamílias, as que atuam em espaços de dimensões pares e as que atuam em espaços de dimensões ímpares, gerando quatro famílias. Existem razões para fazer isso.) E agora a exceção G_2 tinha adquirido cinco companheiras: duas de dimensões 56 e uma pequena família que se exauria gradualmente, com dimensões 78, 133 e 248.

A classificação de Killing prosseguia com um extenso argumento algébrico, que reduzia a questão toda a um lindo problema de geometria. A partir de uma hipotética álgebra de Lie simples ele elaborou uma configuração de pontos num espaço multidimensional, conhecido hoje como um *sistema de raiz*. Para exatamente três das álgebras de Lie simples, o sistema de raiz vive num espaço de duas dimensões. O sistema de raiz seria assim:

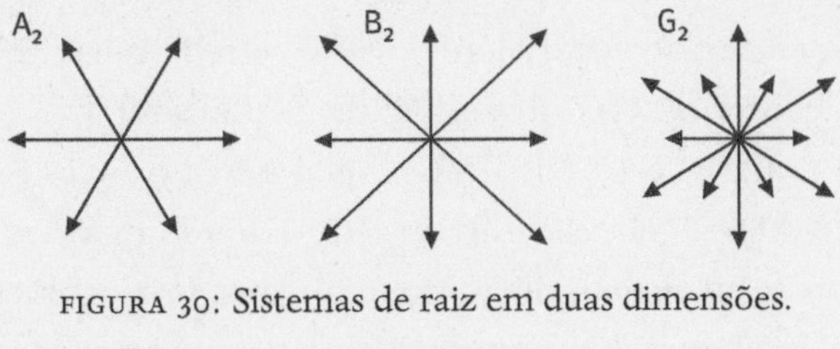

FIGURA 30: Sistemas de raiz em duas dimensões.

Esses padrões têm um bocado de simetria. Na verdade, são reminiscentes dos padrões que vemos num caleidoscópio, em que dois espelhos ajustados em ângulo reto criam reflexões múltiplas. A semelhança não é coincidência, pois os sistemas de raiz têm grupos de simetria elegantes e maravilhosos. Agora conhecidos como grupos de Weyl (injustamente, pois foram inventados por Killing), são análogos multidimensionais dos padrões formados por objetos refletidos num caleidoscópio.

A estrutura subjacente da demonstração de Killing é que a busca de todas as álgebras de Lie simples pode ser realizada dividindo as álgebras em partes amigáveis, análogas às estruturas encontradas em su(n). A classificação reduz assim essas partes à geometria, usando suas maravilhosas simetrias. Depois de selecionar a geometria dessas partes, podemos voltar com nossos resultados ao problema que queríamos resolver: encontrar as possíveis álgebras de Lie simples.

Como explicou Killing: "As raízes de um sistema simples correspondem a um grupo simples. Inversamente, podem se considerar as raízes de um grupo simples como determinadas por um sistema simples. Dessa forma, obtêm-se os grupos simples. Para cada l existem quatro estruturas, suplementadas para $l = 2, 4, 6, 7, 8$ por grupos simples excepcionais."

Aqui, "grupo" é uma abreviatura de "grupo infinitesimal", que agora chamamos de uma álgebra de Lie, e l é a dimensão do sistema de raiz.

As quatro estruturas a que Killing se refere são as álgebras de Lie su(n), so($2n$) e sp($2n$), que correspondem às famílias de grupos SU(n), SO($2n$), SO($2n$+1) e Sp($2n$): os grupos unitários, os grupos ortogonais em espaços de dimensões ímpares e os grupos simpléticos em espaços de dimensões pares. Os grupos simpléticos são as simetrias das variáveis do momentum-posição introduzidas por Hamilton em sua formulação da mecânica, e o número de dimensões existentes é sempre par, porque as variáveis vêm em pares de momentum-posição. Além dessas quatro famílias, Killing afirmava que havia exatamente seis outras álgebras de Lie simples.

Ele estava quase certo. Em 1894, o geômetra francês Élie Cartan observou que as duas álgebras de dimensão 56 de Killing eram na verdade a mesma álgebra vista de duas diferentes maneiras. Isso significa que existem apenas cinco álgebras de Lie simples excepcionais, correspondendo a cinco grupos de Lie simples excepcionais: G_2, o velho amigo de Killing, e quatro outros agora chamados de F_4, E_6, E_7 e E_8.

Essa é uma resposta extremamente curiosa. Até que as infinitas famílias são razoáveis: todas estão relacionadas a vários tipos naturais de geometria em qualquer número de dimensões. Mas os cinco grupos de Lie excepcionais parecem não se relacionar a qualquer coisa geométrica, e suas dimensões são bizarras. Por que os espaços de dimensões 14, 56, 78, 133 e 248 são especiais? O que há de tão diferente nesses números?

Isso é um pouco como querer uma lista de todas as formas possíveis de um tijolo e encontrar uma resposta mais ou menos assim:

- Blocos alongados de tamanho 1, 2, 3, 4, ...
- Cubos de tamanho 1, 2, 3, 4, ...
- Lajes de tamanho 1, 2, 3, 4, ...
- Pirâmides de tamanho 1, 2, 3, 4, ...

O que seria muito justo e simpático, só que a lista continua:

- Um tetraedro de tamanho 14.
- Um octaedro de tamanho 52.
- Um dodecaedro de tamanho 78.
- Um dodecaedro de tamanho 133.
- Um dodecaedro de tamanho 248.

E é isso, nada mais que isso.

Por que existem tijolos com esses estranhos tamanhos e formas? Para que eles *servem*?

Isso parecia completamente maluco.

Parecia tão maluco, aliás, que Killing ficou muito aborrecido com a existência de grupos excepcionais, e por um tempo teve esperança de que fosse um erro que ele poderia eliminar. Eles estragavam a elegância de sua classificação. Mas estavam *ali*, e vamos afinal começar a entender *por que* eles estavam ali. De várias maneiras, os cinco grupos de Lie excepcionais parecem agora muito mais interessantes que as quatro famílias infinitas. Parecem ser importantes na física das partículas, como veremos; são definitivamente importantes na matemática. E têm uma unidade secreta, ainda não totalmente descoberta, que os relaciona, todos, aos quatérnions de Hamilton e a uma generalização ainda mais curiosa, os octônios. Falaremos mais a esse respeito, no momento certo.

Essa é uma maravilhosa série de ideias, e Killing chegou a todas elas. Para dizer a verdade, seu trabalho continha alguns erros – algumas provas que ele não chegou a elaborar. Mas esses enganos já foram corrigidos muito tempo atrás.

Foi assim que aconteceu o maior ensaio matemático de todos os tempos. E o que os contemporâneos de Killing acharam disso?

Não muita coisa. O fato de Lie ter desprezado o *opus magno* de Killing não ajudou. Lie se desentendeu com Killing por razões desconhecidas, e, até onde ele imaginava, Killing jamais faria nada importante. E ainda pior: era um teorema que o próprio Lie teria adorado provar. Tendo perdido na reta final, ele apelou para a antiga técnica das uvas verdes. Qualquer coisa nessa área que não tivesse sido feita por Lie, dizia Lie, era lixo. Mas ele não foi tão radical assim.

Ajudou ainda menos o fato de Killing ter subestimado o valor do teorema de Lie. Para ele, aquilo era a pálida sombra de algo muito mais importante que ele não tinha conseguido realizar: a classificação de todos os grupos de Lie. Killing era um homem modesto, e Lie fez o que pôde para torná-lo mais modesto ainda.

De qualquer forma, Killing estava à frente de seu tempo. Poucos matemáticos perceberam quanto a teoria de Lie iria se tornar importante. Para a maioria, estava mais para um ramo técnico da geometria associado a equações diferenciais.

Finalmente, Killing era católico fervoroso, com um forte sentido de dever e de humildade. Tomou são Francisco de Assis como modelo e, aos 39 anos, ele e a esposa entraram para a Ordem Terceira dos Franciscanos. Killing parece ter sido um homem muito decente, que trabalhou sem descanso em prol de seus alunos. Era conservador e patriota, desolado com a extrema dissolução social da Alemanha depois da Primeira Guerra Mundial. Seus sentimentos pioraram com a morte dos dois filhos, em 1910 e em 1918.

O verdadeiro valor das pesquisas de Killing ficou claro em 1894, quando Élie Cartan retomou toda a teoria em sua tese de doutorado e deu um passo adiante, ao classificar não apenas as álgebras de Lie simples, mas também suas representações em termos de matrizes. Cartan foi escrupuloso e deu os créditos a Killing por quase todas as suas ideias; ele só ajustou tudo, preencheu lacunas (algumas delas graves) e modernizou a terminologia. Mas logo surgiu um mito de que o trabalho de Killing estava cheio de furos, e que os verdadeiros créditos deveriam ir para Cartan. Poucas vezes os matemáticos são bons historiadores, por isso tendem a citar os trabalhos que conhecem, e não os primeiros estudos que levaram até aquilo. Por isso o nome de Cartan ficou ligado a muitas das ideias de Killing.

Quem ler os textos de Killing logo vai descobrir que o mito é apenas um mito. As ideias estão claras e bem-embasadas, as provas talvez sejam antiquadas, mas quase todas corretas. Mais importante ainda, o alcance abrangente de suas ideias foi muito bem escolhido para produzir o resultado desejado. Trata-se de uma matemática da mais alta ordem, e de ninguém mais a não ser ele.

Infelizmente, quase ninguém leu os trabalhos de Killing. Leram Cartan e ignoraram os créditos dados a Killing. Mas, com o tempo, o trabalho de Killing começou a ser devidamente reconhecido. Em 1900, ele ganhou o Prêmio Lobachevsky da Sociedade Físico-Matemática de Kazan. Aquela era a segunda vez que se outorgava o prêmio: a primeira foi para Lie.

Killing morreu em 1923. Até hoje seu nome não é tão bem-conhecido quanto merece. Ele foi um dos grandes matemáticos de todos os tempos. Seu legado, pelo menos, é imortal.

11. O funcionário do Escritório de Patentes

No início do século XX, os grupos começavam a se mostrar importantíssimos para a física fundamental, um campo que eles iriam transformar de modo tão radical quanto a matemática.

No "ano de ouro" de 1905, o homem que se tornaria o cientista mais icônico de sua época publicou três artigos, cada qual revolucionando uma área da física em separado. Na época ele não era cientista profissional. Tinha concluído a universidade, mas não conseguira um cargo de professor e trabalhava como secretário oficial do Escritório de Patentes em Berna, na Suíça. Seu nome, claro, era Albert Einstein.

Se existe alguém que pode simbolizar a física moderna, essa pessoa é Einstein. Para muitos, ele simboliza também um gênio matemático, mas na verdade era apenas um matemático competente, não alguém criativo, no mesmo nível que Galois ou Killing. A inventividade de Einstein não estava na produção de uma nova matemática, mas numa intuição extraordinariamente rigorosa acerca do mundo físico, que ele foi capaz de expressar pelo emprego notável da matemática existente. Einstein tinha uma boa intuição acerca da postura filosófica apropriada. Extraiu teorias radicais partindo dos mais simples princípios e era guiado mais por um sentido de elegância do que por um grande conhecimento de fatos experimentais. As observações mais importantes, ele acreditava, sempre podiam ser destiladas em alguns princípios-chave. O portal para a verdade era a beleza.

Muitas resmas de papel impresso e vidas acadêmicas já foram devotadas ao estudo da vida e do trabalho de Einstein. Nem um capítulo sequer pode competir com ele em completude e erudição. Mas ele é uma figura-chave na história da simetria: foi Einstein, mais que qualquer outro, quem colocou em movimento a teia de acontecimentos que transformaram a matemática da simetria em física fundamental. Não acho que Einstein tenha visto dessa forma: para ele, a matemática era uma serva da física – e com frequência bastante desobediente. Só mais tarde – ao seguir a trilha aberta por Einstein, ao desvendar o emaranhado matagal e organizar a vegetação desenraizada deixada no caminho por seus esforços pioneiros – outra geração descobriu os elegantes e profundos conceitos matemáticos sobre os quais seu trabalho se baseava.

Por isso é necessário contar os principais aspectos da incrível ascensão à fama desse modesto funcionário de patentes – perito técnico de terceira classe, para ser exato, e ainda por cima em caráter experimental. Como ele é apenas parte da nossa história, vou selecionar somente os eventos mais relevantes. Se você quiser uma avaliação mais abrangente e imparcial da carreira de Einstein deve ler *Sutil é o Senhor*, de Abraham Pais.

Sutil, sim. Mas não, como Einstein observou certa vez, malicioso.

Einstein, que tinha pouco interesse por religião, dedicou sua vida ao princípio de que o Universo é compreensível e funciona de acordo com diretrizes matemáticas. Muitas de suas frases famosas invocam uma deidade, mas como símbolo da ordem do Universo, não como um ser sobrenatural com algum interesse pessoal pelos assuntos humanos. Ele não venerava deus algum e não praticava qualquer ritual religioso.

De modo geral, Einstein é visto como o sucessor natural de Newton. Muitos cientistas já haviam enriquecido o "sistema do mundo" de Newton, como era chamado seu *Princípios matemáticos de filosofia natural*, mas Einstein foi o primeiro a operar mudanças significativas nessa visão. O mais importante dos primeiros teóricos foi James Clerk Maxwell, cujas equações do eletromagnetismo passaram os fenômenos elétricos e magnéticos para a jurisdição de Newton. Einstein foi muito além, fazendo grandes mudanças. Ironicamente, as mudanças que levaram a uma revisão da teoria da gravidade surgiram como consequências da teoria de Maxwell sobre as ondas eletromagnéticas – a luz e seus parentes. De modo ainda mais irônico, um aspecto fundamental dessa teoria, a natureza ondulatória da luz, teve papel-chave nessa nova visão, embora Newton negasse que a luz pudesse ser uma onda. Ainda por cima, um dos mais elegantes experimentos usados agora para demonstrar que a luz *é* uma onda foi realizado pela primeira vez por Newton.

O interesse científico pela luz recua pelo menos até Aristóteles, que, embora fosse filósofo, formulou o tipo de pergunta que os cientistas considerariam natural: *O que nós vemos?* Aristóteles sugeriu que quando olhamos para algum objeto, esse objeto afeta o meio existente entre ele e o olho que o observa. (Nós chamamos esse meio de "ar".) O olho detecta então essa mudança no meio, e o resultado é a sensação de visão.

Na Idade Média essa explicação era o inverso. Pensava-se que nossos olhos emitiam algum tipo de raio iluminando aquilo que olhamos. Em vez de o objeto transmitir sinais para o olho, o olho deixava marcas do olhar no objeto.

Depois de algum tempo, ficou estabelecido que vemos os objetos por meio da luz refletida, que na vida cotidiana tem o Sol como sua principal fonte. Experimentos mostram que a luz viaja em linhas retas, formando "raios". A reflexão acontece quando um raio ricocheteia numa superfície apropriada. Assim, o Sol envia raios de luz para tudo que não estiver na sombra de alguma outra coisa; os raios ricocheteiam por toda parte, alguns entram no olho do observador; o olho recebe um sinal dessa direção, o cérebro processa a informação trazida pelo olho, e nós vemos qualquer objeto em que o raio ricocheteou.

A principal questão era: o que é a luz? A luz faz muitas coisas enigmáticas. Não apenas reflete, também pode refratar – mudar de direção abruptamente na interface de dois meios diferentes, como o ar e a terra. É por isso que um bastão mergulhado numa poça d'água parece vergado, e é também por essa razão que as lentes funcionam.

Mais enigmático ainda é o fenômeno de difração. Em 1664, o cientista e polímata Robert Hooke, cuja personalidade se chocou com a de Newton repetidas vezes, descobriu que ao colocar uma lente sobre um espelho plano e olhar através dela, ele via pequenos anéis concêntricos coloridos.

Agora esses anéis são conhecidos como "anéis de Newton", porque ele foi o primeiro a analisar sua formação. Hoje consideramos esse experimento uma clara demonstração de que a luz é uma onda: os anéis são franjas de interferência, onde as ondas se cancelam ou não umas às outras quando se sobrepõem. Mas Newton não acreditava que a luz fosse uma onda. Como viaja em linha reta, julgava que ela fosse um fluxo de partículas. De acordo com *Opticks*, concluído em 1705: "A luz é composta de partículas, ou corpúsculos, emitidos por corpos luminosos." A teoria das partículas podia explicar a reflexão com muita facilidade: elas ricocheteavam quando se chocavam com uma superfície (reflexiva). Mas já encontrava dificuldades de explicar a refração, e quase desmoronava quando se tratava de difração.

Ao pensar sobre a causa da curvatura dos raios de luz, Newton decidiu que o meio, e não a luz, deveria ser a razão principal. Isso o levou a sugerir a existência de algum "meio etéreo" que transmitia vibrações *mais velozes que a luz*. Convenceu-se de que o calor irradiado era uma prova em favor dessas vibrações, porque estabelecera que a radiação de calor podia atravessar um vácuo. Alguma coisa no vácuo deveria conduzir o calor e provocar a refração e a difração. Nas palavras de Newton:

> Não é o calor do quarto tépido conduzido através do vácuo pelas vibrações de um meio muito mais sutil que o ar, e que depois que o ar foi retirado permaneceu no vácuo? E não é este meio o mesmo pelo qual a luz é refratada e refletida, e por cujas vibrações a luz se comunica com o calor dos corpos, e é ajustada para fácil reflexão e fácil transmissão?

Sempre que leio essas palavras, não consigo deixar de pensar em meu amigo Terry Pratchett, que satiriza o nosso mundo na série de romances fantásticos passada em Discworld, onde inúmeros magos, bruxas, duendes, anões e pessoas normais fazem graça com os homens e seus pontos fracos. A luz, em Discworld, viaja mais ou menos à velocidade do som, razão pela qual a luz da alvorada pode ser vista se aproximando pelas paisagens. Uma contraparte necessária da luz é a *escuridão* – em Discworld quase tudo é concreto –, e esta, evidentemente, precisa viajar mais depressa que a luz para escapar do caminho dela. Tudo faz muito sentido, até no nosso mundo, à parte o desapontador fato de que nada é verdade.

A teoria da luz de Newton sofre do mesmo problema. Newton não estava sendo bobo: sua teoria parecia responder a inúmeras questões importantes. Infelizmente, as respostas baseavam-se em mal-entendidos fundamentais: ele achava que calor irradiado e luz eram duas coisas diferentes. Acreditava que, ao encontrar uma superfície, a luz excitava vibrações de calor. Estas eram variantes das mesmas vibrações que ele pensava fazer com que a luz refratasse e difratasse.

Assim nasceu o conceito de "éter luminescente", que se provou incrivelmente pertinaz. Aliás, quando depois ficou provado que a luz é uma onda, o éter fornecia o meio perfeito para propagá-la. (Agora achamos que a luz não é só onda nem só partícula, mas um pouco de cada uma – é uma *wacicle*, que quer dizer "ondícula".) Mas estou me adiantando em minha exposição.

Mas o que, então, era o éter? Newton era muito sincero: "Eu não sei o que é." Ele argumentava que se o éter é também composto por partículas, então devem ser partículas menores e mais leves que as do ar ou até da luz – em essência, como em Discworld, por terem de sair do caminho da luz. "A pequenez das partículas", diz Newton sobre o éter, "pode contribuir para a grandeza da força pela qual elas se afastam umas das outras; pode, portanto, tornar esse meio extremamente mais raro e elástico que o ar; e, por consequência, extremamente menos resistente aos movimentos de projéteis e extremamente mais capaz de fazer pressão sobre corpos materiais, em seu empenho de se expandir."

Antes, em *Tratado da luz*, de 1678, o físico holandês Christiaan Huygens havia proposto uma teoria diferente: a luz é uma onda. Essa teoria explica claramente a reflexão, a refração e a difração – efeitos semelhantes que podem ser vistos, por exemplo, nas ondas da água. O éter estava para a luz como as ondas estavam para o mar – era o que se movia quando a onda passava. Mas Newton discordava. O debate ficou muito confuso, pois os dois cientistas faziam suposições incorretas sobre a natureza das supostas ondas.

Tudo mudou quando Maxwell entrou em cena. E ele se apoiou sobre os ombros de outro gigante.

Aquecimento elétrico, luz, rádio, televisão, processadores de alimentos, fornos de micro-ondas, aspiradores de pó e infinitos itens da maquinaria industrial derivam da visão de um homem, Michael Faraday. Ele nasceu em Newington Butts, em Londres (hoje, Elephant and Castle), em 1791. Filho de um ferreiro, Faraday ascendeu à eminência científica na era vitoriana. Seu pai pertencia aos sandemanianos, seita cristã minoritária.

Faraday tornou-se aprendiz de um encadernador de livros em 1805 e começou a realizar experimentos científicos, em particular em química. Seu interesse pela ciência aumentou de maneira significativa quando, em 1810, ele se tornou membro da Sociedade Filosófica da Cidade, grupo de jovens que se encontravam para falar sobre ciência. Em 1812, ele ganhou ingressos para ouvir as palestras finais de sir Humphry Davy, o principal químico britânico, na Royal Institution. Logo depois, pediu um emprego a Davy, e lhe concederam uma entrevista, mas não havia vaga disponível. Em seguida, quando o assistente de química de Davy foi demitido por ter provocado um incêndio, Faraday obteve o emprego.

Entre 1813 e 1815, Faraday viajou pela Europa com Davy e a esposa. Napoleão concedera a Davy um passaporte que incluía um valete, por isso Faraday aceitou o emprego. Ficou aborrecido ao perceber que a esposa de Davy, Jane, encarava suas funções do ponto de vista literal e esperava que ele se comportasse como um criado. Em 1821, os eventos tomaram um curso mais favorável: ele foi promovido e se casou com Sarah Barnard, filha de um preeminente sandemaniano. Melhor ainda, suas pesquisas em eletricidade e magnetismo começavam a decolar. Seguindo o trabalho anterior do cientista dinamarquês Hans Orsted, Faraday descobriu que a eletricidade, ao fluir por uma espiral perto de um ímã, produz uma força. Esse é o princípio básico do motor elétrico.

Depois os interesses de Faraday pelas pesquisas foram atropelados por deveres docentes e administrativos, embora tivessem repercussões muito favoráveis. Em 1826, ele deu início a uma série de palestras noturnas sobre ciência e também passou a realizar conferências de Natal para jovens – as duas práticas existem até hoje. Agora as conferências de Natal são transmitidas pela televisão, um dos produtos que as descobertas de Faraday tornaram possível. Em 1831, já de volta aos seus experimentos, ele descobriu a indução eletromagnética. Foi uma revelação que mudou a face industrial do século XIX, pois levou aos geradores e transformadores elétricos. Os experimentos o convenceram de que a eletricidade deveria ter algum tipo de força atuando entre as partículas materiais, e não um fluido, como em geral se pensava.

Um papel de destaque na ciência normalmente leva à honra de um cargo administrativo, aniquilando prontamente as atividades científicas que levaram ao reconhecimento. Faraday foi nomeado assessor científico da Casa de Trinity, cuja missão era manter os mares da Grã-Bretanha seguros para a navegação. Ele inventou um novo e mais eficiente tipo de lâmpada a óleo, que produzia uma luz mais brilhante. Em 1840, já era um deão da seita dos sandemanianos, mas sua saúde começava a fraquejar. Em 1858 ele ganhou alojamento grátis numa casa de "graça e favor" em Hampton Court, o antigo palácio do rei Henrique VIII. Morreu em 1867 e foi enterrado no cemitério de Highgate.

As invenções de Faraday revolucionaram o mundo vitoriano, mas (talvez por causa da falta de estudo) ele era fraco em teoria, e as explicações de como suas invenções funcionavam baseavam-se em curiosas analogias mecânicas. Em 1831, ano em que Faraday descobriu como transformar magnetismo em eletricidade, um advogado escocês foi presenteado com um filho – filho único. O advogado tinha sua atenção mais voltada para administrar suas propriedades de terras, porém se interessou bastante pela educação do jovem "Jamesie", mais conhecido como James Clerk Maxwell.

Jamesie era brilhante e fascinado por máquinas. "O que isso faz?", era sua pergunta mais frequente. "Como isso faz aquilo?" Outra era: "Como isso funciona?" Seu pai, que partilhava com ele a mesma fascinação, se desempenhava da melhor maneira para explicar. Se não conseguisse, Jamesie fazia uma pergunta suplementar: "Como isso funciona *especificamente*?"

A mãe de James morreu de câncer quando ele tinha nove anos, e essa perda aproximou ainda mais pai e filho. O garoto foi mandado para a Academia de Edimburgo, que era especializada em clássicos e queria que seus alunos estivessem sempre elegantes e bem-vestidos, fossem competentes nos assuntos correntes e totalmente desprovidos de pensamentos originais, porque isso atrapalhava o ensino. Jamesie não era bem o que os professores queriam, também não ajudava o fato de seu pai, obcecado por limpeza, ter encomendado roupas e sapatos especiais para o rapaz, inclusive uma túnica com babados ornada com um laço. Os outros garotos apelidaram James de "Dafty" [Doidinho]. Mas James era teimoso e conquistou o respeito dos colegas, embora ainda os confundisse.

A escola fez uma coisa boa por James: provocou nele o interesse pela matemática. Uma carta ao pai fala sobre a construção de "um tetra hedro, um dodeca hedro e mais dois hedros cujos nomes não sei escrever bem". (Pode-se presumir que fossem o octa e o icosa.) Aos quatorze anos, ele ganhou um prêmio por ter criado, sozinho, uma classe de curvas matemáticas conhecidas como ovais cartesianas, em homenagem a Descartes, seu inventor. Seu ensaio foi lido na Sociedade Real de Edimburgo.

James também escrevia poesia, mas seu talento para a matemática era maior. Começou os estudos na Universidade de Edimburgo, aos dezesseis anos, e depois continuou na Universidade de Cambridge, a principal instituição de matemática da Grã-Bretanha. William Hopkins, que o preparou para os exames, disse que James era "o homem mais extraordinário que já conheci".

James formou-se e continuou em Cambridge como estudante de pós-graduação, fazendo experimentos em ótica. Foi então que leu *Experimental Researches*, de Faraday, e começou a estudar eletricidade. Abreviando uma longa história, James pegou os modelos mecânicos de Faraday de fenômenos eletromagnéticos e, em 1864, os havia destilado num sistema de quatro leis matemáticas. (Na notação da época eram mais de quatro, mas agora usamos notação vetorial para agrupá-las em quatro. Alguns formalismos as reduzem a só uma.) As leis descrevem a eletricidade e o magnetismo em termos de dois "campos", um elétrico e um magnético, que permeiam todo o espaço. Esses campos descrevem não apenas a força da eletricidade ou do magnetismo em sua localização, mas também sua direção.

As quatro equações têm significados físicos simples. Duas nos dizem que a eletricidade e o magnetismo não podem ser criados nem destruídos. A terceira descreve como um campo magnético variável no tempo afeta o campo elétrico ao redor, e isso se incorpora de forma matemática à descoberta da indução por Faraday. A quarta descreve como um campo elétrico variável no tempo afeta o campo magnético ao redor. Até nas palavras essas equações são elegantes.

Uma simples manipulação matemática das quatro equações de Maxwell confirmou algo de que ele já desconfiava havia algum tempo: a luz é uma onda eletromagnética, uma perturbação que se propaga nos campos elétrico e magnético.

O raciocínio matemático era que, a partir das equações de Maxwell, ficava fácil derivar algo que qualquer matemático pode reconhecer: a "equação de onda", que, como o nome sugere, descreve como as ondas se propagam. As equações de Maxwell também preveem a velocidade dessas ondas: elas deveriam viajar à velocidade da luz.

Só uma coisa viaja à velocidade da luz.

Naquela época supunha-se que as ondas tinham de ser ondas *em* alguma coisa. Devia existir um meio para transmiti-las; as ondas eram vibrações desse meio. O meio óbvio para as ondas de luz era o éter. Os matemáticos diziam que as ondas de luz precisavam vibrar em ângulos retos em relação à direção do movimento. Isso explicava por que Newton e Huygens tinham se sentido tão confusos: eles achavam que as ondas vibravam ao longo da direção do movimento.

A teoria fez outra previsão: que o "comprimento de onda" da radiação eletromagnética, a distância entre uma onda e a seguinte, podia ser *qualquer coisa*. O comprimento de onda da luz é extremamente curto. Essa era uma boa teoria para inspirar Heinrich Hertz a gerar tais ondas, que agora chamamos de ondas de rádio. Guglielmo Marconi logo continuou, com um prático transmissor e receptor, e de repente podíamos nos falar quase instantaneamente por todo o planeta. Agora enviamos imagens da mesma forma, monitoramos o céu com o radar e navegamos com sistemas GPS.

Infelizmente, o conceito de éter era problemático. Se o éter existisse, a Terra, que orbita em torno do Sol, deveria se mover em relação a ele. Deveria ser possível detectar esse movimento – ou o próprio conceito de éter teria de ser abandonado pela incoerência em relação aos experimentos.

A resposta a esse enigma mudaria completamente a face da física.

No verão de 1876, a firma de Israel e Levi, dirigida por dois mercadores judeus na cidade de Ulm, no estado de Württemberg, Alemanha, ganhou novo sócio, Hermann Einstein. Na juventude, Hermann havia mostrado considerável habilidade em matemática, mas seus pais não tinham dinheiro para matriculá-lo na universidade. Agora ele se associava a uma empresa que vendia colchões de penas.

Em agosto, Hermann se casou com Pauline Koch na sinagoga de Cannstadt, e o casal acabou indo morar em Bahnhofstrasse – Estação Real. Menos de oito meses depois nascia seu primeiro filho. De acordo com a certidão de nascimento, "uma criança do sexo masculino, que recebeu o nome de Albert, nasceu em Ulm, na residência [de Hermann] e de sua esposa Pauline Einstein, nascida Koch, de fé israelita". Cinco anos depois, Albert ganhou uma irmã, Maria, e os dois cresceram muito apegados.

Os pais de Albert tinham uma atitude muito liberal com a religião e esforçavam-se para se integrar à cultura regional. Na época, muitos judeus alemães eram "assimilacionistas", simplificando suas tradições culturais para se adaptar melhor aos cidadãos de outras fés. Os nomes que Hermann e Pauline escolheram para os filhos não são da tradição judaica, embora eles afirmassem que Albert fora batizado em "homenagem" ao avô Abraão. Religião não era um assunto muito debatido na casa de Hermann, e Einstein não seguia os rituais judeus tradicionais.

As recordações de infância de Maria, publicadas em 1924, são nossa principal fonte de informação sobre as primeiras experiências e a personalidade de Albert. Parece que ele assustou a mãe ao nascer, pois a parte de trás de sua cabeça era estranhamente angulosa e muito grande. "Pesado demais! Pesado demais!", ela gritou quando viu o bebê pela primeira vez.

Temores de que o garoto fosse retardado mental aumentaram quando ele demorou a falar. Mas Albert estava apenas esperando para saber o que ia fazer. Mais tarde, ele contou que só começou a falar quando conseguiu enunciar sentenças completas. Ensaiava-as na cabeça e depois as pronunciava quando tinha certeza de que as palavras estavam corretas.

A mãe de Albert era uma pianista de talento. Entre os seis e os treze anos, Albert teve lições de violino com um professor chamado Schmied. Mais tarde ele dedicou-se ao violino, contudo, durante a infância, achava as aulas entediantes.

Quando o negócio de colchões de penas afundou, Hermann voltou-se para a distribuição de gás e o fornecimento de água, em colaboração com o irmão Jakob. Este era engenheiro e empreendedor, e Einstein investiu pesado na nova aventura. Depois Jakob resolveu diversificar com a eletricidade – não em instalações, mas na fabricação de equipamentos para usinas de força. A empresa começou a funcionar oficialmente em 1885, e os dois irmãos foram morar na mesma casa em Munique, com a ajuda financeira do pai de Pauline e de outros membros da família. De início os negócios foram bem, e a Elektronische Fabrik J. Einstein und Co. vendia usinas de força na área de Munique e até em algumas localidades da Itália.

Einstein nos diz que seu interesse pela física foi despertado quando o pai lhe mostrou uma bússola. Então com quatro ou cinco anos, Albert ficou fascinado com a propriedade da agulha de apontar na mesma direção, não importava como fosse virada, e teve o primeiro lampejo das maravilhas ocultas do universo físico. Ele considerou a experiência algo quase místico.

Na escola, Albert era hábil, mas de início não mostrou qualquer brilho especial. Era lento e metódico, tirava boas notas, mas não se misturava muito. Preferia brincar sozinho e adorava construir casas com cartas de baralho. Não gostava de esportes. Quando passou para o ensino médio, em 1888, desenvolveu um talento para o latim e a matemática. Essa capacidade matemática foi estimulada pelo tio Jakob, que, como engenheiro, tinha estudado um bocado de altas matemáticas. Jakob costumava apresentar problemas matemáticos para o jovem Albert, que se deliciava quando os resolvia. Um amigo da família, Max Talmud, também teve efeito significativo sobre a educação de Albert. Talmud era um estudante de medicina bem pobre, e Hermann e Pauline o convidavam para jantar todas as noites de quinta-feira. Ele presenteou Albert com vários livros de divulgação científica, depois iniciou o jovem nos escritos filosóficos de Immanuel Kant. Os dois costumavam debater filosofia e matemática durante horas. Talmud escreveu que nunca viu Einstein brincando com outras crianças, e que as coisas que lia eram sempre sérias, sem nenhuma leveza. Os únicos momentos em que relaxava era quando tocava música, incluindo sonatas de Beethoven e Mozart, acompanhado por Pauline.

O entusiasmo de Albert por matemática ganhou impulso em 1891, quando ele adquiriu um exemplar da obra de Euclides, que mais tarde chamaria de seu "livro sagrado de geometria". O que mais o impressionava era a clareza da lógica, a maneira como Euclides tinha organizado o fluxo de ideias. Por um tempo, Albert tornou-se muito devoto, graças ao ensino obrigatório na escola (do catolicismo, na verdade – não havia escolha) e às lições em casa sobre a fé judaica. Mas tudo isso foi posto de lado quando ele descobriu a ciência. Os estudos de hebraico e os progressos para o *bar mitzvah* de repente cessaram: Albert tinha descoberto outra vocação.

No início dos anos 1890, nem tudo andava bem na Elektronische Fabrik J. Einstein und Co. As vendas ficavam difíceis na Alemanha, e o agente italiano da empresa, Lorenzo Garrone, sugeriu que eles se mudassem para a Itália. Em junho de 1894 a sede da Alemanha foi fechada, a casa da família foi posta à venda e os Einstein se mudaram para Milão – com exceção de Albert, que ainda teria de completar seus estudos. Enquanto "Einstein e Garrone" se estabeleciam em Pavia, para onde a família mudou-se depois, Albert foi deixado por conta própria em Munique.

Aquela foi uma experiência deprimente, ele odiou. Não só isso: a perspectiva do serviço militar pairava no ar. Sem contar aos pais, resolveu ir ao encontro deles na Itália. Convenceu o médico da família a providenciar um atestado declarando que ele sofria de disfunções nervosas, o que podia muito bem ser verdade. Quando permitiram que deixasse a escola, ele apareceu sem avisar em Pavia, na primavera de 1895. Os pais ficaram horrorizados, por isso ele prometeu continuar os estudos para prestar exame para a ETH (a Eidgenössische Technische Hochschule, na época e até hoje uma destacada instituição de altos estudos) em Zurique.

Albert floresceu sob o sol da Itália. Em outubro prestou exame de admissão para a ETH e foi reprovado. Passou fácil em matemática e em ciência, mas foi barrado em ciências humanas. Sua aptidão para escrever ensaios também não era lá essas coisas. Mas havia outra maneira de entrar para a ETH: a partir de um diploma do ensino médio, o Matura, que significava admissão automática. Assim, Einstein começou a frequentar uma escola em Aarau como residente pagante da família Winteler. Os Winteler tinham sete filhos, e Albert gostava da companhia deles, tendo desenvolvido uma afeição duradoura por seus pais substitutos. Apreciava o "espírito liberal" da escola e os excelentes professores – dizia que os professores não obedeciam às autoridades externas.

Pela primeira vez na vida ele estava feliz numa escola. Desenvolveu sua autoconfiança e tornou conhecidas suas opiniões. Um de seus ensaios escolares, em francês, descrevia seu plano para o futuro, que era estudar matemática e física.

Em 1896, Einstein entrou para a ETH, renunciando à cidadania de Württemberg e tornando-se apátrida. Economizava um quinto de sua mesada para pagar a naturalização suíça. Mas a empresa de eletricidade de propriedade do pai e do tio Jakob foi à falência, levando consigo boa parte da fortuna da família. Jakob arranjou um emprego normal numa grande empresa, mas Hermann estava determinado a fundar outro negócio. Ignorando os conselhos de Albert, recomeçou em Milão, mas o empreendimento fracassou depois de dois anos. Mais uma vez Einstein ficou deprimido com os infortúnios de sua família, até que o pai seguiu uma dica de Jakob e arranjou emprego na instalação de usinas de força.

Albert passava boa parte do tempo na ETH, no laboratório de física, realizando experimentos. Seu professor, Heinrich Friedrich Weber, ficou impressionado. "Você é um rapaz inteligente, Einstein, um rapaz muito inteligente", dizia ao jovem. "Mas tem um grande defeito: você não gosta de ouvir ninguém." Weber impediu Albert de prosseguir num experimento para descobrir se a Terra se movia em relação ao éter – o hipotético e onipresente fluido que se acreditava transmitir as ondas eletromagnéticas.

Einstein também não se impressionou muito com Weber, cujos cursos considerava antiquados. Ficou especialmente desapontado por não lhe ensinarem mais sobre a teoria do eletromagnetismo de Maxwell, e começou a estudar o tema sozinho, usando um texto em alemão de 1894. Fez cursos livres com dois famosos matemáticos, Hurwitz e Hermann Minkowski. Pensador brilhante e original, Minkowski havia introduzido novos e fundamentais métodos na teoria dos números. Depois daria importantes contribuições matemáticas para a relatividade. Albert também leu alguns trabalhos de Charles Darwin sobre evolução.

Para continuar na ETH, Einstein agora precisava arranjar um cargo de assistente para financiar seus futuros estudos enquanto permanecia na escola. Weber insinuou que poderia oferecer o cargo, mas não conseguiu concretizar a promessa, e Albert jamais o perdoou por isso. Escreveu uma carta a Hurwitz indagando se haveria um desses cargos disponíveis, e parece que recebeu uma resposta positiva; porém, mais uma vez, nada aconteceu. No fim de 1900, ele continuava desempregado. Mas publicou seu primeiro texto de pesquisa, sobre as forças atuantes entre as moléculas. Pouco depois conseguiu obter a cidadania suíça, que manteve pelo resto da vida, mesmo depois de se mudar para os Estados Unidos.

Durante o ano de 1901, Albert continuou lutando por um cargo universitário, escrevendo cartas, enviando cópias de seus artigos, candidatando-se a qualquer posição que estivesse vaga. Sem chance. Desesperado, aceitou um emprego de professor temporário no ensino médio. Para sua surpresa, descobriu que gostava de dar aulas; além do mais, o trabalho deixava tempo livre para ele prosseguir em suas pesquisas na física. Declarou ao amigo Marcel Grossmann que estava trabalhando em teoria dos gases e – de novo – no movimento da matéria através do éter. Mudou para outro emprego de professor temporário em mais uma escola.

Agora Grossmann vinha em auxílio de Albert: o pai de Marcel foi convencido a recomendar Albert ao diretor do Escritório de Patentes em Berna.

Quando o emprego foi oficialmente anunciado, Einstein se candidatou. Pediu demissão da escola em que lecionava e mudou-se para Berna em 1902, mesmo sem saber se o emprego era seu. Talvez soubesse informalmente, ou talvez apenas se sentisse muito confiante. A nomeação foi oficializada em junho de 1902. Não era a posição acadêmica que ele procurava, mas o dinheiro bastava – 3.500 francos suíços por ano – para comida, roupas e alojamento. E o deixava com tempo livre para se dedicar à física.

Na ETH Albert tinha conhecido uma jovem estudante chamada Mileva Maric, com forte interesse em ciência – e em Albert. Os dois se apaixonaram. Infelizmente, Pauline Einstein não gostou de sua nora em potencial, e isso causou certo mal-estar. Algum tempo depois, Hermann foi acometido por uma doença cardíaca terminal. Em seu leito de morte, ele afinal concordou com o casamento entre Albert e Mileva, mas depois pediu a todos da família que o deixassem morrer sozinho. Albert sentiu-se culpado pelo resto da vida. Ele e Mileva se casaram em janeiro de 1903; o único filho do casal, Hans Albert, nasceu em maio de 1904.

Einstein adaptou-se bem ao emprego no Escritório de Patentes e correspondeu tão bem aos seus deveres que no fim de 1904 o emprego se tornou efetivo – mas seu chefe o alertou de que futuras promoções dependeriam da familiaridade de Einstein com a tecnologia de máquinas. A pesquisa em física também avançava, com um trabalho sobre mecânica estatística.

Tudo isso levou ao "ano de ouro" de 1905, quando o funcionário do Escritório de Patentes escreveu um artigo que acabou lhe valendo o Prêmio Nobel. No mesmo ano ele concluiu o doutorado na Universidade de Zurique e foi também promovido a técnico especialista de segunda classe, com um aumento de mil francos suíços por ano – parece que, afinal, conseguira entender de tecnologia de máquinas.

Mesmo depois de se tornar famoso, Albert sempre deu créditos a Grossmann por ter pavimentado o caminho para seu emprego no Escritório de Patentes. Segundo ele, foi isso, mais que qualquer outra coisa, que tornou possível seu trabalho em física. Aquele fora um golpe de gênio, o emprego perfeito, e ele jamais se esqueceu disso.

Naquele que foi o ano mais notável da história da física, Einstein publicou três grandes trabalhos de pesquisa.

Um era sobre o movimento browniano, os movimentos aleatórios de partículas em suspensão num fluido. Esse fenômeno leva o nome de seu descobridor, o botânico Robert Brown. Em 1827, Brown estava observando grãos de pólen flutuando na água com o microscópio. Nos espaços entre o pólen, notou partículas ainda menores adejando ao acaso. A matemática desse tipo de movimento foi elaborada por Thorvald Thiele em 1880, e, de forma independente, por Louis Bachelier em 1900. A inspiração de Bachelier não foi o movimento browniano em si, mas as flutuações igualmente aleatórias da bolsa de valores – nos dois casos a matemática era a mesma.

A explicação física desses fenômenos ainda estava em aberto. Independentemente do cientista polonês Marian Smoluchowski, Einstein percebeu que o movimento browniano poderia ser a prova de uma teoria até então não confirmada, a de que a matéria é feita de átomos que se combinam para formar moléculas. De acordo com a chamada "teoria cinética", moléculas em gases e líquidos estão sempre se chocando umas com as outras, realmente movimentando-se ao acaso. Einstein desenvolveu a matemática desse processo para demonstrar que ela conferia com as observações experimentais do movimento browniano.

O segundo artigo era sobre o efeito fotoelétrico. Alexandre Becquerel, Willoughby Smith, Heinrich Hertz e muitos outros haviam observado que certos tipos de metal produzem corrente elétrica quando expostos à luz. Einstein partiu da proposta da mecânica quântica de que a luz é composta por partículas. Seus cálculos mostraram que essa suposição se encaixava bem aos dados experimentais. Aquela era uma das primeiras fortes evidências em favor da teoria quântica.

Só um desses artigos já seria uma grande descoberta. Mas o terceiro deixou os outros para trás. Era sobre a relatividade especial, a teoria que foi além de Newton e revolucionou nossa visão do espaço, do tempo e da matéria.

Nossa visão cotidiana do espaço é a mesma que a de Euclides e de Newton. O espaço tem três dimensões, três direções independentes em ângulos retos, como as quinas de um edifício – *altura, largura* e *profundidade*. A estrutura do espaço é a mesma em todos os pontos, embora a matéria que ocupa o espaço possa variar. Os objetos no espaço podem se mover de maneiras diferentes: podem girar, refletir-se como num espelho ou se "transladar" – mover-se de lado sem girar. De uma forma mais abstrata, é possível pensar nessas transformações como aplicadas ao próprio espaço (uma mudança do "sistema de referência"). A estrutura do espaço e as leis físicas que expressam essa estrutura e operam dentro dela são simétricas no que diz respeito a essas transformações. Isto é, as leis da física são as mesmas em todos os lugares e em todos os tempos.

Numa visão newtoniana da física, o tempo forma outra "dimensão", independente das dimensões espaciais. O tempo tem uma única dimensão, e suas transformações de simetria são mais simples. O tempo pode ser transladado (acrescentando um período de tempo fixo a qualquer observação) ou refletido (o tempo corre ao contrário – apenas como experimento mental). As leis físicas não dependem da data inicial de nossas medições, por isso deveriam ser simétricas no que diz respeito a uma reversão temporal. A maioria das leis físicas fundamentais é simétrica no que diz respeito à reversão do tempo; mas algumas não o são, o que constitui um fato muito misterioso.

Mas quando os matemáticos e os físicos começaram a pensar sobre as então recém-descobertas leis da eletricidade e do magnetismo, a visão newtoniana parecia não se encaixar mais. As transformações do espaço e do tempo que mantinham as leis inalteráveis não eram os simples "movimentos" de translação, rotação e reflexão; além do mais, essas transformações não podiam ser aplicadas ao espaço e ao tempo de forma independente. Se você fizer uma alteração só no espaço, as equações ficam confusas. Era preciso mudar o tempo de alguma forma que compensasse isso.

Até certo ponto essa questão podia ser ignorada, desde que o sistema estudado não se movesse. Mas o problema surgia quando a matemática envolvia uma partícula elétrica em movimento, como um elétron – e esse era um problema central para a física do final do século XIX. As preocupações associadas à simetria não podiam mais ser ignoradas.

Nos anos anteriores a 1905, inúmeros físicos e matemáticos tinham matutado sobre esse estranho aspecto das equações de Maxwell. Se você realizasse um experimento envolvendo eletricidade e magnetismo num laboratório ou num trem em movimento, como era possível comparar os resultados?

Claro que poucos experimentalistas trabalham em trens em movimento, mas todos trabalham numa *Terra* em movimento. Para muitos propósitos, porém, pode-se considerar que a Terra está em repouso, pois o aparato experimental se movimenta com ela; portanto, essa noção não faz diferença. As leis do movimento de Newton, por exemplo, são exatamente as mesmas em qualquer sistema de referência "inercial", ou seja, que se mova com velocidade constante em linha reta. A velocidade da Terra é relativamente constante, mas ela gira em seu eixo e orbita em torno do Sol, por isso o movimento em relação ao Sol não é em linha reta. Ainda assim, o caminho seguido pelo aparato é quase reto: se a curvatura faz diferença, depende do experimento, e em geral não faz diferença alguma.

Ninguém teria se preocupado se as equações de Maxwell tivessem de assumir outra forma numa estrutura rotativa. O que eles descobriram era mais perturbador: as equações de Maxwell assumiam uma forma diferente numa estrutura inerte. O eletromagnetismo num trem em movimento é diferente do eletromagnetismo num laboratório, mesmo que o trem viaje em linha reta e a uma velocidade constante.

Havia outras complicações: tudo bem quando dizemos que o trem ou a Terra estão em movimento, mas o conceito de movimento é relativo. Quase ninguém percebe o movimento da Terra, por exemplo. O nascer e o pôr do sol são *explicados* pela rotação da Terra. Mas nós não *sentimos* essa rotação, nós a deduzimos.

Se você estiver num trem e olhar pela janela, pode ter a impressão de que está parado e que a paisagem passa por você. Alguém situado na paisagem e que vê você passar pensa o contrário: ele ou ela está estacionário e o trem se move. Quando dizemos que a Terra gira em torno do Sol, estamos fazendo uma distinção sutil, pois as duas descrições são válidas, dependendo do ponto de referência escolhido. Se o ponto caminhar junto com o Sol, a Terra se move em relação ao ponto, o Sol, não. Mas se o objeto andar junto com a Terra, como seus habitantes, o Sol é o objeto que se move.

Então, por que toda a celeuma em torno da teoria heliocêntrica, que afirma que a Terra orbita ao redor do Sol, e não o contrário? Pobre Giordano Bruno, que morreu queimado por dizer que uma das descrições estava correta enquanto a Igreja preferia a outra. Será que ele morreu por causa de um mal-entendido?

Não exatamente. Bruno fez inúmeras afirmações que a Igreja via como heresias – pequenas questões como a não existência de Deus. Seu destino teria sido o mesmo, ainda que jamais tivesse mencionado a teoria heliocêntrica. Mas há um importante sentido no qual a afirmação de que "a Terra gira em torno do Sol" é superior a "o Sol gira em torno da Terra". A diferença importante é que a descrição matemática dos movimentos dos planetas em relação ao Sol é muito mais simples do que a de seus movimentos em relação à Terra. Uma teoria que tem a Terra como centro é até possível, mas muito complicada. A beleza é mais importante que a simples verdade. Muitos pontos de vista manifestam descrições verdadeiras da natureza, mas alguns abrem mais perspectivas que outros.

Agora, se todo movimento é relativo, então nada pode estar absolutamente "em repouso". A mecânica newtoniana é coerente com a segunda proposta, mais simples: todas as estruturas inerciais estão no mesmo pé. Mas isso não é verdade com referência às equações de Maxwell.

No fim do século XIX, havia outra possibilidade intrigante a ser considerada. Como se acreditava que a luz era uma onda viajando através do éter, então talvez o éter estivesse em repouso. Em vez de todos os movimentos serem relativos, alguns movimentos – os relativos ao éter – poderiam ser *absolutos*. Mas isso ainda não explicava por que as equações de Maxwell não eram as mesmas em todas as estruturas inerciais.

O tema comum aqui é a simetria. A mudança de um sistema de referência para outro é uma operação de simetria no espaço-tempo. Sistemas inerciais são simetrias de translação; sistemas rotacionais são simetrias de rotação. Afirmar que as leis de Newton são as mesmas em qualquer estrutura inercial é o mesmo que dizer que essas leis são simétricas nas translações com uma velocidade uniforme. Pela mesma razão, as equações de Maxwell não têm essa propriedade. Isso parece sugerir que alguns sistemas inerciais são mais inerciais que outros. Se há sistemas inerciais especiais, estes devem ser os estacionários em relação ao éter.

O resultado desses problemas, então, eram duas questões, uma física e outra matemática. A física era: será que o movimento em relação ao éter pode ser detectado em experimentos? A matemática era: quais são as simetrias das equações de Maxwell?

A resposta à primeira pergunta foi dada por Albert Michelson – oficial da Marinha americana que tirou licença para estudar física com Helmholtz – e pelo químico Edward Morley. Os dois construíram um dispositivo sensível para medir minúsculas discrepâncias na velocidade da luz movendo-se em direções diferentes, e concluíram que não havia discrepâncias. Ou a Terra estava em repouso em relação ao éter – o que fazia pouco sentido, à medida que o planeta orbitava o Sol –, ou o éter não existia, e a luz não obedecia às regras normais do movimento relativo.

Einstein abordou o problema a partir da matemática. Ele não mencionou os experimentos de Michelson e Morley em seus escritos, embora depois tenha dito que os conhecia e que eles influenciaram seu raciocínio. Em vez de apelar para experimentos, Einstein trabalhou em algumas das simetrias das equações de Maxwell com uma nova característica: elas misturavam espaço e tempo. (Einstein não explicitou o papel da simetria, mas isso está subentendido.) Uma das implicações dessas estranhas simetrias é que não se pode observar o movimento uniforme em relação ao éter – supondo-se que esse meio exista.

A teoria de Einstein ganhou o nome de "relatividade" por fazer previsões inesperadas sobre o movimento relativo e o eletromagnetismo.

"Relatividade" é um termo muito ruim. É enganoso, pois o aspecto mais significativo da teoria de Einstein é que algumas coisas *não* são relativas. Especificamente, a velocidade da luz é absoluta. Se você apontar um facho de luz para um observador situado na paisagem e outro para um observador viajando num trem em movimento, os dois fachos vão viajar à *mesma* velocidade.

Trata-se de um fato claramente contraintuitivo, e à primeira vista parece absurdo. A velocidade da luz é de aproximadamente 300 mil quilômetros por segundo. Exatamente o que o observador na paisagem mediria. Mas e a outra pessoa, a do trem?

Vamos supor que o trem esteja viajando a 80 quilômetros por hora. Primeiro, imagine que existe um segundo trem numa linha paralela, também viajando a 80 quilômetros por hora. Você olha pela janela e vê o trem passar. Em que velocidade ele parece estar se movendo?

Se estiver viajando na mesma direção que o seu trem, a resposta é 0 quilômetro por hora. O segundo trem o estará acompanhando e vai continuar a seu lado, parece não estar se movendo em relação ao seu trem. Se ele estiver viajando no sentido contrário, vai parecer estar passando a 160 quilômetros por hora, pois a velocidade de 80 quilômetros do seu trem será acrescentada à velocidade do trem no sentido contrário.

Se fizermos essas mensurações com os trens, é isso que vamos obter.

Agora vamos substituir o segundo trem por um raio de luz. A velocidade da luz, convertida para as unidades adequadas, é de 1.079.252.849 quilômetros por hora. Se o seu trem estivesse se afastando da fonte da luz, você esperaria observar uma velocidade de 1.079.252.849 − 80 = 1.079.252.769 quilômetros por hora, pois a luz precisaria "alcançar" o trem. Por outro lado, se o seu trem estivesse se movendo em direção à fonte de luz, você esperaria que a velocidade de luz em relação ao trem fosse de 1.079.252.849 + 80 = 1.079.252.929 quilômetros por hora, pois o movimento do trem se somaria à velocidade aparente.

De acordo com Einstein, os dois números estão errados. Nos dois casos, você observaria a luz se mover a 1.079.252.849 quilômetros por hora – exatamente a mesma velocidade que para o observador situado num ponto da paisagem.

Parece loucura. Se as regras newtonianas para o movimento relativo funcionam para o trem, por que não funcionam com a luz? A resposta de Einstein é que as leis da física são diferentes das de Newton para objetos que se movem muito depressa.

Mais exatamente, as leis da física são diferentes das de Newton, ponto final. Mas a diferença só se torna aparente quando os objetos estão se movendo a velocidades muito próximas à da luz. Em baixas velocidades, como a de 80 quilômetros por hora, as leis de Newton são uma *aproximação* tão boa que, segundo afirmou Einstein, não se pode notar qualquer diferença. Mas com o aumento da velocidade, as discrepâncias se tornam grandes o suficiente para serem observadas.

O ponto de vista físico básico é que as simetrias das equações de Maxwell não apenas preservam as *equações*, elas preservam a velocidade da luz. De fato, a velocidade da luz está embutida nas equações. Por isso a velocidade da luz deve ser absoluta.

É irônico que essa proposta se chame "relatividade". Na verdade Einstein queria chamá-la de *Invariantentheorie*: "teoria invariante". Mas o nome "relatividade" pegou; de toda forma, já existia uma área da matemática chamada teoria invariante, e o nome preferido por Einstein poderia causar confusão – embora bem menos que o uso de "relatividade" para descrever a invariância da velocidade da luz em todas as estruturas inerciais.

As consequências da "relatividade" são bizarras. A velocidade da luz é uma velocidade-limite. Não se pode viajar mais depressa que a luz, não se pode mandar mensagens mais depressa que a luz. Não existe a hiperpropulsão de *Guerra nas estrelas*. Ao se aproximar da velocidade da luz, os comprimentos encurtam, o tempo se arrasta e a massa aumenta sem limites. Mas você não vai perceber – eis uma coisa maravilhosa –, pois seus instrumentos de medição também encolhem, desaceleram (no sentido de que o tempo passa mais devagar) e ficam mais pesados. É por isso que o observador na paisagem e o observador no trem medem a luz com a mesma velocidade, apesar de seus movimentos relativos: as mudanças nas dimensões e no tempo compensam de maneira exata os efeitos esperados do movimento relativo. Foi por isso que Michelson e Morley não conseguiram detectar o movimento da Terra em relação ao éter.

Quando você está em movimento, tudo parece como se você não estivesse em movimento. As leis da física não conseguem dizer se você está em movimento ou se está estacionário. Elas podem dizer que você está acelerando, mas não sua velocidade, se a velocidade for constante.

Pode parecer muito estranho, mas os experimentos confirmam a teoria em requintados detalhes. Outra consequência foi a famosa fórmula $E = mc^2$ de Einstein, relacionando massa e energia, que indiretamente levou à bomba atômica, embora seu papel costume ser exagerado.

A luz é tão familiar para nós que raramente pensamos quanto ela é estranha. Parece não pesar nada, penetra em toda parte e nos permite ver. Mas o que é a luz? São ondas eletromagnéticas. Ondas em quê? No continuum espaço-tempo, que é uma forma sofisticada de dizer "Não sabemos". No início do século XX, pensava-se que o meio das ondas era o luminescente éter. Depois de Einstein, ficamos sabendo uma coisa sobre o éter: ele não existe. As ondas não estão em *nada*.

A mecânica quântica, como veremos, foi mais além. Não apenas as ondas de luz não estão em *nada*: todas as coisas são ondas. Em vez de ser um meio para apoiar as ondas – um tecido do espaço-tempo que ondula com a passagem das ondas –, o próprio *tecido* é feito de ondas.

EINSTEIN NÃO FOI O ÚNICO a perceber que as simetrias do espaço-tempo, como as reveladas pelas equações de Maxwell, não são newtonianas. Numa visão newtoniana, o espaço e o tempo são separados e diferentes. As simetrias das leis da física são combinações de movimentos rígidos do espaço e de uma alteração independente do tempo. Mas, como mencionei, essas transformações não tornam as equações de Maxwell invariantes.

Cogitando sobre isso, os matemáticos Henri Poincaré e Hermann Minkowski foram levados a uma nova visão das simetrias do espaço e do tempo, num nível puramente matemático. Se tivessem descrito essas simetrias em termos físicos, eles teriam chegado à relatividade antes de Einstein, mas ambos evitaram especulações físicas. Eles não entendiam que as simetrias das leis do eletromagnetismo não afetavam o espaço e o tempo de forma independente, mas os misturavam. O esquema matemático que descreve essas alterações emaranhadas é conhecido como grupo de Lorentz, em referência ao físico Hendrik Lorentz.

Minkowski e Poincaré consideravam o grupo de Lorentz uma expressão abstrata de certos aspectos das leis da física, e expressões como "o tempo passando mais devagar" ou "objetos que encolhem quando aceleram" eram vistas como vagas analogias, não como algo real. Einstein insistia, contudo, que essas transformações têm um significado físico genuíno, que os objetos e o tempo realmente se comportam dessa forma. Por isso, foi levado a formular uma teoria física, a relatividade especial, incorporando o esquema matemático do grupo de Lorentz a uma descrição física não do espaço e de um tempo separado, mas de um espaço-tempo unificado.

Minkowski criou uma imagem geométrica dessa nova física não newtoniana, agora chamada de espaço-tempo de Minkowski. Ela representa o espaço e o tempo como coordenadas independentes, e uma partícula em movimento faz uma curva – que Einstein chamou de *linha do mundo* – com a passagem do tempo. Como nenhuma partícula pode viajar mais rápido que a luz, o desvio da linha do mundo jamais pode ser maior que 45° da

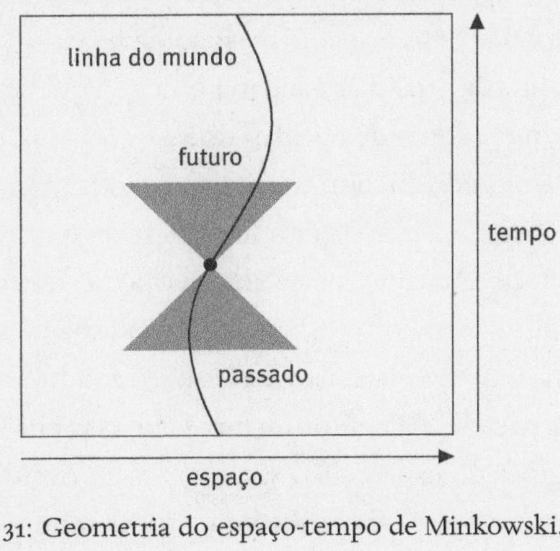

FIGURA 31: Geometria do espaço-tempo de Minkowski.

direção do tempo. O passado e o futuro da partícula sempre estarão em um cone duplo, seu cone de luz.

Essa formulação abrangia a eletricidade e o magnetismo, duas forças básicas da natureza. Mas ainda faltava uma força básica nessa descrição: a *gravidade*. Na tentativa de desenvolver uma teoria mais geral, que incluísse a gravidade, e mais uma vez apoiado no princípio de que as leis da natureza devem ser simétricas, Einstein foi levado à relatividade geral: a noção de que o próprio espaço-tempo é curvo, e que essa curvatura corresponde à sua massa. A partir dessas ideias surgiu a atual cosmologia do big bang – segundo a qual o Universo emergiu de um pequeno ponto, cerca de 13 bilhões de anos atrás –, além do notável conceito de buraco negro, um objeto tão compacto que a luz não consegue escapar de seu campo gravitacional.

A RELATIVIDADE GERAL REMETE aos primeiros trabalhos sobre geometria não euclidiana que levaram Gauss à noção de uma "métrica", uma fórmula para a distância entre dois pontos. Novas geometrias surgem quando essa fórmula não é a euclidiana clássica, derivada do teorema de Pitágoras. Enquanto a fórmula obedecer a algumas regras simples, ela define um conceito significativo de "distância". A regra principal é que a distância de um ponto A a um ponto C não pode diminuir se você passar por um ponto B entre eles. Ou seja, a distância direta de A a C é menor ou igual à distância de A a B mais à de B a C. Isso é a "desigualdade triangular", assim chamada porque a geometria euclidiana afirma que qualquer lado de um triângulo é mais curto que a soma dos outros dois.

A fórmula pitagórica continua válida na geometria euclidiana, na qual o espaço é "plano". Então, quando a métrica é diferente da euclidiana, podemos atribuir essa diferença a algum tipo de "curvatura" do espaço. É possível visualizar isso como uma torção do espaço, mas essa não é a melhor imagem, pois deveria existir um espaço maior para o espaço original se torcer dentro dele. A melhor forma de pensar em "curvatura" é a ideia de que as regiões do espaço não são nem comprimidas nem esticadas, de forma que, por dentro, elas parecem conter menos ou mais espaço do que fora. (Fãs da série de TV britânica *Doctor Who* vão se lembrar que a Tardis, a espaçonave / máquina do tempo, é maior por dentro que por fora.) Riemann, o brilhante aluno de Gauss, estendeu a ideia de uma métrica a partir de duas dimensões para qualquer número de dimensões, e modificou a noção de que essa distância pode ser definida em termos locais – só para pontos que estejam muito próximos uns dos outros. Essa geometria é chamada de variedade riemanniana, e é o tipo mais genérico de "espaço curvo".

A física não acontece no espaço, mas no espaço-tempo, onde – segundo Einstein – a geometria "plana" natural não é euclidiana, e sim minkowskiana. O tempo entra na fórmula da "distância" de um modo diferente do espaço. Esse arranjo geométrico é um "espaço-tempo curvo". Isso era exatamente o que o funcionário do Escritório de Patentes desejava.

EINSTEIN BATALHOU MUITO TEMPO para chegar às suas equações da relatividade geral. Primeiro estudou como a luz se movimenta num campo gravitacional, e isso o levou depois a pesquisar um único princípio fundamental, o *princípio da equivalência*. Na mecânica newtoniana, a gravidade tem o efeito de uma força, atraindo os corpos uns para os outros. Essas forças provocam acelerações. O princípio da equivalência afirma que as acelerações são sempre indistinguíveis dos efeitos de um campo gravitacional apropriado. Em outras palavras, a maneira de inserir a gravidade na relatividade é entender as acelerações.

Em 1912, Einstein estava convencido de que uma teoria da gravidade não pode ser simétrica em relação a todas as transformações de Lorentz. Esse tipo de simetria se aplica *exatamente, em qualquer lugar*, mas só quando a matéria estiver ausente, a gravidade for zero e o espaço-tempo for minkowskiano. Ao abandonar a exigência da "invariância de Lorentz", ele se livrou de muitos esforços infrutíferos. "A única coisa em que eu acreditava com firmeza", escreveu em 1950, "era na necessidade de incorporar o princípio da equivalência às equações fundamentais." Mas também reconhecia as limitações desse princípio: ele deveria ser válido apenas localmente, como um tipo de aproximação infinitesimal da verdadeira teoria.

Em 1907, Grossmann, o amigo de Einstein, era professor de geometria na ETH, e Albert foi convencido a assumir um cargo naquela instituição. Mas isso não durou muito tempo – um ano depois ele deixou Berlim e depois foi para Praga. Mas manteve contato com Grossmann, com excelentes resultados. Em 1912, Grossmann ajudou Einstein a trabalhar no tipo de matemática em que deveria estar pensando:

> Esse problema se manteve insolúvel para mim até que … de repente percebi que a teoria das superfícies de Gauss tinha a chave para desvendar o mistério. … No entanto, na época, eu não sabia que Riemann havia estudado as fundações da geometria de uma forma ainda mais profunda. … Meu querido amigo, o matemático Grossmann, estava lá quando voltei de Praga para Zurique. Por ele eu ouvi falar pela primeira vez sobre Ricci e depois sobre Riemann. Então perguntei a meu amigo se meu problema poderia ser resolvido pela teoria de Riemann.

"Ricci" é Gregorio Ricci-Curbastro, coinventor do cálculo integral nas variedades riemannianas, com seu aluno Tullio Levi-Civita. O tensor de Ricci é uma medida de curvatura, mais simples que o conceito original de Riemann.

Outras fontes afirmam que Einstein disse a Grossmann: "Você precisa me ajudar, senão vou ficar louco!" O amigo atendeu ao pedido. Como Einstein escreveu mais tarde, ele "não apenas me livrou do estudo da bibliografia matemática pertinente, como também me apoiou na pesquisa das equações de campo gravitacional". Em 1913, Einstein e Grossmann publicaram os primeiros frutos de seus trabalhos conjuntos, concluídos com uma conjectura sobre a forma das equações de campo exigidas: o tensor de energia-momento deve ser proporcional a… alguma coisa.

O quê?

Eles ainda não sabiam. Devia haver outro tensor, alguma outra medida de curvatura.

A essa altura, os dois cometeram erros matemáticos que os levaram a uma extensa caçada infrutífera. Estavam convencidos, corretamente, de que sua teoria deveria acomodar a gravidade newtoniana num caso limitado adequado – espaço-tempo plano, gravidade baixa. Eles deduziram isso a partir de algumas restrições técnicas na equação procurada, ou seja, de restrições na natureza da "alguma coisa" exigida. Mas seus argumentos eram falaciosos, e as restrições não se aplicavam.

Einstein estava convencido de que as equações de campo corretas deveriam determinar apenas a forma matemática da métrica – a fórmula da distância no espaço-tempo, que prescreve todas as suas propriedades geométricas. Mas isso está errado: alterações no sistema de coordenadas podem mudar a fórmula, ao não exercer efeitos sobre a curvatura *intrínseca* do espaço. Mas Einstein não conhecia as chamadas identidades de Bianchi, que esclarecem a falta de unicidade – e parece que Grossmann também.

Aquilo era o pesadelo de qualquer pesquisador: uma ideia aparentemente à prova de fogo, que parecia conduzir na direção certa, mas que na verdade os levava a uma simples vereda. Erradicar esses erros é extremamente difícil, porque a gente se convence de que não há erros. É frequente nem sequer percebermos quais suposições nós estamos fazendo de modo tácito.

No final de 1914, Einstein afinal percebeu que as equações de campo não podiam determinar a métrica de forma única por causa da possibilidade de escolha de um diferente sistema de coordenadas, que não tem implicações físicas mas muda a fórmula para a métrica. Ele ainda não conhecia as identidades de Bianchi, contudo agora não precisava mais delas. Afinal, já sabia que estava livre para escolher as coordenadas mais convenientes.

Em 18 de novembro de 1914, Einstein abriu uma nova frente em sua guerra com as equações gravitacionais de campo. Já havia chegado próximo o bastante da formulação final para começar a fazer previsões. E fez duas. Uma – na verdade uma "pós-visão", ocorrida depois do evento – explicava uma pequena mudança já observada na órbita do planeta Mercúrio. A posição de "periélio", quando o planeta chega mais perto do Sol, mudava lentamente. A nova teoria da gravidade de Einstein revelou a velocidade com que o periélio deveria se mover – e seus cálculos acertaram na mosca.

A segunda previsão exigia novas observações para confirmá-la ou refutá-la – o que era uma ótima notícia, pois novas observações são os melhores testes para novas teorias. De acordo com a teoria de Einstein, a gravidade deveria curvar a luz. A geometria desse efeito é simples e tem a ver com geodésica – o caminho mais curto entre dois pontos quaisquer. Se você esticar bem uma corda no ar, ela vai formar uma linha reta; isso acontece porque, no espaço euclidiano, uma linha reta é uma geodésica. No entanto, se você segurar as duas pontas de um fio sobre uma bola de futebol, ele vai formar uma linha curva sobre a superfície da bola. As geodésicas num espaço curvo – a bola – também são curvas. O mesmo acontece num espaço-tempo curvo, embora os detalhes sejam ligeiramente diferentes.

As circunstâncias físicas nas quais esse efeito poderia aparecer também eram diretas. Uma estrela, como o Sol, vai curvar qualquer luz que passe por perto. A única maneira de observar esse efeito, naquela época, era esperar por um eclipse solar, quando a luz do Sol deixa de ofuscar a luz das estrelas cujas posições no céu estão próximas à coroa do Sol. Se Einstein estivesse certo, as posições aparentes dessas estrelas deveriam mudar ligeiramente, se comparadas com suas posições quando alinhadas ao Sol.

A análise quantitativa desse fenômeno é menos direta. A primeira tentativa de Einstein, em 1911, previa uma alteração de menos de um segundo de arco. Newton teria previsto uma quantidade semelhante, baseado em sua convicção de que a luz era composta por partículas: a força da gravidade atrairia as partículas, curvando seu caminho. Em 1915, Einstein tinha deduzido que, em sua nova teoria, a luz deveria se curvar em algo correspondente a duas vezes essa medida, 1,74 segundo de arco.

Agora havia uma perspectiva real de se decidir entre Newton e Einstein. No dia 25 de novembro de 1914, Einstein escreveu suas equações de campo na forma final. Essas *equações de Einstein* constituem a base da relatividade geral, a teoria relativística da gravidade. São escritas na forma matemática conhecida como *tensor* – uma espécie de matriz turbinada. As equações de Einstein nos dizem que o tensor de Einstein é proporcional à taxa de mudança do tensor de estresse-energia. Isto é, a curvatura do espaço-tempo é proporcional à quantidade de matéria presente. Essas equações obedecem a uma espécie de princípio de simetria, mas é um princípio local. Em pequenas regiões do espaço-tempo, elas têm as mesmas simetrias que na relatividade especial, desde que se leve em conta o efeito local da curvatura.

Einstein percebeu que seus cálculos do movimento do periélio de Mercúrio e da deflexão da luz por uma estrela permanecem inalterados pelas pequenas modificações que introduziu. Ele apresentou as equações para a Academia Prussiana, só para descobrir que o matemático David Hilbert já expusera equações idênticas, afirmando que incluíam as equações eletromagnéticas, o que era um equívoco. Mais uma vez, é fascinante ver um grande matemático quase chegar à frente de Einstein na linha da vitória.

Realizaram-se diversas tentativas para verificar a previsão de Einstein, de que a luz deveria ser defletida pelo campo gravitacional do Sol. A primeira, no Brasil, foi arruinada pela chuva. Em 1914, uma expedição alemã partiu para observar um eclipse na Crimeia, mas, com o início da Primeira Guerra Mundial, todos foram instruídos a voltar para casa – e depressa. Alguns voltaram. Outros foram presos, mas acabaram voltando incólumes para casa. Claro que não se realizaram as observações. A guerra impediu também observações na Venezuela, em 1916. Os norte-americanos tentaram em 1918, com resultados inconclusos. Finalmente, uma expedição britânica liderada por Arthur Eddington teve sucesso, em maio de 1919, mas só anunciou seus resultados em novembro.

Com o anúncio, o veredicto favoreceu Einstein em detrimento de Newton. Havia uma deflexão, e era grande demais para se encaixar no modelo de Newton. Mas encaixava-se lindamente no de Einstein.

Vendo em retrospecto, os experimentos não foram tão decisivos quanto pareciam. A margem de erro experimental era bem grande; a melhor conclusão era que *provavelmente* Einstein estava certo. (Observações mais recentes, com melhores técnicas e equipamentos, confirmaram a teoria de Einstein.) Mas, na época, eles foram apresentados como definitivos, e a mídia enlouqueceu. Quem conseguia provar que Newton estava errado devia ser um gênio. Quem descobria uma física radicalmente nova devia ser o maior cientista vivo.

Assim nasceu uma lenda. Einstein escreveu sobre suas ideias no *Times* de Londres. Alguns dias depois, a seção editorial do jornal respondeu:

> São notícias inequivocamente chocantes e fontes de apreensão, pois até a confiança na tabuada de multiplicação foi abalada. ... Seriam necessários os presidentes de duas Royal Societies para conferir plausibilidade, ou mesmo racionalidade, à declaração de que a luz tem peso e que o espaço tem limites. Não é verdade, por definição, e fim de conversa – para as pessoas comuns, embora talvez seja verdade para altos matemáticos.

Mas os altos matemáticos estavam certos. Logo o *Times* dizia ao mundo que "apenas doze pessoas conseguem entender a teoria do 'subitamente famoso dr. Einstein'". Esse foi um mito que circulou durante anos, mesmo quando inúmeros alunos de física já estudavam rotineiramente a teoria da relatividade em seus cursos.

Em 1920, Grossmann mostrou os primeiros sintomas de esclerose múltipla. Escreveu seu último artigo em 1930 e morreu em 1936. Einstein transformou-se no ícone da física do século XX. Com o tempo, ele passou a tolerar a fama, considerando-a um pouco divertida. Mas, antes disso, parece que gostava de interagir com a mídia.

Contudo, precisamos nos afastar agora da carreira de Einstein, não sem antes dizer que, depois de 1920, seus esforços em relação à física foram dedicados a uma busca infrutífera para combinar a relatividade e a mecânica quântica numa só "teoria de campo unificada". Ele continuou trabalhando nesse problema até o dia de sua morte, em 1955.

12. Um quinteto quântico

"Quase tudo já está descoberto, só falta preencher algumas lacunas." Era uma notícia desanimadora para um jovem talentoso que pretendia estudar física, sobretudo quando é dada por alguém que devia saber o que dizia: neste caso, Philipp von Jolly, professor de física.

O ano era 1874, e a visão de Jolly refletia o que a maior parte dos físicos do período acreditava: a física estava encerrada. Em 1900, um luminar do calibre de Lorde Kelvin falou: "Não há nada de novo a ser descoberto na física agora. Só resta fazer mensurações cada vez mais precisas."

Aliás, ele também disse: "Posso afirmar, com certeza, que máquinas voadoras mais pesadas que o ar são impossíveis." E: "Aterrissar na Lua oferece tantos perigos para os seres humanos que a ciência pode levar mais duzentos anos para resolver isso." O biógrafo de Kelvin escreveu que ele passou a primeira metade de sua carreira certo no que afirmava, a segunda metade, errado.

Mas ele não estava tão enganado. Na palestra "Nuvens do século XIX sobre a teoria dinâmica do calor e da luz", de 1900, Kelvin apontou duas lacunas cruciais na compreensão do Universo físico do período: "A beleza e a clareza da teoria dinâmica, que afirma que calor e luz podem ser modos de movimento, no momento estão obscurecidas por duas nuvens. A primeira envolve a questão: 'Como pode a Terra se mover através de um sólido elástico, como é em sua essência o éter luminescente?' A segunda é a doutrina de Maxwell-Boltzmann acerca da divisão da energia." A primeira nuvem levou à relatividade, a segunda, à teoria quântica.

Felizmente o jovem interlocutor que ouviu o conselho de Jolly não se abalou. Ele não queria descobrir coisas *novas*, disse – só queria desenvolver a melhor compreensão dos fundamentos conhecidos da física. Na busca desse entendimento, ele chegou a uma das duas grandes revoluções da disciplina no século XX, dispersando a segunda nuvem de Kelvin. Seu nome era Max Planck.

Julius Wilhelm Planck era professor de direito em Kiel e em Munique. O pai e a mãe foram professores de teologia, e o irmão era juiz. Assim, quando sua segunda esposa, Emma Patzig, presenteou-o com um filho – seu sexto filho –, sabia-se que o garoto iria crescer num ambiente intelectualizado. Max Karl Ernst Ludwig Planck nasceu em 23 de abril de 1858. A Europa estava envolvida no turbilhão político habitual, e as primeiras lembranças do garoto incluíam tropas prussianas e austríacas marchando em Kiel durante a guerra entre a Dinamarca e a Prússia, em 1864.

Os Planck mudaram-se para Munique em 1867, e Max tornou-se aluno do matemático Hermann Müller na Escola Rei Maximiliano. Müller ensinou astronomia, mecânica, matemática e um pouco de física básica ao garoto, inclusive a lei da conservação de energia. Planck era um ótimo aluno e se formou muito cedo, aos dezesseis anos.

Era também músico de talento, mas resolveu estudar física apesar dos bem-intencionados conselhos de Jolly. Planck realizou alguns experimentos sob a supervisão de Jolly, mas logo mudou para física teórica. Juntou-se a alguns dos mais destacados físicos e matemáticos do mundo ao se mudar para Berlim, em 1877, e ter aulas com Helmholtz, Gustav Kirchhoff e Weierstrass. Passou na primeira tentativa, em 1878, e obteve o doutorado em 1879, com uma tese sobre termodinâmica. Por um tempo ensinou matemática e física em sua ex-escola. Em 1880, sua tese de habilitação – sobre estados de equilíbrio de corpos em diferentes temperaturas – foi aprovada; ele estava qualificado para uma carreira acadêmica permanente. Manteve essa posição, mas só em 1885 a Universidade de Kiel o nomeou professor associado. Suas pesquisas eram sobre termodinâmica, em especial sobre o conceito de entropia.

Max conheceu Marie Merck, irmã de um amigo, e em 1887 eles se casaram e alugaram um apartamento. Ao todo, tiveram quatro filhos: Karl, as gêmeas Emma e Grete, e Erwin.

Em 1889, ano em que as gêmeas nasceram, Max foi nomeado para o cargo de Kirchhoff em Berlim, tornando-se professor catedrático em 1892. A família mudou-se para uma vila na localidade de Grunewald, perto de onde atuavam vários outros professores de destaque. Um deles, o teólogo Adolf von Harnack, tornou-se amigo íntimo deles. Os Planck eram sociáveis, e intelectuais famosos visitavam sua casa com regularidade. Entre eles estavam Einstein e os físicos Otto Hahn e Lise Meitner, que mais tarde faria descobertas fundamentais sobre fissão nuclear, parte do longo processo que levaria à bomba atômica e às usinas de energia nuclear. Durante esses eventos, os Planck continuavam a tradição, iniciada por Helmholtz, de tocar música.

Por um tempo a vida foi um mar de rosas, porém Marie contraiu uma doença pulmonar, talvez tuberculose, e morreu em 1909. Um ano e meio depois, aos 52 anos, Max se casou de novo, desta vez com Marga von Hoesslin, com quem teve mais um filho, Hermann.

Em 1894, uma companhia elétrica local tentava desenvolver uma lâmpada mais eficiente, e Max foi contratado para trabalhar em pesquisa industrial. Teoricamente, a análise de uma lâmpada era um problema comum na física, chamado "radiação de corpo negro" (o modo como a luz é emitida por um corpo perfeitamente não reflexivo). Esse corpo, quando aquecido, emite luz em todas as frequências, mas a intensidade da luz, ou seu equivalente em energia, varia com a frequência. Uma questão fundamental era: como a frequência afeta a intensidade? Sem essa informação básica, seria difícil inventar uma lâmpada melhor.

Havia bons resultados experimentais, e uma lei teórica, a lei Rayleigh-Jeans, já fora deduzida a partir de princípios básicos da física clássica. Infelizmente, a lei discordava dos experimentos em altas frequências. Na verdade, ela previa algo impossível: à medida que a frequência da luz aumenta, sua energia deve se tornar infinitamente grande. Esse resultado impossível ficou conhecido como "catástrofe ultravioleta". Novos experimentos levaram a uma nova lei, que correspondia às observações para radiações de alta frequência, conhecida como lei de Wien, em referência a seu descobridor, Wilhelm Wien.

Só que a lei de Wien não dava certo em radiações de *baixa* frequência. Os físicos estavam diante de duas leis: uma que funcionava com baixas frequências, mas não com altas, outra fazendo exatamente o contrário. Planck teve a ideia de uma interpolação entre as duas, isto é, formular uma expressão matemática que fizesse uma aproximação da lei Rayleigh-Jeans para baixas frequências com a lei de Wien para altas frequências. A fórmula resultante é chamada hoje de lei de Planck para radiação de corpo negro.

Essa nova lei foi elaborada de modo intencional para se adequar lindamente aos experimentos, por todo o espectro de radiação eletromagnética, mas era apenas empírica – derivada de experimentos, não de qualquer princípio físico básico. Fiel à sua intenção confessa de entender melhor a física conhecida, Planck não ficou satisfeito e passou a dedicar muitos esforços na procura dos princípios físicos que levariam à fórmula.

Afinal, em 1900, Planck observou um curioso aspecto de sua fórmula. Ele podia derivá-la com o mesmo cálculo que Rayleigh e Jeans haviam usado, desde que fizesse uma pequena alteração. A derivação clássica partia da hipótese de que, para qualquer dada frequência, a energia da radiação eletromagnética podia em princípio assumir qualquer valor. Em particular, poderia chegar tão perto do zero quanto se desejasse. Planck percebeu que essa suposição era a causa da catástrofe ultravioleta, e que se mudasse a hipótese aquele incômodo infinito desapareceria dos cálculos.

Mas essa era uma suposição radical. A energia de radiação de uma dada frequência tinha de chegar como um número inteiro de "pacotes" de tamanho fixo. Na verdade, o tamanho de cada pacote devia ser proporcional à frequência – isto é, igual à frequência multiplicada por uma constante, que conhecemos como a constante de Planck e que é escrita usando-se o símbolo h.

Esses pacotes de energia foram chamados de quanta (no singular, quantum). Planck havia quantizado a luz.

Tudo muito bom, mas por que os experimentalistas nunca notaram que a energia era sempre um número inteiro de quanta? Comparando seus cálculos com as energias observadas, Planck conseguiu avaliar o tamanho de sua constante, que acabou se mostrando muito, muito pequena. Na verdade, o valor de h é aproximadamente 6×10^{-34} joule-segundo. Grosso modo, para perceber as "lacunas" no espectro possível de energias – os valores que os físicos clássicos permitiam, mas a física quântica, não – era preciso fazer observações com uma precisão de 34 casas decimais. Até hoje, poucas quantidades físicas podem ser medidas até mais de seis ou sete casas decimais; naquela época, três já era pedir muito. Uma observação direta de um quanta exige níveis absurdos de precisão.

Pode parecer estranho que uma diferença matemática tão pequena e que nunca pôde ser vista tivesse um efeito tão grande na lei da radiação. Mas o cálculo da lei envolve a soma de todas as contribuições à energia de todas as frequências possíveis. O resultado é um efeito coletivo de todos os quanta possíveis. Você não pode localizar um grão de areia na Terra a partir da Lua. Mas pode ver o Saara. Se um número suficiente de pequenas unidades se combinar, o resultado pode ser imenso.

A física de Planck prosperou, mas sua vida pessoal foi eivada de tragédias. O filho Karl morreu em ação durante a Primeira Guerra Mundial. A filha Grete morreu de parto em 1917, e Emma teve o mesmo destino em 1919, depois de se casar com o viúvo de Grete. Bem mais tarde, Erwin foi executado pelos nazistas por ter tomado parte na malsucedida tentativa de assassinato de Adolf Hitler, em 1944.

EM 1905, SURGIRAM NOVAS EVIDÊNCIAS em apoio à radical proposta de Planck no trabalho de Einstein sobre o efeito fotoelétrico. Lembre-se: essa foi a descoberta de que a luz podia ser convertida em eletricidade. Einstein já sabia que a eletricidade se apresentava em pacotes discretos. Na verdade, àquela altura, os físicos já tinham conhecimento de que a eletricidade era resultado do movimento de partículas chamadas elétrons. A partir do efeito fotoelétrico, Einstein deduziu que o mesmo deveria valer para a luz. Isso não só confirmava as ideias de Planck sobre o quanta de luz, como também explicava o que era quanta: as ondas de luz, assim como os elétrons, deviam ser partículas.

Mas como uma onda pode ser partícula? Essa era a inequívoca mensagem dos experimentos. A descoberta das partículas de luz, ou fótons, logo levou a uma imagem quântica do mundo, em que as partículas na verdade eram ondas, comportando-se às vezes como uma coisa, às vezes como outra.

A comunidade física começou a levar o quanta mais a sério. O grande físico dinamarquês Niels Bohr surgiu com um modelo quantizado do átomo, em que os elétrons se movimentavam em órbitas circulares ao redor de um núcleo central, e cujo tamanho do círculo se limita a uma quantidade discreta. O físico francês Louis de Broglie argumentou que, como os fótons podiam ser tanto ondas quanto partículas, e os elétrons eram emitidos pelos metais adequados quando impactados pelos fótons, então os elétrons *também* deviam ser ondas e partículas. Na verdade, toda a matéria deveria apresentar essa existência dual – às vezes partículas sólidas, às vezes ondas. Por isso os experimentos exibiam as duas formas.

Nem "partícula" nem "onda" realmente é a descrição da matéria em escalas extremamente pequenas. Os constituintes finais da matéria são um pouco de cada um – são *wacicles*. De Broglie criou uma fórmula para descrever essas ondículas.

Agora surge um passo importante, essencial para nossa história. Erwin Schrödinger pegou a fórmula de De Broglie e a transformou numa equação que descreve como as ondículas se movem. Assim como as leis do movimento de Newton foram fundamentais para a mecânica clássica, a equação de Schrödinger se tornou fundamental para a mecânica quântica.

ERWIN SCHRÖDINGER NASCEU EM VIENA, em 1886, filho de um casamento multirreligioso. Seu pai, Rudolf Schrödinger, fabricava mortalhas, um tipo de lona usado para embalar os mortos, e era também botânico. Rudolf era católico, mas a mãe de Erwin, Georgine Emilia Brenda, era luterana. Entre

1906 e 1910, Erwin estudou física em Viena, com Franz Exner e Friedrich Hasenöhrl, tornando-se assistente do primeiro a partir de 1911. Formou-se em 1914, no início da Primeira Guerra Mundial, da qual participou como oficial de artilharia da Áustria. Dois anos depois do fim da guerra, casou-se com Annemarie Bertel. Em 1920, tornou-se o equivalente a um professor associado em Stuttgart, e em 1921 era professor catedrático em Breslau, hoje Wroclaw, na Polônia.

Erwin publicou a equação que leva seu nome em 1926, num artigo demonstrando que ela prevê os níveis de energia corretos para o espectro do átomo de hidrogênio. O artigo logo foi seguido por outros três importantes trabalhos sobre teoria quântica. Em 1927, Schrödinger juntou-se a Planck em Berlim, mas em 1933, descontente com o antissemitismo dos nazistas, deixou a Alemanha e foi para Oxford, onde entrou para o Magdalen College. Não muito depois de sua chegada, ele e Paul Dirac receberam o Prêmio Nobel de Física.

Schrödinger sempre teve um estilo de vida heterodoxo e escandaloso, vivendo com duas mulheres na mesma casa. Isso ofendeu a sensibilidade dos senhores de Oxford. Um ano depois de chegar, ele se mudava de novo, dessa vez para Princeton, onde lhe ofereceram um cargo permanente; mas resolveu não aceitar – talvez porque a relação com a esposa e a amante sob o mesmo teto não fosse bem-recebida em Princeton, como também em Oxford. Afinal, em 1936, ele se estabeleceu em Graz, na Áustria, onde podia ignorar as opiniões dos austríacos tacanhos.

A ocupação da Áustria por Hitler causou graves dificuldades a Schrödinger, conhecido opositor ao nazismo. Por essa razão, rejeitou publicamente suas antigas convicções científicas (e mais tarde desculpou-se com Einstein por ter feito isso). Mas o plano não funcionou: ele perdeu o emprego por não ser confiável politicamente e teve de fugir para a Itália.

Schrödinger fixou-se afinal em Dublin. Em 1944 publicou *What is Life?*, intrigante porém falha tentativa de aplicar a física quântica ao problema das criaturas vivas. Baseava suas ideias no conceito de "negentropia", a tendência da vida a desobedecer – ou de alguma forma subverter – a segunda lei da termodinâmica. Schrödinger enfatizou que os genes das criaturas vivas deviam ter algum tipo de molécula complicada contendo instruções codificadas. Agora chamamos essa molécula de DNA, mas sua estrutura só foi descoberta em 1953, por Francis Crick e James Watson – em parte inspirados por Schrödinger.

Na Irlanda, Schrödinger manteve sua atitude em relação à sexualidade, envolvendo-se com as alunas e tendo dois filhos de mães diferentes. Morreu de tuberculose em Viena, em 1961.

SCHRÖDINGER É MAIS CONHECIDO por causa de seu gato. Não um gato de verdade, mas o que aparecia num experimento teórico. Em geral esse experimento é uma razão para não se considerarem as ondas de Schrödinger coisas físicas, reais, mas uma descrição de bastidores que nunca poderia ser verificada experimentalmente, embora apresente as consequências corretas. Contudo, essa interpretação é controversa – se as ondas não existem, por que suas consequências funcionam tão bem?

Mas vamos voltar ao gato. De acordo com a mecânica quântica, as *wacicles* podem interferir umas com as outras, reforçando-se quando pico encontra com pico e cancelando-se quando pico encontra com vale. Esse tipo de comportamento é chamado de "sobreposição", e por isso as ondículas quânticas podem se sobrepor – o que implica que podem conter uma variedade de estados potenciais sem na verdade existir em nenhum deles. Segundo Bohr e sua famosa "interpretação de Copenhague" da teoria quântica, esse é o estado natural das coisas. Só quando observamos alguma quantidade física é que a forçamos a sair de uma sobreposição quântica para um só estado "puro".

Essa interpretação funciona bem para os elétrons, mas Schrödinger pensou sobre o que isso implicaria no caso de um gato. Em seu experimento mental, um gato trancado numa caixa pode estar numa sobreposição dos estados vivo e morto. Só quando você abre a caixa e observa o gato é que ele é forçado a assumir um estado ou outro. Como observou Terry Pratchett em *Maskerade*, os gatos não são assim. Greebo, um gato hipermacho, sai da caixa num terceiro estado: absolutamente furioso.

Schrödinger também sabia que os gatos não eram assim, embora por diferentes razões. Um elétron é uma entidade microscópica, e ele se comporta como qualquer coisa no plano quântico. Apresenta (quando o medimos) uma posição, ou velocidade, ou spin específicos que podem ser descritos com relativa simplicidade. Um gato é macroscópico, e bem diferente. É possível sobrepor estados de elétrons, mas não de gatos. Minha esposa e eu temos dois gatos, e quando eles tentam se superpor, o resultado são pelos voando e dois bichos muito indignados. No jargão próprio, o termo que se usa é "decoerência", que explica por que grandes sistemas quânticos como gatos parecem os sistemas "clássicos", familiares da nossa vida diária. A decoerência nos diz que o gato contém tantas ondículas que elas se emaranham e arruínam a sobreposição mais depressa que o tempo gasto pela luz para percorrer o diâmetro de um elétron. Por isso os gatos, sendo sistemas macroscópicos compostos por um número absolutamente gigantesco de partículas quânticas, *agem* como gatos. Podem estar vivos ou mortos, mas não as duas coisas ao mesmo tempo.

No entanto, nas pequenas escalas adequadas – e estamos falando aqui de coisas muito pequenas, nada que possa ser visto num microscópio normal –, o Universo se comporta exatamente como a física quântica descreve, e pode fazer duas coisas diferentes ao mesmo tempo. E isso muda tudo.

Como o mundo quântico deve ter parecido estranho ao emergir da pesquisa de Werner Heisenberg. Ele era um físico teórico brilhante, mas tinha uma habilidade com experimentos tão nula que quando defendeu a tese de doutorado, não conseguiu responder a perguntas simples sobre telescópios e microscópios. Nem ao menos sabia como funcionava uma bateria.

August Heisenberg se casou com Anna Wecklein em 1899. August era luterano e Anna, católica, mas ela se converteu ao catolicismo para viabilizar o matrimônio. Os dois tinham muito em comum: ele era professor de estudos clássicos, especializado em grego antigo, enquanto ela era filha de uma diretora de escola e estudiosa das tragédias gregas. O primeiro filho do casal, Erwin, nasceu em 1900 e se tornou químico. O segundo, Werner, nasceu em 1901 e mudou o mundo.

Na época a Alemanha ainda era uma monarquia, e a profissão de professor desfrutava alto prestígio social, por isso os Heisenberg estavam bem financeiramente e puderam mandar os filhos para boas escolas. Em 1910, August foi nomeado professor de grego medieval e moderno na Universidade de Munique, para onde a família se mudou. Em 1911, ele começou a frequentar a Escola Rei Maximiliano, em Munique, onde Planck também estudou. O avô de Werner, Nikolaus Wecklein, era o diretor da escola. O rapaz era brilhante e rápido, em parte porque o pai o estimulava a competir com o irmão mais velho, e demonstrava uma notável propensão para matemática e ciência. Também possuía talento musical, tendo aprendido piano tão bem que aos doze anos já tocava em concertos na escola.

Mais tarde Heisenberg escreveu que "tanto meu interesse por línguas quanto por matemática foram despertados bem cedo". Tirava notas altas em grego e latim, e ia bem em matemática, física e religião. Seu pior desempenho era nos esportes e em alemão. Seu professor de matemática, Christoph Wolff, era excelente; estimulava as habilidades de Werner passando-lhe problemas especiais para resolver. Logo o aluno tinha ultrapassado o professor. O boletim da escola de Heisenberg registra: "Com seu trabalho independente no campo da física matemática, ele foi bem além das exigências da escola." Heisenberg aprendeu sozinho a teoria da relatividade, preferindo o conteúdo matemático às implicações físicas. Quando os pais pediram que orientasse um estudante de um colégio local para os exames, Werner aprendeu sozinho o cálculo infinitesimal, assunto não incluído no currículo escolar. Desenvolveu interesse pela teoria dos números, dizendo que, "claro, tudo acontece de tal modo que pode ser entendido até a base".

Para ajudar Werner a aprimorar o latim, o pai trouxe para ele velhos textos sobre matemática escritos nesse idioma. Entre eles estava a dissertação de Kronecker sobre um tema ("unidades complexas") da teoria algébrica dos números. Kronecker, teórico dos números de nível internacional, era famoso por acreditar que "Deus criou os números inteiros – tudo o mais é trabalho do homem". Heisenberg inspirou-se nisso e resolveu empenhar-se no estudo do último teorema de Fermat. Depois de nove anos na escola, ele se formou em primeiro lugar e entrou para a Universidade de Munique.

Com a eclosão da Primeira Guerra Mundial, os Aliados organizaram um bloqueio à Alemanha. Alimentos e combustível se tornaram escassos; a escola teve de fechar as portas por falta de aquecimento, e em certa ocasião Werner estava tão fraco de fome que caiu da bicicleta dentro de uma valeta. O pai e seus professores estavam lutando na guerra, e os jovens, deixados para trás, recebiam treinamento militar e doutrinação nacionalista. O término da guerra representou também o fim da monarquia alemã, e logo a Baviera tinha um governo socialista alinhado ao soviético. Mas em 1919 tropas alemãs vindas de Berlim expulsaram os socialistas e restauraram uma social-democracia mais moderada.

Como a maior parte de sua geração, Werner ficou desapontado com a derrota da Alemanha e culpou os mais velhos pelo fracasso militar. Tornou-se líder de um grupo associado aos Novos Escoteiros, organização de extrema direita que sonhava com o Terceiro Reich e cujo objetivo era restaurar a monarquia. Muitas facções dos Novos Escoteiros eram antissemitas, mas o grupo de Werner incluía inúmeros rapazes judeus. Ele passava muito tempo com os companheiros, acampando, fazendo caminhadas e em geral tentando recapturar a visão romântica do que havia sido a Alemanha; mas essas atividades se encerraram em 1933, quando Hitler baniu todas as organizações de juventude que não fossem as fundadas por ele.

Em 1920, Werner foi para a Universidade de Munique com a intenção de estudar matemática pura, mas uma entrevista com um dos professores dessa área o fez desistir da ideia. Em vez disso, preferiu estudar física com Arnold Sommerfeld. Reconhecendo de imediato a capacidade de Werner, Sommerfeld permitiu que ele frequentasse turmas mais adiantadas. Logo o aluno realizava algumas pesquisas originais sobre a abordagem quântica da estrutura atômica. Seu doutorado foi concluído em 1923, quebrando o recorde de menor tempo de curso nessa universidade. No mesmo ano, Hitler tentou derrubar o governo da Baviera com o *Putsch* da Cervejaria, prelúdio para uma marcha sobre Berlim, mas a tentativa fracassou. A hiperinflação era galopante; a Alemanha caía aos pedaços.

Werner continuou aplicando-se à sua atividade. Colaborou com muitos físicos de destaque, todos voltados para a teoria quântica, pois era aí que as coisas aconteciam. Trabalhou com Max Born para elaborar uma teoria mais aprimorada do átomo. Werner Heisenberg pensou em representar o estado de um átomo em termos das frequências observadas em seu espectro – segundo a luz que emitia. Resumiu suas hipóteses num tipo peculiar de matemática que envolvia listas de números. Born acabou percebendo que essas listas, na verdade, eram importantes: os matemáticos as chamaram de matrizes. Feliz ao ver que a ideia fazia sentido, Born enviou o artigo para ser publicado. Desenvolvidas, essas hipóteses amadureceram numa nova e sistemática matemática da teoria quântica: a mecânica matricial, considerada uma concorrente da mecânica das ondas de Schrödinger.

Quem estava certo? Acabou por ficar evidente que as duas teorias eram idênticas, como Schrödinger descobriu em 1926. Eram duas representações matemáticas diferentes dos mesmos conceitos subjacentes – assim como os métodos euclidianos e algébricos são duas formas equivalentes de analisar a geometria. De início Heisenberg não conseguia acreditar nisso, pois a essência de sua abordagem matricial era a existência de saltos descontínuos quando um elétron mudava de estado. As entradas de suas matrizes eram as mudanças de energia associadas a esses saltos. Ele não conseguia entender como as ondas, na condição de entidades contínuas, podiam apresentar descontinuidades. Em carta dirigida ao físico austro-suíço Wolfgang Pauli, ele escreveu: "Quanto mais penso sobre a parte física da teoria de Schrödinger, mais repulsiva a considero. ... O que Schrödinger escreve sobre a visualização de sua teoria 'provavelmente não está muito certo', em outras palavras, é um lixo." Mas, na verdade, esse desacordo era uma reprise de um debate muito mais antigo, no qual Bernoulli e Euler discordavam sobre as soluções da equação de onda. Bernoulli tinha uma fórmula para a resolução, mas Euler não conseguia ver como essa fórmula, que parecia contínua, podia representar resultados descontínuos. Mesmo assim, Bernoulli estava certo, assim como Schrödinger. Suas *equações* podiam ser contínuas, mas muitos aspectos de suas soluções podiam ser discretos – inclusive os níveis de energia.

A maioria dos físicos preferiu a imagem da mecânica ondulatória, por ser mais intuitiva. As matrizes eram abstratas demais. Heisenberg ainda preferia sua lista, pois consistia em quantidades observáveis, enquanto parecia impossível detectar uma das ondas de Schrödinger de modo experimental. De fato, a interpretação da teoria quântica de Copenhague, dramatizada como o gato de Schrödinger, afirmava que qualquer tentativa de fazer isso "colapsaria" a onda em um só pico bem-definido. Por isso, Heisenberg ficava cada vez mais preocupado em saber que aspectos do mundo quântico poderiam ser medidos e como. Era possível medir todos os dados de sua lista, mas nenhuma das ondas de Schrödinger. Heisenberg considerou essa diferença uma forte razão para reafirmar suas matrizes.

Seguindo essa linha de pensamento, ele descobriu que, em princípio, era possível medir a posição de uma partícula com toda a precisão desejada – mas havia um preço a pagar, pois quanto mais exatamente se conhece a posição, menor o rigor na determinação do momentum. Inversamente, quando se mede o momentum com muita precisão, perde-se a pista da posição. A mesma troca ocorre com o tempo e a energia. Pode-se medir um ou outro, mas não os dois. Ao menos quando se quer obter medições altamente exatas.

Este não era um problema do procedimento experimental, mas um aspecto inerente à teoria quântica. Heisenberg descreveu seu raciocínio numa carta a Pauli, em fevereiro de 1927. A carta acabou inspirando um artigo, e a ideia de Heisenberg ganhou o nome de "princípio da incerteza". Foi um dos primeiros exemplos de uma limitação inerente à física. Outro foi a afirmação de Einstein de que nada podia se mover mais depressa que a luz.

Em 1927, Heisenberg se tornou o mais jovem professor da Alemanha, na Universidade de Leipzig. Em 1933, ano em que Hitler subiu ao poder, ele ganhou o Prêmio Nobel de Física. Isso o tornou uma figura influente, e seu desejo de permanecer na Alemanha durante o regime nazista fez muitos acreditarem que ele aderira a essa ideologia. Até onde se pode estabelecer, Heisenberg não aderiu. Mas era um patriota, e isso o levou a se associar com nazistas e ser cúmplice em muitas de suas atividades. Há evidências de que tentou impedir agentes do governo de expulsar judeus de seus cargos na universidade, mas não adiantou. Em 1937, ele foi classificado como "judeu branco" e ficou sob ameaça de ser mandado para um campo de concentração; contudo, depois de um ano, foi liberado por Heinrich Himmler, chefe da SS. Ainda em 1937, Heisenberg casou-se com Elisabeth Schumacher, filha de um economista. Os primeiros filhos foram gêmeos; depois, eles tiveram mais cinco filhos.

Durante a Segunda Guerra Mundial, Heisenberg foi um dos principais cientistas envolvidos na pesquisa de armas nucleares na Alemanha – a "bomba atômica". Trabalhou em reatores nucleares em Berlim, enquanto a esposa e os filhos foram despachados para a residência de verão da família, na Baviera. Seu papel no projeto da bomba atômica alemã parece muito controverso. Quando a guerra acabou, Heisenberg foi detido pelos britânicos e mantido seis meses numa casa de campo perto de Cambridge, para interrogatório. A transcrição dessas sessões, publicada há não muito tempo, vem exacerbando a controvérsia. Heisenberg afirma em algum momento que só estava interessado em construir um reator nuclear ("motor") e que não quis se envolver com a fabricação da bomba. "Eu diria que estava absolutamente convencido da possibilidade de fazermos um motor de urânio, mas nunca pensei que faríamos uma bomba, e, do fundo do coração, fiquei realmente contente por ser um motor e não uma bomba. Devo admitir isso." A verdade dessa afirmação ainda é debatida com ardor.

Depois da guerra e de sua libertação da custódia dos britânicos, Heisenberg voltou a trabalhar com teoria quântica. Ele morreu de câncer em 1976.

A MAIOR PARTE DOS ALEMÃES que criaram a teoria quântica tinha boa formação intelectual – eram filhos de médicos, advogados, professores etc. Moravam em boas casas, tocavam música e faziam parte da vida social e da cultura local. O grande gênio inglês da mecânica quântica teve uma infância muito diferente e bem mais triste; era filho de um pai excêntrico e autoritário (um estranho para seus pais e para a família) e de uma mãe tão resignada que comia na cozinha com dois de seus filhos enquanto o marido e o filho mais novo faziam as refeições totalmente em silêncio na sala de jantar.

O pai era Charles Adrien Ladislas Dirac, nascido no cantão suíço de Valais em 1866, e que fugiu de casa aos vinte anos. Charles chegou a Bristol em 1890, mas só se tornou cidadão britânico em 1919. Em 1899, casou-se com Florence Hannah Holten, filha de um capitão da Marinha; o primeiro filho, Reginald, nasceu no ano seguinte. Dois anos depois a família aumentou com a chegada de mais um menino, Paul Adrien Maurice; quatro anos mais tarde nasceu uma filha, Beatrice.

Charles só contou aos pais que tinha se casado e que eles eram avós em 1905, quando foi visitar a mãe na Suíça. Àquela altura, seu pai já tinha morrido havia dez anos.

Charles dava aula no Colégio Técnico Merchant Venturer, em Bristol. Era considerado um bom professor, mas também conhecido pela total falta de sentimentos humanos e pela estrita disciplina que impunha. Em resumo, portava-se como um militar, mas muitos professores faziam o mesmo.

Introvertido por natureza, Paul agravou ainda mais essa tendência por causa do isolamento e da falta de vida social do pai. Charles insistia para que Paul só falasse com ele em francês, talvez para estimulá-lo a aprender outra língua. Como tivesse um francês terrível, o filho achava mais simples não falar nada, preferindo passar o tempo em conjecturas a respeito do mundo natural. A estrutura dos jantares antissociais da família Dirac parece também ter derivado da regra de que a conversa deveria ser feita só em francês. Nunca ficou claro se Paul detestava ativamente o pai ou se apenas não o tolerava, mas, quando Charles morreu, o principal comentário de Paul foi: "Eu me sinto muito mais livre agora."

Charles se orgulhava da capacidade intelectual de Paul e tinha grandes ambições para os filhos – isso significava que seriam obrigados a fazer o que ele planejasse. Quando Reginald disse que queria ser médico, o pai insistiu para que fosse engenheiro. Em 1919, Reginald se formou em engenharia com notas bem baixas; cinco anos depois, enquanto trabalhava num projeto em Wolverhampton, se suicidou.

Paul morava na casa dos pais e estudou engenharia na mesma faculdade que o irmão. Seu assunto favorito era a matemática, e foi o que escolheu estudar. É possível que não quisesse contrariar a vontade paterna, mas estava também equivocado ao pensar, como se faz até hoje, que a única carreira possível para quem tem formação matemática é o ensino. Ninguém lhe disse que havia alternativas – entre elas, a pesquisa.

A salvação chegou sob a forma de uma manchete de jornal. A primeira página do *Times* de 7 de novembro de 1919 alardeava: "Revolução na ciência. Nova teoria do Universo. Derrubadas as ideias newtonianas". Na metade da segunda coluna havia um subtítulo: "Espaço 'curvado'." De repente todo mundo falava sobre a relatividade.

Lembre-se de que uma das previsões da relatividade geral é que a gravidade encurva a luz numa quantidade duas vezes daquela prevista pelas leis de Newton. Frank Dyson e sir Arthur Stanley Eddington organizaram uma expedição à ilha Príncipe, na África Ocidental, onde estava para acontecer um eclipse total do Sol. Ao mesmo tempo, Andrew Crommelin, do Observatório de Greenwich, liderou uma segunda expedição a Sobral, no Brasil. As duas expedições observaram as estrelas próximas ao disco do Sol durante todo o período e encontraram pequenos deslocamentos das posições aparentes das estrelas, coerentes com as previsões de Einstein, mas não com a mecânica de Newton.

Einstein, transformado em celebridade da noite para o dia, mandou um cartão-postal para a mãe: "Querida mãe, um dia alegre hoje. H.A. Lorentz telegrafou dizendo que as expedições inglesas realmente demonstraram a deflexão da luz no Sol." Dirac viu-se cativado. "Fui envolvido pelo entusiasmo produzido pela relatividade. Nós discutíamos muito. Os estudantes debatiam entre si, mas havia muito pouca informação a respeito." O conhecimento público sobre a relatividade limitava-se à própria palavra. Filósofos alegavam que havia anos sabiam que "tudo é relativo", e descartavam a nova física como um chapéu velho. Infelizmente, eles só mostravam a própria ignorância e a facilidade com que foram iludidos pela terminologia enganosa.

Paul assistiu a algumas palestras sobre relatividade dadas por Charlie Broad, então professor de filosofia em Bristol, mas o conteúdo matemático era insignificante. Acabou comprando um exemplar de *Space, Time and Gravitation*, de Eddington, e aprendeu sozinho a física e a matemática necessárias. Antes de sair de Bristol, ele conhecia tanto a relatividade especial quanto a geral de trás para a frente.

Paul era bom em teoria, mas terrível em trabalhos de laboratório. Anos depois, os físicos falavam de um "efeito Dirac": era só ele entrar num laboratório para todos os experimentos mais próximos começarem a dar errados. Na profissão de engenheiro isso teria sido um desastre. Ele se formou com louvor, mas estava sem ocupação numa época em que os empregos eram escassos por causa da depressão econômica do pós-guerra. Por sorte, recebeu uma oferta para estudar matemática na Universidade de Bristol, com tudo pago, e foi para lá correndo. Em Bristol, especializou-se em matemática aplicada.

Em 1923, Paul Dirac tornou-se estudante de pós-graduação na Universidade de Cambridge, onde sua timidez foi um problema. Ele não se interessava por esportes, fez poucos amigos e não tinha nada a ver com mulheres. Ficava a maior parte do tempo na biblioteca. Em 1920, passou o verão trabalhando na mesma fábrica que seu irmão Reginald. Os dois se encontravam com frequência na rua, mas nunca paravam para conversar, tão inculcado estava o hábito do silêncio entre os membros da família.

Paul logo alcançou certa preeminência: em seis meses já tinha escrito seu primeiro texto de pesquisa. Outros se seguiram numa torrente. Depois, em 1925, ele travou contato com a mecânica quântica. Numa longa caminhada, durante um outono, na cidade de Cambridgeshire, ele se viu pensando nas "listas" de Heisenberg. Eram matrizes, e matrizes não são comutativas, algo que de início havia perturbado Heisenberg. Dirac conhecia as ideias de Lie: nessas circunstâncias a quantidade importante é o comutador $AB - BA$, não o produto AB, e se surpreendeu com a intrigante ideia de que conceito semelhante ocorresse no formalismo hamiltoniano da mecânica, no qual é chamado de colchete de Poisson. Mas Dirac não se lembrava da fórmula.

Aquele pensamento o manteve acordado a maior parte da noite. Na manhã seguinte, "saí correndo para uma das bibliotecas assim que abriram, e então procurei os colchetes de Poisson no *Analytical Dynamics* de Whittaker, e encontrei exatamente o que eu precisava". Sua descoberta foi a seguinte: o comutador de duas matrizes quânticas é igual ao colchete de Poisson das correspondentes variáveis clássicas, multiplicado pela constante $ih/2\pi$. Aqui, h é a constante de Planck, i é $\sqrt{-1}$ e π, bem, é π.

Essa foi uma descoberta fantástica. Ela ensinou aos físicos como transformar sistemas mecânicos em sistemas quânticos. A matemática era uma beleza, relacionando duas teorias conhecidas, mas nunca antes vinculadas. Heisenberg ficou impressionado.

Foram muitas as contribuições de Paul Dirac para a teoria quântica, e vou selecionar só um dos pontos altos, a teoria relativística do elétron, de 1927. Na época, os teóricos quânticos já sabiam que os elétrons tinham "spin" – algo análogo ao giro de uma bola ao redor de um eixo, mas com estranhos aspectos que tornam a analogia muito rudimentar. Se você girar uma bola em 360°, ela e todo o sistema voltam para o ponto de partida. Mas se você fizer o mesmo com um elétron, o giro *reverte*. É preciso girar 720° para o sistema voltar ao seu valor original.

Na verdade isso se assemelha muito aos quatérnions, cuja interpretação como "rotações" do espaço tem o mesmo cacoete. Em termos matemáticos, rotações do espaço formam o grupo SO(3), mas o grupo relevante tanto para quatérnions quanto para elétrons é SU(2). Esses grupos são quase os mesmos, mas SU(2) é duas vezes maior, formado – em certo sentido – de duas cópias de SO(3). Isso se chama "cobertura dupla", e o resultado é expandir uma rotação de 360° em duas vezes esse ângulo.

Dirac não usou quatérnions, tampouco usou grupos. Mas na época do Natal de 1927 ele surgiu com suas "matrizes de spin", que cumprem o mesmo papel. Mais tarde os matemáticos generalizaram as matrizes de Dirac como "spinors", que são importantes na representação da teoria dos grupos de Lie.

As matrizes de spin permitiram a Dirac formular o modelo quântico relativístico do elétron. Cumpriram tudo o que ele esperava – e um pouco mais. Elas previam soluções com energia negativa tão bem quanto aquelas esperadas para a energia positiva. Algum tempo depois, após algumas tentativas fracassadas, esse aspecto enigmático levou Dirac ao conceito de "antimatéria" – toda partícula tem uma antipartícula correspondente, com a mesma massa, porém de carga oposta. A antipartícula do elétron é o pósitron, desconhecido até o prognóstico de Dirac.

As leis da física permanecem (quase) inalteradas se substituirmos todas as partículas por antipartículas – de forma que a operação é uma simetria do mundo natural. Dirac, que nunca foi muito seduzido pela teoria dos grupos, tinha descoberto um dos mais fascinantes grupos de simetria da natureza.

De 1935 em diante, até sua morte em Tallahassee, em 1984, Dirac conferiu grande valor à elegância matemática das teorias físicas, usando esse princípio como pedra de toque em suas pesquisas. Se não era bonito, acreditava ele, estava errado. Quando visitou a Universidade Estadual de Moscou, em 1956, seguindo a tradição, registrou num quadro palavras de sabedoria a fim de que ficassem guardadas para a posteridade. Dirac escreveu: "Uma lei física deve ter uma beleza matemática." E falou sobre uma "qualidade matemática" da natureza. Mas parece que nunca pensou na teoria dos grupos como algo bonito, talvez porque os físicos costumam abordar grupos por meio de grandes cálculos. Parece que só os matemáticos estavam afinados com a exótica beleza dos grupos de Lie.

BONITA OU NÃO, a teoria dos grupos tornou-se leitura essencial para qualquer teórico quântico em formação graças ao filho de um mercador de couro.

Na virada do século XIX, o couro era um grande negócio, e ainda é. Mas, naquela época, um pequeno comerciante podia viver bem curtindo e vendendo couro. Um bom exemplo disso era Antal Wigner, diretor de um curtume. Ele e a esposa, Erzsébet, tinham ascendência judaica, mas não praticavam o judaísmo. Viviam no que era então o império austro-húngaro, na cidade de Pest. Ao se juntar à vizinha Buda, a cidade se transformou na Budapeste de hoje, capital da Hungria.

Eugene Paul Wigner (originalmente Jeno Pál), o segundo dos três filhos de Antal, nasceu em 1902; entre os cinco e os dez anos estudou em casa com um professor particular. Logo depois de entrar para a escola, Eugene foi diagnosticado com tuberculose, e mandaram-no para a recuperação num sanatório na Áustria. Ficou lá seis semanas antes de saber que o diagnóstico estava errado. Se estivesse correto, é quase certo que não teria sobrevivido até a idade adulta.

Como tinha de ficar deitado durante a maior parte do dia, o garoto resolvia problemas matemáticos de cabeça para passar o tempo. "Eu tinha de ficar deitado numa espreguiçadeira dias a fio", escreveu depois, "e trabalhei duro para construir um triângulo a partir de três alturas dadas." As alturas de um triângulo são as três linhas que passam por um vértice e encontram o lado oposto em ângulos retos. Dado o triângulo, é fácil encontrar as alturas. Fazer isso no sentido contrário é bem mais difícil.

Quando saiu do sanatório, Eugene continuou pensando em matemática. Em 1915, no Colégio Luterano de Budapeste, conheceu outro garoto que se tornaria um dos grandes matemáticos do mundo: Janós (depois John) von Neumann. Mas os dois nunca foram muito chegados, pois Von Neumann era um tipo reservado.

Em 1919, os comunistas tomaram a Hungria, e os Wigner fugiram para a Áustria, só voltando a Budapeste no ano em que os comunistas foram expulsos. A família inteira se converteu ao luteranismo, mas isso teve pouco efeito sobre Eugene, como disse mais tarde, porque ele era "só levemente religioso".

Em 1920, Eugene terminou os estudos entre os primeiros da classe. Desejava ser físico, mas o pai queria que ele trabalhasse no negócio de couro da família. Então, em vez de estudar física, Eugene estudou engenharia química, pois o pai achou que isso ajudaria a desenvolver seu comércio. No primeiro ano da universidade, o jovem frequentou a Technische Hochschule em Berlim. Acabou passando a maior parte do tempo no laboratório de química, de que ele gostava muito, e pouquíssimo tempo nas aulas teóricas.

Mas Eugene ainda não tinha desistido da física. A Universidade de Berlim não era muito longe, e lá estavam ninguém menos que Planck e Einstein, além de outros luminares menos afamados. Eugene tirou vantagem da proximidade e foi assistir àquelas imortais palestras. Completou o doutorado com uma tese sobre formação e fragmentação de moléculas, e, relutante, foi trabalhar no curtume. Como era previsível, isso não foi uma boa ideia: "Eu não me dei muito bem no curtume. ... Não me sentia em casa. ... Não sentia que aquilo era a minha vida." A vida de Eugene eram a matemática e a física.

Em 1926, Eugene foi procurado por um cristalógrafo do Instituto Kaiser Wilhelm que precisava de um assistente de pesquisa. O trabalho combinaria os dois interesses de Wigner, num contexto químico. O projeto teve enorme influência em sua carreira, assim como no trajeto da física nuclear, pois o pôs em contato com a teoria dos grupos – a matemática da simetria. A primeira grande aplicação da teoria dos grupos na física foi a classificação de todas as 230 estruturas possíveis de cristais. Wigner escreveu: "Recebi a carta de um cristalógrafo que queria descobrir por que os átomos ocupam posições na estrutura do cristal que correspondem a eixos simétricos. Ele me disse também que isso tem a ver com a teoria dos grupos, e que eu deveria ler um livro sobre o tema e depois conversar com ele."

Talvez tão desanimado quanto o filho com a participação de Eugene no comércio de couro, Antal Wigner concordou com o emprego de pesquisador assistente. Eugene começou lendo alguns artigos de Heisenberg sobre teoria quântica e desenvolveu um método teórico para calcular o espectro de um átomo com três elétrons. Mas percebeu também que a metodologia se mostrava muito complicada para mais de três elétrons. A essa altura ele procurou a ajuda de seu antigo conhecido Von Neumann, que lhe sugeriu a leitura da teoria da representação dos grupos. Essa área da matemática era sobrecarregada dos conceitos algébricos e técnicas da época, em especial a álgebra de matriz. Mas graças aos estudos em cristalografia e à familiaridade com um importante livro-texto sobre álgebra da época – *Manual de álgebra*, de Heinrich Weber – as matrizes não eram um problema para Wigner.

A sugestão de Von Neumann se provou valiosa. Como todos os elétrons são idênticos, um átomo que tenha certo número de elétrons não "sabe" qual é qual. Em outras palavras, as equações que descrevem a radiação emitida por esse átomo devem ser simétricas sob todas as permutações desses elétrons. Usando a teoria dos grupos, Wigner desenvolveu uma teoria do espectro de átomos com qualquer número de elétrons.

A essa altura, seu trabalho situava-se nos limites do domínio tradicional da física clássica. Mas o grande interesse de todos estava na teoria quântica. Agora Wigner iria embarcar na obra-prima de sua vida. A aplicação da teoria da representação dos grupos na mecânica quântica.

Ironicamente, ele fez isso a despeito de seu novo trabalho e não por causa dele. David Hilbert, um dos decanos da matemática na Alemanha, tinha grande interesse pelos princípios matemáticos da teoria quântica e precisava dos serviços de três pesquisadores assistentes. Em 1927, Wigner foi a Göttingen para participar do grupo de pesquisa de Hilbert. Seu papel mais ostensivo foi fornecer seus conhecimentos de física para acrescentar aos vastos conhecimentos matemáticos de Hilbert.

A colaboração não funcionou como se esperava. Os dois só se encontraram cinco vezes em um ano. Hilbert estava velho, cansado e cada vez mais recluso. Por isso Wigner voltou a Berlim, deu palestras sobre mecânica quântica e continuou a montar seu livro mais famoso: *Group Theory and its Application to the Quantum Mechanics of Atomic Spectra*.

As ideias de Wigner já haviam sido antecipadas por Hermann Weyl, que escrevera um livro sobre grupos na teoria quântica. Mas o principal foco de Weyl eram temas fundamentais, enquanto Wigner queria resolver problemas físicos específicos. Weyl estava atrás da beleza, Wigner buscava a verdade.

Podemos entender a abordagem de Wigner à teoria dos grupos num contexto simples e clássico, como as vibrações de um tambor. Os tambores em geral usados na música são circulares, mas em princípio poderiam ter qualquer formato. Quando você bate num tambor com a baqueta, o couro vibra e produz um som. Diferentes formatos de tambores originam sons diferentes. A variação das frequências produzidas por um tambor, chamada *espectro*, depende do formato do tambor de uma maneira complexa. Se o tambor for simétrico, poderíamos esperar uma simetria no espectro. Isso acontece, mas de forma sutil.

Imagine um tambor retangular – coisa que não se vê muito fora dos departamentos de matemática. O padrão típico de vibração desse tambor divide-o em vários retângulos menores, como na Figura 32.

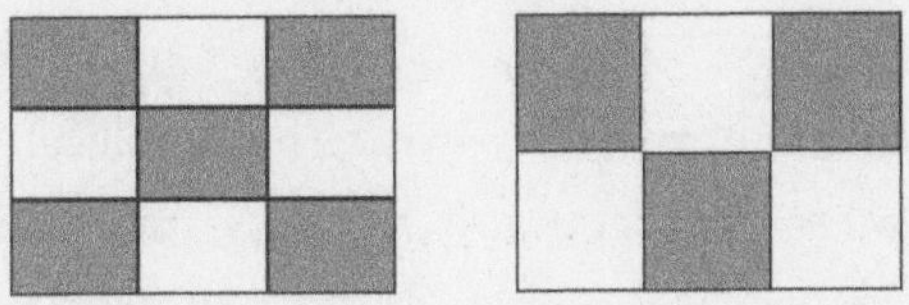

FIGURA 32: Dois padrões de vibração de um tambor retangular.

Aqui vemos dois diferentes padrões de vibração com duas diferentes frequências. As imagens são como instantâneos dos padrões, tirados em determinado momento. As regiões escuras se deslocam para baixo, as brancas para cima.

As simetrias do tambor têm implicações para os padrões, pois qualquer transformação simétrica do tambor pode ser aplicada a um possível padrão de vibração para produzir outro possível padrão de vibração. Por isso os padrões surgem em conjuntos simetricamente relacionados. No entanto, padrões individuais não precisam ter as mesmas simetrias do tambor. Por exemplo, um retângulo é simétrico numa rotação de 180°. Se aplicarmos essa transformação de simetria aos dois padrões acima, eles assumem as formas da Figura 33.

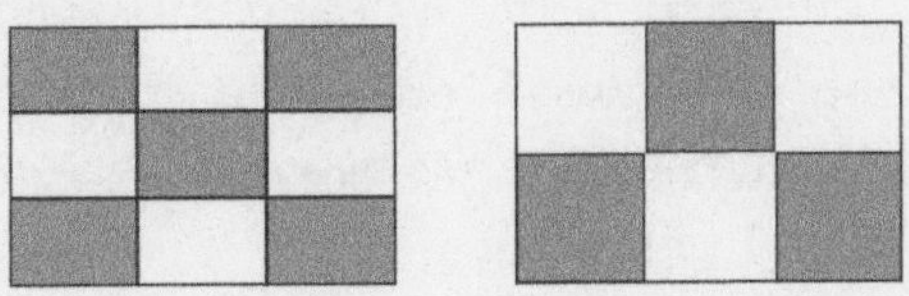

FIGURA 33: Os mesmos dois padrões depois de rotar o tambor em 180°.

O padrão da esquerda ficou inalterado, portanto, acompanha a simetria rotacional do tambor. Mas o padrão da direita intercambiou regiões escuras com regiões claras. Esse efeito é chamado de *ruptura de simetria espontânea*, e é muito comum em sistemas físicos: acontece quando um sistema simétrico tem estados menos simétricos. O padrão da esquerda não quebra a simetria, mas o da direita quebra. Vamos nos concentrar no padrão da direita e ver qual o efeito dessa quebra de simetria.

Embora o padrão e sua rotação sejam diferentes, os dois vibram com a mesma frequência, pois a rotação é uma simetria do tambor, e portanto das equações que descrevem sua vibração. Então o espectro do tambor contém essa frequência específica "duas vezes". Pode parecer difícil detectar esse efeito experimentalmente, mas se fizermos pequenas alterações no tambor que desfaçam a simetria rotacional – digamos, produzindo uma pequena endentação num dos lados –, as duas frequências se afastam um pouco, e pode-se ver que são duas, muito próximas uma da outra. Isso não teria acontecido se a frequência tivesse ocorrido só uma vez no tambor simétrico.

Wigner percebeu que o mesmo efeito pode ser detectado em moléculas, átomos e núcleos atômicos simétricos. Os sons produzidos pelo tambor transformam-se em vibrações de moléculas, e o espectro de sons é substituído pelo espectro de luz emitida ou absorvida. No mundo quântico, o espectro é criado por transições entre diferentes estados de energia, e o átomo emite fótons cuja energia – e, portanto, cuja frequência, graças a Planck – corresponde a essa diferença. Agora o espectro pode ser detectado usando-se um espectroscópio. Mais uma vez, algumas das frequências – observadas como linhas espectrais – podem ser dobradas (ou multiplicadas) por causa da simetria de moléculas, átomos ou núcleos.

Mas como podemos detectar essa multiplicidade? Não se pode fazer uma endentação numa molécula como no tambor. Mas é possível colocar a molécula num campo magnético. Isso também desfaz a simetria subjacente e divide as linhas espectrais. Agora podemos usar a teoria dos grupos – mais especificamente, a teoria da representação dos grupos – para calcular as frequências e como elas se dividem.

A teoria da representação é uma das mais belas e poderosas da matemática, mas também é muito exigente tecnicamente e cheia de armadilhas ocultas. Wigner transformou-a numa grande arte. Muitos batalharam para seguir suas indicações.

Em 1930, Wigner conseguiu um emprego de meio período nos Estados Unidos, no Instituto de Estudos Avançados, e passou a viajar entre Princeton e Berlim. Em 1933, os nazistas baixaram leis vetando aos judeus os cargos universitários, por isso Wigner mudou-se em definitivo para os Estados Unidos – ficando mais tempo em Princeton, onde anglicizou seu nome para Eugene Paul. Sua irmã Margit juntou-se a ele em Princeton. Lá ela conheceu Dirac, que estava de visita, e em 1937 os dois estavam casados, para surpresa de todos.

O casamento de Margit deu certo, mas o emprego de Eugene, não. Em 1936, Wigner escreveu: "Princeton me dispensou. Eles não explicaram por quê. Não pude deixar de sentir raiva." Na verdade, foi Wigner quem pediu demissão, talvez porque não estivesse trabalhando no ritmo desejado. Quem sabe acreditasse que a recusa de Princeton em promovê-lo o forçasse a pedir demissão, por isso a sensação de ter sido dispensado.

Mas ele logo arrumou outro emprego na Universidade de Wisconsin, assumiu a cidadania americana e conheceu uma estudante de física chamada Amelia Frank. Os dois se casaram, mas Amelia tinha câncer e morreu um ano depois.

Em Wisconsin, Wigner voltou a se interessar pelas forças nucleares e descobriu que elas eram regidas pelo grupo de simetria SU(4). Fez também uma descoberta básica em relação ao grupo de Lorentz, publicada em 1939. Mas na época a teoria dos grupos não fazia parte da formação de um físico, e suas principais aplicações ainda se limitavam à área especializada da cristalografia. Para a maioria dos físicos, a teoria dos grupos parecia complicada e desconhecida, uma combinação fatal. Os físicos quânticos, assustados com as coisas que surgiam em seu caminho, descreveram o desenvolvimento como *Gruppenpest*, ou "doença dos grupos". Wigner tinha liberado uma epidemia, e seus colegas não queriam pegar a doença. Mas a visão de Wigner foi profética. Métodos de teoria de grupo passaram a dominar a mecânica quântica, dadas a influência e a onipresença da simetria.

Em 1941, Wigner casou-se pela segunda vez, com uma professora chamada Mary Annette. O casal teve dois filhos, David e Martha. Durante a guerra, Wigner, assim como Von Neumann e muitos outros dos maiores físicos-matemáticos, trabalhou no Projeto Manhattan para construir a bomba atômica. Em 1963, Wigner ganhou o Prêmio Nobel de Física.

Apesar de ter vivido muitos anos nos Estados Unidos, Wigner sempre sentiu saudade de sua terra natal. "Depois de sessenta anos nos Estados Unidos", escreveu nos últimos anos de vida, "ainda sou mais húngaro que americano. Há muito na cultura americana que não consigo entender." Ele morreu em 1995. O físico Abraham Pais o definiu como "um homem muito estranho, ... um dos gigantes da física do século XX". O ponto de vista desenvolvido por Wigner continua revolucionário no século XXI.

13. O homem de cinco dimensões

No fim do século XX, os físicos já tinham feito avanços extraordinários. A estrutura do Universo em larga escala parecia estar muito bem descrita pela relatividade geral. Previsões notáveis, como a existência de buracos negros – regiões do espaço-tempo criadas pelo colapso de estrelas maciças sob ação de sua própria gravidade e das quais a luz não pode escapar –, eram verificadas por observação. A estrutura em pequena escala do Universo, por outro lado, era descrita em detalhes e com muita precisão pela teoria quântica, sob a moderna forma de teoria do campo quântico, que incorpora a relatividade especial, mas não a geral.

Contudo, havia duas serpentes no paraíso dos físicos. Uma era a serpente "filosófica": as duas teorias da relatividade, extremamente bem-sucedidas, estavam em desacordo. Suas suposições acerca do mundo físico eram mutuamente inconsistentes. A relatividade geral é "determinista" – as equações não deixam espaço para o acaso. A teoria quântica é inerentemente indeterminada, representada pelo princípio da incerteza de Heisenberg, e muitos eventos, como o decaimento de um átomo radioativo, acontecem aleatoriamente. A outra serpente era "física": as teorias das partículas elementares baseadas no quantum deixavam inúmeras questões importantes sem solução – como a razão de as partículas terem massa, se é que elas têm.

Muitos físicos acreditavam que as duas serpentes poderiam ser expulsas do Jardim do Éden por uma atitude ousada: *unificando* a relatividade e a teoria quântica, ou seja, elaborando uma nova teoria, lógica e consistente, que reunisse a relatividade, em larga escala, e a teoria quântica, em pequena escala. Foi o que Einstein tentou fazer durante metade de sua vida – e fracassou. Com sua modéstia peculiar, os físicos batizaram essa visão unificada de "teoria de tudo". A esperança era de que o todo da física fosse resumido a um conjunto de equações tão simples que pudesse ser estampado numa camiseta.

Não era uma ideia tão maluca. É possível estampar as equações de Maxwell numa camiseta; eu mesmo tenho uma com as equações da relatividade especial, com o slogan "Faça-se a luz" em hebraico. Um amigo comprou-a para mim no aeroporto de Tel-Aviv. Em termos menos frívolos, já foram feitas grandes unificações de teorias aparentemente disparatadas. A teoria de Maxwell uniu o magnetismo e a eletricidade, antes considerados fenômenos naturais inteiramente distintos, em um só fenômeno: o eletromagnetismo. O nome pode ser desajeitado, mas reflete com precisão o processo de unificação. Um exemplo mais moderno, pouco conhecido fora da comunidade da física, é a teoria eletrofraca, que unificou o eletromagnetismo e a força nuclear fraca (veja adiante). Para a unificação com a força nuclear forte ainda falta um pequeno ingrediente na mistura: a gravidade.

Em vista desse histórico, é bem razoável esperar que essa força final da natureza possa ser alinhada com o resto da física. Infelizmente, a gravidade apresenta aspectos estranhos que tornam o processo muito difícil.

TALVEZ NÃO SEJA POSSÍVEL uma teoria de tudo. Embora as equações matemáticas – "leis da natureza" – até agora tenham tido sucesso na explicação do nosso mundo, não há garantias de que esse processo deva continuar. Talvez o Universo seja menos matemático do que os físicos imaginam.

Teorias matemáticas fazem uma boa aproximação da natureza, mas não está estabelecido que qualquer parte da matemática possa captar *exatamente* a realidade. Se não, uma colcha de retalhos de teorias mutuamente inconsistentes poderia fornecer aproximações funcionais válidas em diferentes domínios – e pode não existir um só princípio abrangente que combine todas essas aproximações e funcione em todos os domínios.

A não ser, claro, a trivial lista de regras do tipo se / então: "Se as velocidades forem pequenas e a escala for grande, use a mecânica newtoniana; se as velocidades forem grandes e a escala for grande, use a relatividade especial", e assim por diante. Essa teoria do tipo mistureba é muito feia: se a beleza é verdade, a mistureba só pode ser falsa. Mas talvez, no fundo, o Universo *seja* feio. Talvez nem *exista* um fundo. Esses não são pensamentos agradáveis, mas quem somos nós para impor nossa estética provinciana ao cosmo?

A noção de que *deve* existir uma teoria de tudo traz à mente as religiões monoteístas – nas quais, ao longo de milênios, disparatadas coleções de deuses e deusas com seus reinos específicos foram substituídas por *um* deus cujo reino é o todo. Esse processo em geral é visto como um avanço, mas parece um erro filosófico habitual conhecido como "equação de incógnitas", em que a mesma causa é atribuída a todos os fenômenos misteriosos. Como afirma o escritor de ficção científica Isaac Asimov, se você se sente confuso com discos voadores, telepatia e fantasmas, a explicação óbvia é que os discos voadores são pilotados por fantasmas telepatas. "Explicações" como esta passam a falsa impressão de progresso – nós tínhamos três mistérios para explicar, agora só temos um. Mas há um novo mistério que combina os três a serem explicados, e que *podem muito bem ter explicações inteiramente diferentes*. Ao combiná-los, ficamos cegos para essa possibilidade.

Quando explicamos o Sol com um deus-sol e a chuva com um deus-chuva, podemos dotar cada deus com seus próprios aspectos. Mas se insistirmos que Sol e chuva são controlados pelo *mesmo* deus, estamos tentando enfiar duas coisas diferentes na mesma camisa de força. Por isso, de alguma maneira, a física fundamental está mais para física fundamentalista. Equações numa camiseta substituem uma deidade imanente, e o desdobramento das consequências dessas equações substitui a intervenção divina na vida cotidiana.

Apesar dessas observações, meu coração está com a física fundamentalista. Eu gostaria de ver uma teoria de tudo, e ficaria deliciado se ela fosse matemática, bela e verdadeira. Acho que as pessoas religiosas também gostariam, pois poderiam interpretá-la como prova do gosto requintado e da inteligência de um deus.

A BUSCA ATUAL DE UMA TEORIA de tudo finca raízes nas primeiras tentativas de unificar o eletromagnetismo e a relatividade geral – na época, toda a física conhecida. Isso só foi feito quatorze anos depois do primeiro trabalho de Einstein sobre a relatividade especial, oito anos após ele ter publicado que a gravidade podia curvar a luz e quatro anos depois que a teoria acabada da relatividade geral fosse revelada a um mundo em expectativa. Essa foi uma tentativa tão boa que poderia ter desviado a física para um caminho totalmente novo; mas, infelizmente para seu criador, o trabalho coincidiu com algo que *realmente* colocou a física num novo rumo: a mecânica quântica. Na corrida do ouro que se seguiu, os físicos perderam o interesse pelas teorias unificadas de campo, pois o mundo do quantum oferecia escolhas muito mais atraentes, com maiores possibilidades de grandes descobertas. Ainda seriam necessários sessenta anos para que a ideia por trás dessa primeira tentativa fosse revivida.

Tudo começou na cidade de Königsberg, então capital da província alemã da Prússia Oriental. Königsberg hoje é conhecida como Kaliningrado, centro administrativo de um enclave russo entre a Polônia e a Lituânia. A surpreendente influência dessa cidade no desenvolvimento da matemática começou com um quebra-cabeça. Königsberg fica à beira do rio Pregel, e sete pontes ligavam as duas margens do rio e duas ilhas próximas. Será que existia uma rota que permitisse aos cidadãos de Königsberg atravessar todas elas sem passar duas vezes pela mesma ponte? Um desses cidadãos, Leonhard Euler, desenvolveu uma teoria geral sobre a questão, indicando, nesse caso, uma resposta negativa; ele dava, assim, os primeiros passos em direção ao ramo da matemática que hoje chamamos de topologia. Esse campo trata de propriedades geométricas que permanecem inalteradas quando uma forma é entortada, torcida, esmagada ou deformada, em geral de maneira contínua – sem ser rompida ou rasgada.

A topologia se tornou um dos mais poderosos campos da matemática atual, com muitas aplicações na física. Ela nos fala de possíveis formas de espaços multidimensionais, tema que ganha corpo tanto na cosmologia quanto na física das partículas. Na cosmologia, queremos saber o formato do espaço-tempo na escala maior, a do Universo inteiro. Na física das partículas, queremos saber o formato do espaço e do tempo em pequenas escalas. Você pode julgar que a resposta é óbvia, mas os físicos não acham mais isso. E suas dúvidas remetem a Königsberg.

Em 1919, Theodor Kaluza, obscuro matemático da Universidade de Königsberg, teve uma ideia muito estranha. Ele a escreveu e mandou para Einstein, que parece ter ficado assombrado. Kaluza tinha encontrado uma forma de combinar gravidade e eletromagnetismo numa simples e coerente "teoria de campo unificado", algo que Einstein vinha tentando havia muitos anos sem sucesso. A teoria de Kaluza era elegante e natural. Só havia um aspecto perturbador: a unificação exigia que o espaço-tempo tivesse *cinco* dimensões, e não quatro. O tempo continuava o mesmo de sempre, mas o espaço, de alguma forma, ganhava uma quarta dimensão.

Kaluza não havia partido da ideia de unificar gravidade e eletromagnetismo. Por razões que talvez só ele soubesse, ele vinha trabalhando com a gravidade em cinco dimensões, uma espécie de exercício de aquecimento matemático, verificando como ficariam as equações de campo de Einstein se o espaço tivesse uma absurda dimensão extra.

Em quatro dimensões, as equações de Einstein têm dez "componentes" – eles se resumem a dez equações separadas que descrevem dez números separados. O conjunto desses números constitui o tensor métrico, que descreve a curvatura do espaço-tempo. Em cinco dimensões, existem quinze componentes, portanto quinze equações. Dez delas reproduzem a teoria-padrão de Einstein em quatro dimensões, o que não é surpresa: o espaço-tempo em quatro dimensões está embutido no espaço-tempo em cinco dimensões, portanto, era de esperar naturalmente que a versão em quatro dimensões da gravidade estivesse embutida na versão em cinco dimensões. Mas e quanto às outras cinco equações? Poderiam ser apenas alguma estrutura peculiar sem significado para o nosso mundo. Mas não eram. Em lugar disso, eram muito conhecidas, e foi esse fator que espantou Einstein. Quatro das equações de Kaluza eram exatamente as equações de Maxwell para o campo eletromagnético, as que se mantêm no *nosso* espaço-tempo quadridimensional.

A quinta equação descrevia um tipo muito simples de partícula, que tinha um papel insignificante. Mas ninguém, muito menos Kaluza, esperava que a teoria da gravidade de Einstein e a teoria do eletromagnetismo de Maxwell aflorassem espontaneamente de uma analogia em cinco dimensões da gravidade. Os cálculos de Kaluza pareciam estar dizendo que a luz é uma vibração numa dimensão extra e oculta do espaço. Era possível juntar a gravidade e o eletromagnetismo num todo sem emendas, mas só se imaginássemos que o espaço na verdade é quadridimensional e que o espaço-tempo tem cinco dimensões.

Einstein desesperou-se diante do artigo de Kaluza, pois não havia absolutamente razão alguma para imaginar que o espaço-tempo tivesse uma dimensão extra. Mas acabou decidindo que, por mais estranha que parecesse, a ideia era tão bela e potencialmente abrangente que devia ser publicada. Depois de burilar aqueles conceitos durante dois anos, Einstein encaminhou o artigo de Kaluza para uma importante revista de física. O título era "Sobre a unidade dos problemas da física".

TODA ESSA CONVERSA sobre dimensões extra deve soar muito vaga e mística. Esse é um conceito associado aos espiritualistas vitorianos, que invocavam uma quarta dimensão como o local conveniente para esconder tudo que não fazia sentido nas três dimensões conhecidas. Onde vivem os espíritos? Na quarta dimensão. De onde vem o ectoplasma? Da quarta dimensão. Teólogos chegaram a situar Deus e os anjos nessa região, antes de perceberem que a quinta era melhor, e a sexta melhor ainda, que afinal só uma dimensão infinita explicaria a entidade onisciente e onipresente.

Tudo muito engraçado, mas terrível como ciência. Por isso vale a pena especular para esclarecer a matemática subjacente. O ponto principal é que a "dimensão" de um conjunto matemático ou físico é o número de variáveis distintas necessárias para descrevê-lo.

Os cientistas passam um bocado de tempo pensando em variáveis – quantidades sujeitas a mudanças. Os cientistas experimentais passam ainda mais tempo mensurando-as. "Dimensão", que é apenas a forma geométrica de se referir a uma variável, acabou se mostrando tão útil que agora está inserida na ciência e na matemática como a maneira padrão de pensar, e é considerada prosaica e pouco notável.

O tempo é uma variável não espacial, por isso se mostra como a *possível* quarta dimensão, mas o mesmo vale para temperatura, velocidade do vento ou ciclo de vida das térmitas na Tanzânia. A posição de um ponto no espaço tridimensional depende de três variáveis – suas distâncias para leste, para norte e para cima, em relação a algum ponto de referência, usando-se números negativos para as direções contrárias. Por analogia, qualquer coisa que dependa de 101 variáveis vive num espaço de 101 dimensões.

Qualquer sistema complexo é inerentemente multidimensional. As condições climáticas no seu quintal dependem de temperatura, umidade, três componentes da velocidade do vento, pressão barométrica, intensidade do índice pluviométrico – já são sete dimensões, e ainda há muitas outras que poderíamos incluir. Aposto que você não sabia que tinha um quintal heptadimensional. O estado dos nove planetas (bem, oito; pobre Plutão) no sistema solar é determinado por seis variáveis para cada planeta – três coordenadas posicionais e três componentes de velocidade. Então, nosso sistema solar é um objeto matemático de 54 (quero dizer, 48) dimensões matemáticas, e muito mais, se incluirmos satélites e asteroides. Uma economia com 1 milhão de mercadorias, cada qual com seu preço, vive num espaço de 1 milhão de dimensões. O eletromagnetismo, que só requer seis números extras para caracterizar estados locais da eletricidade e dos campos magnéticos, é brincadeira de criança em comparação a isso. Exemplos desse tipo são abundantes. Ao se interessar por sistemas com grandes números de variáveis, a ciência foi forçada a se entender com extravagantes espaços multidimensionais.

A matemática formal para espaços multidimensionais é puramente algébrica, baseada em generalizações "óbvias" feitas a partir de espaços de poucas dimensões. Por exemplo, qualquer ponto de um plano (um espaço bidimensional) pode ser especificado por duas coordenadas, e cada ponto do espaço tridimensional pode ser especificado por três coordenadas. Esse é um pequeno passo para definir um ponto no espaço quadridimensional como uma relação de quatro coordenadas e, de forma mais genérica, para definir um ponto no espaço de *n* dimensões como uma relação de *n* coordenadas. Então, o espaço de *n* dimensões (ou *n*-espaço, para abreviar) é simplesmente o conjunto de todos esses pontos.

As mesmas maquinações algébricas permitem trabalhar a distância entre quaisquer dois pontos no *n*-espaço, o ângulo entre quaisquer duas linhas, e assim por diante. Daí para frente, é uma questão de imaginação: formas geométricas mais razoáveis em duas ou três dimensões têm seus análogos diretos em *n* dimensões, e a maneira de encontrá-las é descrever as formas conhecidas usando a álgebra das coordenadas, e depois extrapolar essa descrição para *n* coordenadas.

Para ter uma noção do espaço *n*, precisamos nos equipar com óculos *n*-dimensionais. Podemos usar um truque do clérigo e diretor de escola inglês Edwin Abbott Abbott, que em 1884 escreveu um pequeno livro chamado *Flatland* (Planolândia), sobre as aventuras de A. Square, que vive no espaço bidimensional de um plano euclidiano. Abbott não nos diz o que significa a inicial "A", mas estou convencido que é "Albert", por razões explicadas no meu livro *Flatterland* (O país ainda mais plano), e vou continuar aqui com essa suposição. Albert Square, um tipo razoável, não acreditava na ideia absurda de uma terceira dimensão, até que um dia uma esfera passou pelo seu universo planar e o jogou em domínios que ele nunca poderia ter imaginado.

O livro *Flatland* representava um olhar satírico sobre a sociedade vitoriana numa parábola sobre a quarta dimensão, baseada numa analogia transdimensional. O que nos interessa aqui é a analogia, não a sátira. Depois de se visualizar como uma criatura bidimensional vivendo num plano, sem saber da realidade maior do espaço tridimensional, não é difícil se imaginar como uma criatura tridimensional vivendo num espaço tridimensional, sem saber da realidade maior do espaço quadridimensional. Vamos supor que Albert Square, muito feliz em sua Planolândia, queira "visualizar" uma esfera sólida. Abbott consegue isso fazendo essa esfera passar através do plano de Planolândia, movendo-se perpendicularmente ao plano, de forma que Albert veja suas interseções. Primeiro ele vê um ponto, que aumenta para um disco circular. O disco se expande até chegar ao equador da esfera, depois começa a diminuir, até chegar a um ponto e desaparecer.

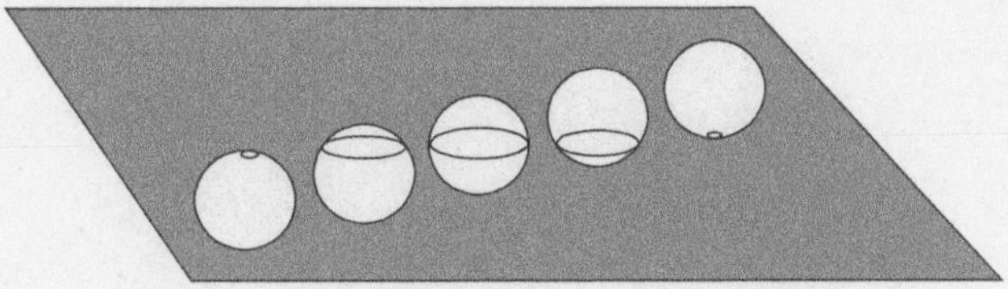

FIGURA 34: A esfera passa por Planolândia.

Na realidade, Albert vê esses discos de perfil, como segmentos sombreados, mas seu sentido da visão interpreta essa imagem como um disco, da mesma forma que nossa visão binocular interpreta uma imagem plana como um sólido.

Por analogia, podemos "ver" uma "hiperesfera", o análogo quadridimensional de uma esfera sólida, como um ponto crescendo até formar uma esfera, expandir-se até o "equador" e depois encolher até um ponto antes de desaparecer.

Será que o espaço poderia *mesmo* ter mais de três dimensões? Não um espaço matemático fantasioso e fictício correspondendo a variáveis não espaciais, mas um *verdadeiro espaço físico*? Afinal, onde caberia essa quarta dimensão? Tudo já está cheio.

Se você pensar assim, é porque não ouviu Albert Square, que poderia argumentar exatamente da mesma maneira sobre o plano. Ignorando nossos preconceitos paroquianos, em princípio parece que o espaço poderia ser quadridimensional ou ter 1 milhão de dimensões, que seja. A experiência cotidiana, porém, nos informa que em nosso Universo específico o bom Deus estabeleceu três dimensões para o espaço, mais uma para o tempo.

FIGURA 35: A hiperesfera passa por Espaçolândia.

Mas será isso mesmo? Entre tudo que a física nos explica, uma das lições é desconfiar da observação cotidiana. Uma cadeira parece sólida, mas é composta principalmente por espaço vazio. O espaço parece plano, mas, de acordo com a relatividade, ele é curvo. A física quântica acha que, em escalas muito pequenas, o espaço é uma espécie de espuma quântica, composta sobretudo de buracos. E os devotos da interpretação dos "muitos mundos" da incerteza quântica acreditam que nosso Universo é um entre uma variedade infinita de universos coexistentes, e que ocupa apenas o espaço da espessura de uma panqueca num vasto multiverso. Se o senso comum pode nos enganar com essas coisas, talvez também esteja nos enganando com a dimensionalidade do espaço ou do tempo.

KALUZA TINHA UMA EXPLICAÇÃO simples para a dimensão extra atribuída ao espaço-tempo pela sua teoria. As dimensões tradicionais mostram linhas retas, longas o suficiente para serem vistas, na verdade com bilhões de anos-luz de extensão. A nova dimensão, segundo Kaluza, é muito diferente: enrodilha-se como um círculo apertado menor que um átomo. As ondas que constituem as ondas de luz podem se mover em círculos, porque também são muito menores que os átomos, mas a matéria não pode se mover para aquela direção, porque não há espaço suficiente.

Essa não é uma ideia maluca. Se você observar a distância, uma mangueira de jardim parece uma curva, que é unidimensional. Só chegando mais perto fica claro que o tubo de fato é tridimensional, com uma pequena seção bidimensional. Essa estrutura oculta nas novas dimensões explica uma coisa que *não* se pode observar a distância: como a mangueira transporta a água. Agora imagine que o diâmetro da mangueira seja menor que o tamanho de um átomo. Seria preciso olhar muito de perto para perceber essas dimensões extra. A mangueira estreitíssima não poderia mais conduzir água, mas qualquer coisa igualmente pequena poderia passar por ela.

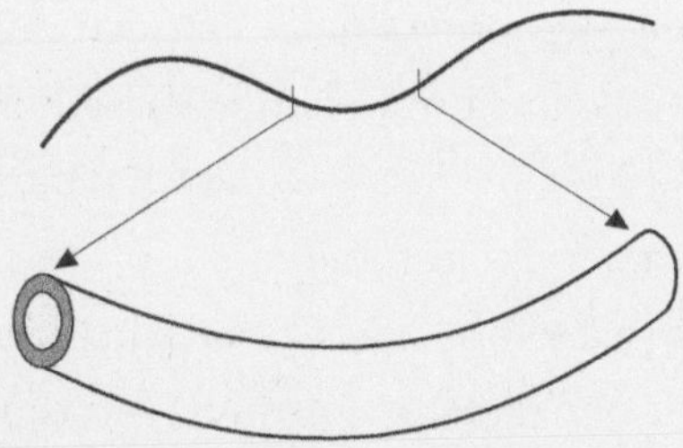

FIGURA 36: Vista de longe, uma mangueira de jardim parece unidimensional (acima). De perto, ela ganha duas dimensões a mais (abaixo).

Então, talvez seja possível perceber o efeito de dimensões extra sem perceber as próprias dimensões. Isso significa que as dimensões ocultas do espaço-tempo são uma proposta científica: sua presença, em princípio, pode ser verificada – por inferência, mais que pelo uso direto dos sentidos. A maioria dos cientistas verifica o trabalho por inferência – quando você consegue ver a causa de algum fenômeno diretamente, não são necessárias teorias ou experimentos. Ninguém jamais viu um campo eletromagnético, por exemplo. Observaram-se apenas faíscas e agulhas de bússolas apontando para o norte, e (se os observadores forem cientistas) inferiu-se que o campo deveria ser responsável por isso.

A teoria de Kaluza ganhou certa popularidade por ser a única proposta conhecida a manter a esperança numa teoria de campo unificada. Em 1926, outro matemático, Oskar Klein, incrementou a teoria de Kaluza sugerindo que a mecânica quântica poderia explicar por que a quinta dimensão estava tão enrodilhada. Aliás, seu tamanho deveria estar na ordem de magnitude da constante de Planck: o "comprimento de Planck", de 10^{-35} metros.

Durante algum tempo, os físicos se sentiram atraídos pela teoria de Kaluza-Klein, à medida que ela se tornava mais conhecida. Porém, a impossibilidade de demonstrar *diretamente* a presença dessa dimensão extra os perturbava. Por definição, a teoria de Kaluza-Klein era coerente com todos os fenômenos conhecidos na gravitação e no eletromagnetismo. Não se podia negá-la com experimentos normais. Mas, na verdade, a teoria não acrescentava nada, não previa nada de novo que pudesse ser testado. O mesmo problema assola muitas tentativas de unificar leis existentes. O que se pode testar já é conhecido, e o que é novo não pode ser testado. O entusiasmo inicial começou a minguar.

O golpe mortal para a teoria de Kaluza-Klein – não que estivesse errada, mas se valia ou não a pena gastar um precioso tempo de pesquisa com ela – foi o crescimento explosivo de uma teoria muito mais sedutora, em que você podia realmente fazer novas previsões e realizar experimentos de verificação. Era a teoria quântica, ainda no frescor da juventude.

Nos anos 1960, porém, a mecânica quântica já começava a perder o ímpeto inicial. Os primeiros progressos deram lugar a enigmas profundos e observações inexplicáveis. O sucesso da teoria quântica era inegável, e logo levaria ao "modelo padrão" das partículas fundamentais. Mas estava se tornando cada vez mais difícil encontrar novas perguntas que tivessem qualquer chance de resposta. As ideias realmente novas eram difíceis de testar; e as ideias que podiam ser testadas eram meras extensões das já existentes.

De todas as pesquisas, surgia um princípio subjacente muito elegante: a chave para a estrutura da matéria em escalas muito pequenas era a *simetria*. Porém, as importantes simetrias relacionadas às partículas fundamentais não seguem as noções rígidas do espaço euclidiano, nem mesmo as transformações de Lorentz ou o espaço-tempo relativístico. Elas incluem "simetrias de gauge" e "supersimetrias". E há também outros tipos de simetria, mais parecidos com os estudados por Galois, que agem ao permutar um conjunto de objetos discretos.

Mas como pode haver diferentes tipos de simetria?

Simetrias sempre se formam como um grupo, mas há muitas maneiras diferentes de um grupo *atuar*. Um grupo pode atuar por movimentos rígidos, como rotações, por componentes que se permutam ou revertendo o fluxo do tempo. A física das partículas levou à descoberta de uma nova forma de atuação das simetrias, chamada simetrias de gauge. O termo é um acidente histórico, seria melhor denominá-las simetrias *locais*.

Imagine que você está viajando por outro país – vamos chamá-lo de Duplicácia – e que precisa de dinheiro. A moeda de Duplicácia é o pfunning, e a taxa de câmbio é de dois pfunnings para cada dólar. Você acha isso muito confuso até divisar uma regra muito simples e óbvia para converter transações de dólares para pfunnings. Ou seja, tudo custa duas vezes mais em pfunnings do que em dólares.

Esse é um tipo de simetria. As "leis" das transações comerciais não mudam se você dobrar todos os números. Para compensar a diferença numérica, porém, você precisa pagar em pfunnings, não em dólares. Essa "invariância sob mudança da escala monetária" é uma simetria *global* das regras para as transações comerciais. Se você aplicar a mesma mudança em todas as transações, as regras não variam.

Mas então... Do outro lado da fronteira, na vizinha Triplicácia, a moeda local é a gruja, cotada a três grujas por dólar. Quando você faz uma viagem à Triplicácia, a simetria correspondente requer que as quantias sejam multiplicadas por *três*. Mas ainda assim as regras do comércio permanecem invariáveis.

Agora nós temos uma simetria que difere de um lugar para outro. Na Duplicácia, a multiplicação é feita por dois; na Triplicácia, por três. Você não ficaria surpreso de descobrir, quando visitasse a Quintuplicácia que o múltiplo correspondente é cinco. Todas essas operações de simetrias podem ser aplicadas simultaneamente, mas cada qual só é válida no país correspondente. As leis do comércio continuam invariantes, mas só se você interpretar os números de acordo com as moedas locais.

Esse reescalonamento de transações em moeda é uma simetria de gauge das leis do comércio. Em princípio, a taxa de câmbio poderia ser diferente em cada ponto do espaço e do tempo, mas as leis permaneceriam invariáveis desde que você interpretasse todas as transações em termos do valor local do "campo monetário".

A ELETRODINÂMICA QUÂNTICA COMBINA a relatividade especial com o eletromagnetismo. Essa foi a primeira unificação da física desde a de Maxwell, e baseia-se na simetria de gauge do campo eletromagnético.

Já vimos que o eletromagnetismo é simétrico sob o grupo de Lorentz da relatividade especial. Esse grupo consiste em simetrias globais do espaço-tempo, ou seja, suas transformações devem ser aplicáveis de forma coerente em todo o Universo se quisermos preservar as equações de Maxwell. No entanto, o eletromagnetismo de Maxwell também tem uma simetria de gauge vital para a eletrodinâmica quântica. Essa simetria é uma *mudança de fase* na luz.

Todas as ondas consistem em oscilações regulares. O tamanho máximo da oscilação é a amplitude da onda. O tempo em que a onda chega a esse máximo é chamado de *fase*; a fase nos diz quando e onde ocorre o valor do pico. O que importa, na verdade, não é a fase absoluta de qualquer onda, mas a diferença de fase entre duas ondas diversas. Por exemplo, se a diferença de fase de duas ondas idênticas quanto aos outros aspectos for metade do período (o intervalo entre alturas máximas), então uma onda chega ao máximo a um passo de distância da outra, de forma que os picos de uma coincidem com os vales da outra.

Quando você anda por uma rua, seu pé esquerdo está meio período fora de fase em relação ao direito. Quando um elefante anda por uma rua, seus pés sucessivamente tocam o chão em fases de 0, ¼, ½ e ¾ do período total; primeiro a pata esquerda traseira, depois a esquerda da frente, depois a direita traseira e depois a direita da frente. Você pode notar que, se começarmos a contar a partir do 0 em uma pata diferente, vamos obter números diferentes – mas as *diferenças* de fase continuam sendo 0, ¼, ½ e ¾. Por isso as fases relativas são bem-definidas e importantes em termos físicos.

Imagine que um raio de luz passe por um complexo sistema de lentes e espelhos. A forma como ele se comporta se mostrará sensível à sua fase como um todo. Uma mudança de fase é equivalente a um pequeno atraso temporal quando se faz a observação, ou a um ajuste no relógio do observador. Ela não afeta a geometria do sistema nem o trajeto da luz. Mesmo que duas ondas de luz se sobreponham, nada vai mudar, desde que as duas tenham as fases alteradas no mesmo valor.

Até aqui, "mudança de fase" é uma simetria global. Mas se um experimentalista alienígena em algum lugar da galáxia Andrômeda mudasse a

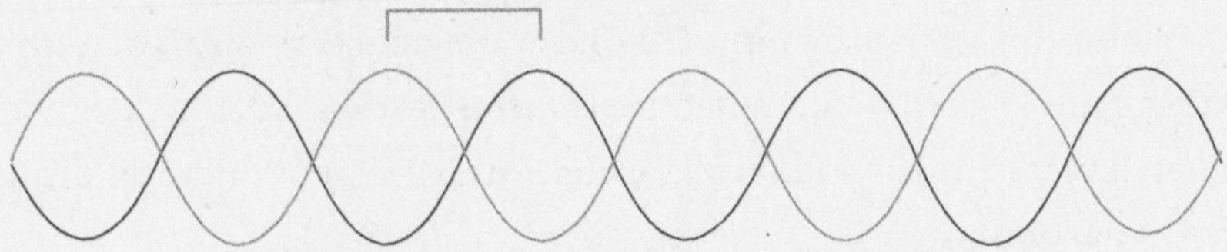

FIGURA 37: Efeito de uma mudança de fase numa onda.

fase da luz em um de seus experimentos, não deveríamos perceber efeito algum dentro de um laboratório terrestre. Por isso, se a fase da luz for alterada à vontade em qualquer local do espaço e do tempo, as leis da física devem permanecer invariáveis. A possibilidade de mudar a fase de maneira arbitrária em cada ponto do espaço-tempo, sem qualquer coação para efetuar a mesma mudança em toda parte, é uma simetria de gauge das equações de Maxwell, e se mantém na versão quântica dessas equações, na eletrodinâmica quântica.

Uma mudança de fase de um período vibratório completo é igual a mudança de fase alguma, e isso implica que, em termos abstratos, trata-se de uma *rotação*. Então o grupo de simetria aqui envolvido – o "grupo de gauge" – é SO(2), o grupo rotacional em duas dimensões. Mas os cientistas preferem que suas coordenadas quânticas sejam "unitárias" – definidas por números complexos, não reais. Felizmente, SO(2) dispõe de outra encarnação, que é o grupo unitário U(1) – rotações no plano *complexo*.

Em resumo: a eletrodinâmica quântica tem uma simetria de gauge de U(1).

As simetrias de gauge foram a pista para as duas unificações seguintes da física, a teoria eletrofraca e a cromodinâmica quântica. As duas juntas constituem o "modelo padrão", a teoria hoje aceita e que envolve todas as partículas fundamentais. Antes de examinarmos como isso funciona, precisamos explicar exatamente o que está sendo unificado: não as teorias, mas as *forças*.

A FÍSICA ATUAL RECONHECE quatro tipos diferentes de força na natureza: gravidade, eletromagnetismo, a força nuclear fraca e a força nuclear forte.

Elas têm características diferentes: operam em diferentes escalas de espaço e tempo, algumas fazem com que as partículas se atraiam, outras fazem com que elas se repilam, algumas fazem as duas coisas, dependendo das partículas, e outras fazem as duas coisas, dependendo da distância entre as partículas.

À primeira vista, as forças têm poucas semelhanças entre si. Mas, abaixo da superfície, há sinais de que essas diferenças são menos importantes do que parecem. Os físicos vislumbraram evidências de uma unidade mais profunda, sugerindo que essas quatro forças têm uma explicação em comum.

Nós sentimos as consequências da gravidade o tempo todo. Quando derrubamos um prato e ele se estilhaça no chão da cozinha, vemos a gravidade puxá-lo em direção ao centro da Terra, com o chão no caminho. Os porquinhos de plástico na porta da geladeira (bem, isso é o que você vai encontrar na *nossa* casa) permanecem no lugar graças à força magnética, que Maxwell demonstrou ser apenas um aspecto da força eletromagnética unificada. O aspecto elétrico faz com que a geladeira funcione. De forma menos óbvia, o prato quebrado também revela as consequências da força eletromagnética, por ser esta a principal força atuante nas ligações químicas que mantêm a matéria coesa. Quando a tensão se torna maior que a força eletromagnética que mantém as moléculas unidas, o prato se quebra.

As outras duas forças, que agem no plano dos núcleos atômicos, não são tão aparentes assim; mas sem elas não haveria matéria, porque são responsáveis por manter os átomos juntos. Elas explicam como o prato, os porquinhos, a geladeira, o chão e a cozinha existem.

Outros tipos de força poderiam em princípio dar origem a outros tipos de Universo, e nossa ignorância a respeito de tais possibilidades é quase total. É comum se afirmar que sem essas forças específicas a vida seria impossível, provando que nosso Universo é espantosamente ajustado, de modo a tornar a vida possível. Esse é um argumento hipotético, um grande exagero baseado numa visão muito limitada do que constitui a vida. Vida *como a nossa* seria impossível – mas é o máximo da arrogância supor que nosso tipo de vida é a única espécie de complexidade organizada possível. A falácia aqui é confundir as condições *suficientes* para a vida (os aspectos do Universo de que depende nossa espécie de vida) com as condições necessárias.

A primeira das quatro forças a ser formulada cientificamente foi a gravidade. Como observou Newton, trata-se de uma força de atração: quaisquer duas partículas no Universo, ele disse, se atraem em termos gravitacionais. A força da gravidade é de longo alcance: cai proporcionalmente a distância. Por outro lado, a força gravitacional é muito mais fraca que as outras três: um pequeno ímã pode manter um porquinho de plástico firme na geladeira, mesmo que a Terra inteira tente derrubá-lo com a força da gravidade.

A segunda força fundamental a ser isolada foi o eletromagnetismo, sob cuja influência as partículas podem se atrair ou se repelir. O que distingue as duas possibilidades é o fato de as partículas terem a mesma carga elétrica ou a mesma polaridade magnética. Se tiverem, a força é repulsiva; se não, é atrativa. Mais uma vez, essa força também é de longo alcance.

O núcleo de um átomo é composto por partículas menores – prótons e nêutrons. Os nêutrons, como o nome sugere, não têm carga elétrica, mas todos os prótons têm carga positiva. A repulsão eletromagnética entre os prótons deveria fazer com que o núcleo explodisse. O que o mantém coeso? A gravidade é fraca demais – pense no porquinho de plástico. Deve haver outra força – que os físicos chamaram de força nuclear forte.

Mas se a força forte pode superar a repulsão elétrica, por que todos os prótons do Universo não se atraem num gigantesco núcleo atômico? Nitidamente, o efeito da força forte deve diminuir depressa quando as distâncias são maiores que o tamanho do núcleo. Isso demonstra que a força forte é de curto alcance.

A força forte não explica o fenômeno do decaimento radioativo, no qual átomos de certos elementos "cospem" partículas e radiação, transformando-se em outros elementos. O urânio, por exemplo, é radioativo e acaba se transformando em chumbo. Portanto, deve haver ainda outra força subatômica. É a força fraca, de menor alcance que a forte: ela age apenas a distâncias de um milésimo do tamanho de um próton.

A física era bem mais fácil quando os constituintes básicos da matéria eram prótons, nêutrons e elétrons. Essas "partículas elementares" eram os componentes do átomo – que, como se soube, *era* divisível, ainda que seu nome signifique "indivisível". No primeiro modelo de Niels Bohr, o átomo foi visualizado como uma minúscula coleção de prótons e nêutrons com elétrons mais leves em órbitas distantes. O próton tinha uma carga elétrica positiva fixa, o elétron tinha a mesma carga, porém negativa, e os nêutrons eram eletricamente neutros.

Depois, com o desenvolvimento da física quântica, a imagem semelhante a um sistema solar foi substituída por outra mais sutil. Os elétrons não orbitavam o núcleo como partículas bem-definidas, mas como manchas ao seu redor, como nuvens de formatos interessantes. Essas nuvens eram mais bem-interpretadas como nuvens de probabilidade. Se você procurasse um elétron, era mais provável que o encontrasse nas regiões mais densas da nuvem que nas regiões mais dispersas.

Os físicos inventaram novas formas de sondar o átomo, quebrando-o em pedaços e examinando a estrutura interna deles. O principal método, ainda em uso, é acertá-lo com outro átomo ou partícula e observar o que sai voando. Com o tempo – a história toda é complicada demais para ser contada em detalhes –, encontraram-se cada vez mais tipos de partículas diferentes. Havia o neutrino, que podia atravessar 1,5 milhão de quilômetros de chumbo sem ser detido, e por isso muito difícil de detectar. Havia o pósitron, igual a um elétron, mas com carga elétrica oposta – previsto pela simetria matéria/antimatéria de Dirac.

Quando o número de partículas "elementares" chegou a mais de 60, os físicos começaram a procurar princípios de ordenamento mais profundos. Havia muitos blocos delas para serem fundamentais. Cada tipo de partícula podia ser caracterizado por uma série de propriedades: massa, carga, algo chamado "spin", pois as partículas se comportavam como se estivessem girando em torno de um eixo (só que essa é uma imagem ultrapassada, e, fosse o que fosse, o spin não era bem isso). As partículas não giravam no espaço, como a Terra ou um pião. Elas "giravam" – seja o que for que isso signifique – em dimensões mais exóticas.

Como tudo no mundo quântico, a maioria desses aspectos vinha em múltiplos inteiros de quantidades básicas, muito pequenas – os quanta. Todas as cargas elétricas eram múltiplos inteiros da carga de um próton. Todos os spins eram múltiplos inteiros do spin de um elétron. Não estava claro se a massa era quantizada da mesma forma; as massas das partículas fundamentais eram uma bagunça desestruturada.

Algumas semelhanças familiares surgiram. Caberia estabelecer uma importante diferença entre partículas cujo spin era um múltiplo inteiro *ímpar* do spin de um elétron e aquelas cujo spin fosse um múltiplo inteiro *par*. A razão baseava-se nas propriedades da simetria: os spins (nessas dimensões exóticas) faziam coisas diferentes se você fizesse as partículas girar no espaço. De alguma forma, as dimensões exóticas do spin e as prosaicas dimensões do espaço estavam relacionadas.

As partículas ímpares foram chamadas de férmions, e as partículas pares de bósons, em referência a dois gigantes da física das partículas, Enrico Fermi e Satyendranath Bose. Por razões que na época pareciam razoáveis, definiu-se o valor do spin do elétron em ½. Por isso os bósons tinham spin de números inteiros (mesmo os múltiplos de ½ são inteiros) e os férmions têm spins ½, 3/2, 5/2 etc., assim como seus negativos −½, −3/2, −5/2. Os férmions seguem o princípio de exclusão de Pauli, segundo o qual, em qualquer sistema quântico determinado, duas partículas diferentes não podem estar no mesmo estado ao mesmo tempo. Os bósons não obedecem ao princípio de Pauli.

Os férmions incluem todas as partículas conhecidas: próton, nêutron, elétron são férmions. Assim também as partículas mais exóticas como múon, tau, lambda, sigma, xi e ômega, todos nomes derivados do alfabeto grego, mais os três tipos de neutrinos, associados ao elétron, ao múon e ao tau.

Os bósons são mais misteriosos, com nomes como píon, káon e eta.

Os físicos de partículas sabiam da existência de todas elas e podiam medir suas propriedades físicas. O problema era entender aquela aparente confusão. Será que o Universo era construído de qualquer coisa que estivesse à mão? Ou havia um planejamento oculto?

O desfecho dessas deliberações foi que muitas partículas supostamente elementares eram, na verdade, compostas. Todas eram formadas por quarks. Os quarks (o nome vem do livro *Finnegans Wake*, de James Joyce) vêm em seis sabores distintos, chamados arbitrariamente de up, down, strange, charm, top e bottom. Todos são férmions, com spin de ½. Cada um deles tem um antiquark associado.

Existem duas formas de combinar quarks. Uma é usar três quarks normais, e nesse caso acabamos com um férmion. O próton consiste em dois quarks up e um quark down. O nêutron é formado por dois down e um up. Uma partícula bizarra chamada ômega-menos é formada por três quarks strange. Outra é formada por um quark e um antiquark, que produz um bóson. Eles não se aniquilam mutuamente porque se mantêm afastados pelas forças nucleares.

Para que as cargas elétricas funcionem corretamente, as cargas dos quarks não podem ser números inteiros. Alguns têm cargas de ⅓, outros de ⅔. Os quarks vêm em três "cores" distintas. Isso resulta em dezoito tipos de quarks, mais dezoito antiquarks. Ah, sim, tem mais. Devemos acrescentar mais algumas partículas para "transportar" a força nuclear fraca, que mantém os quarks juntos. A teoria daí resultante, com uma grande elegância matemática, apesar da proliferação de partículas, é conhecida como cromodinâmica quântica.

A TEORIA QUÂNTICA EXPLICA todas as forças físicas em termos de trocas de partículas. Assim como uma bola de tênis une os dois jogadores nas duas pontas da quadra enquanto o jogo prossegue, há também diversas partículas que transportam as forças eletromagnéticas, a forte e a fraca. A força eletromagnética é transportada por fótons. A força forte é transportada por glúons, e a fraca por vetores intermediários de bósons, também conhecidos como "bósons fracos". (Em inglês, *weakons*. Não me culpe, não fui eu que inventei esses nomes, quase todos são acidentes históricos.) Finalmente, conjectura-se muito se a gravidade é transportada por uma partícula hipotética chamada *gráviton*. Ninguém jamais observou um gráviton.

O efeito em grande escala de todas essas partículas transportadoras é preencher o Universo com "campos". Interações gravitacionais criam um campo gravitacional, as eletromagnéticas criam um campo eletromagnético, e as duas forças nucleares juntas criam uma coisa chamada campo de Yang-Mills, em referência aos físicos Chen Ning Yang e Robert Mills.

Podemos resumir as principais características das forças fundamentais numa espécie de lista de compras da física:

- *Gravidade* – Força de 6×10^{-39}, alcance infinito, transportada por grávitons (nunca observados, devem ter massa 0 e spin 1), formando o campo gravitacional.
- *Eletromagnetismo* – Força de 10^{-2}, alcance infinito, transportada por fótons (massa 0, spin 1), formando o campo eletromagnético.
- *Força forte* – Força 1, alcance de 10^{-15} metros, transportada por glúons (massa 0, spin 1), formando um dos componentes do campo de Yang-Mills.
- *Força fraca* – Força de 10^{-6}, alcance de 10^{-18} metros, transportada por bósons fracos (*weakons*, grande massa, spin 1), formando o outro componente do campo de Yang-Mills.

Você pode achar que 36 partículas fundamentais, mais os glúons associados, não são uma grande melhora em comparação a 60 ou mais, porém, os quarks formam uma família altamente estruturada, com uma grande quantidade de simetria. Todos são variações sobre o mesmo tema – diferente do grande zoológico de partículas com que os físicos tinham de lidar antes da descoberta dos quarks.

A descrição das partículas fundamentais em termos de quarks e glúons é conhecida como modelo padrão. Ele corresponde muito bem aos dados experimentais. As massas de algumas partículas têm de ser ajustadas para se encaixar nas observações, mas, uma vez feito isso, todas as outras massas se encaixam perfeitamente no lugar. A lógica não é circular.

Os quarks são muito unidos, nunca vemos um quark isolado. Só podemos observar combinações de dois ou três. Mesmo assim os físicos de partículas confirmaram a existência dos quarks de forma indireta. Eles não são apenas engenhosas variações numerológicas no zoológico. E, para quem acredita que o Universo é belo, as propriedades de simetria dos quarks são uma confirmação disso.

De acordo com a cromodinâmica quântica, um próton é formado por três quarks – dois up, um down. Se você tirasse os quarks de um fóton, os embaralhasse e pusesse de volta, ainda teria um próton. Por isso as leis para os prótons devem ser simétricas com as permutações dos quarks deles constituintes. Mais interessante ainda, as leis também são simétricas com alterações do *tipo* de quark. Você poderia transformar um quark up num quark down, digamos, e as leis continuariam válidas.

Isso implica que a verdadeira simetria de grupo aqui não é apenas o grupo de seis permutações dos três quarks, mas um grupo *contínuo* estreitamente relacionado, SU(3), um dos grupos simples da lista de Killing. Transformações em SU(3) deixam inalteradas as equações das leis da natureza, mas podem mudar as *soluções* dessas equações. Usando SU(3), podemos "rotar" um próton para obter um nêutron, por exemplo. Só é preciso virar todos os seus quarks de cabeça para baixo, de forma que dois up e um down se transformem em dois down e um up. O mundo de férmions tem simetria SU(3), e as simetrias agem ao transformar um férmion em outro.

Dois outros grupos de simetria contribuem para o modelo padrão. As simetrias de gauge da força fraca, SU(2), podem transformar um elétron num neutrino. SU(2) é um outro grupo da lista de Killing. E o nosso velho amigo, o campo eletromagnético, tem simetria U(1) – não as simetrias de Lorentz das equações de Maxwell, mas a simetria de gauge (isto é, local) das mudanças de fase. Esse grupo não consta da lista de Killing porque não é SU(1), mas está moralmente presente na lista, pois é um parente bem próximo.

A teoria eletrofraca unificou o eletromagnetismo e a força fraca ao combinar seus grupos de gauge. O modelo padrão incorpora a força forte também, fornecendo uma única teoria para todas as partículas fundamentais. E faz isso de forma muito direta: simplesmente amontoa os três grupos de gauge juntos como SU(3) × SU(2) × U(1). Essa construção é simples e direta, mas não muito elegante, e faz com que o modelo padrão se assemelhe a algo construído com barbante e goma de mascar.

Imagine que você tem uma bola de golfe, um botão e um palito de dente. A bola de golfe tem simetria esférica SO(3), o botão tem simetria circular SO(2) e o palito de dente tem (digamos) uma só simetria reflexa O(1). Você consegue encontrar algum objeto unificado que possua os três tipos de simetria? Sim, consegue: ponha os três objetos dentro de um saco de papel. Agora você pode aplicar SO(3) ao conteúdo do saco rotando a bola de golfe, SO(2) rotando o botão e O(1) dando um peteleco no palito de dente. O grupo de simetria do conteúdo do saco é SO(3) × SO(2) × O(1). É assim que o modelo padrão combina as simetrias, mas, em vez de usar rotações, ele emprega as "transformações unitárias" da mecânica quântica. E continua sofrendo dos mesmos defeitos: simplesmente amontoa três sistemas juntos e combina suas simetrias de uma forma óbvia e bastante trivial.

Uma maneira bem mais interessante de combinar os três grupos de simetria seria construir algo que contivesse os mesmos objetos, mas que fosse mais elegante que um saco de papel. Talvez você pudesse equilibrar o palito na bola de golfe e pendurar o botão na ponta. Poderia até ter um sistema inteiro de palitos de dente, arrumando-os como os raios de uma roda, pondo o botão no centro da roda e girando-a em cima da bola de golfe. Se fosse realmente esperto, talvez os objetos combinados apresentassem um bocado de simetria, digamos o grupo K(9). (Não existe esse grupo. Eu inventei só por causa dessa explicação.) Com sorte, os grupos de simetria separados SO(3), SO(2) e O(1) poderiam ser subgrupos de K(9). Isso seria uma maneira muito mais impressionante de unificar a bola de golfe, o botão e o palito de dente.

Os físicos acham o mesmo a respeito do modelo padrão, e querem que K(9) seja algo da lista de Killing ou próximo disso, pois os grupos de Killing são os componentes fundamentais da simetria. Por isso inventaram toda uma série de grandes teorias unificadas, ou GTUs, baseadas em grupos como SU(5), O(10) e o misterioso e excepcional grupo de Killing E_6.

As GTUs pareciam sofrer dos mesmos defeitos que a teoria de Kaluza-Klein – a falta de previsões testáveis. Mas depois surgiu uma interessante previsão. Foi uma coisa realmente nova, tão nova que parecia improvável, mas era verificável. Todas as GTUs preveem que o próton pode ser "rotacionado" para formar um elétron e um neutrino. Então os prótons são *instáveis*, e, a longo prazo, toda a matéria do Universo deve decair em radiação. Os cálculos apontaram que, em média, a vida de um próton deve ser de mais ou menos 10^{29} anos, muito mais que a idade do Universo. Porém, prótons individuais às vezes decaem muito antes. Se você tivesse um número suficiente de prótons poderia observar um deles decair.

Um grande tanque cheio de água tem prótons suficientes para alguns decaírem em um ano. No final dos anos 1980, havia seis experimentos em andamento, todos tentando localizar um próton decaindo. O maior tanque tinha mais de 3 mil toneladas de água extremamente pura. Ninguém viu um próton decair. Nem um. O que significa que a vida média dele talvez seja, no mínimo, de 10^{32} anos. Os prótons vivem pelo menos mil vezes mais do que as GTUs previram. Mas as GTUs não desistem. Em retrospecto, teria sido um tanto quanto constrangedor se fosse detectado o decaimento de um próton, pois ainda está faltando algo muito importante nas GTUs: a gravidade.

QUALQUER TEORIA DE TUDO precisa explicar por que existem quatro forças fundamentais e por que essas forças assumem as estranhas formas que apresentam. É um pouco como encontrar alguma semelhança entre um elefante, um marsupial, um cisne e um mosquito.

Seria muito mais fácil organizar essas quatro forças caso se demonstrasse que todas são diferentes aspectos de uma só. Conseguiram fazer isso na biologia: elefantes, marsupiais, cisnes e mosquitos são membros da árvore da vida, unidos por seus DNAs, diferenciados por uma longa série de mudanças históricas do DNA. Os quatro evoluíram, passo a passo, de um ancestral comum que viveu um ou dois bilhões de anos atrás.

O ancestral comum de elefantes e marsupiais é mais recente do que, digamos, o dos elefantes e dos cisnes. Então essa divergência constitui a ramificação mais atual de três dessas espécies. Antes disso, o ancestral comum dos elefantes e dos marsupiais se ramifica do mesmo ancestral do cisne. Antes, ainda, o ancestral comum dessas três espécies se ramifica na do mosquito.

A especiação pode ser vista como um tipo de rompimento de simetria. Uma única espécie é (aproximadamente) simétrica sob qualquer permutação de seus organismos: todos os marsupiais são parecidos entre si. Quando há duas espécies diferentes – marsupiais e elefantes –, pode-se permutar o marsupial entre eles, e permutar os elefantes, mas não se pode transformar o elefante num marsupial sem que alguém perceba.

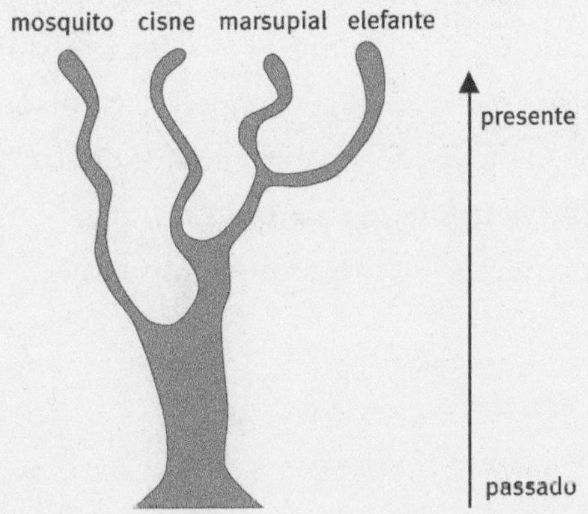

FIGURA 38: Como quatro espécies divergem com o passar do tempo.

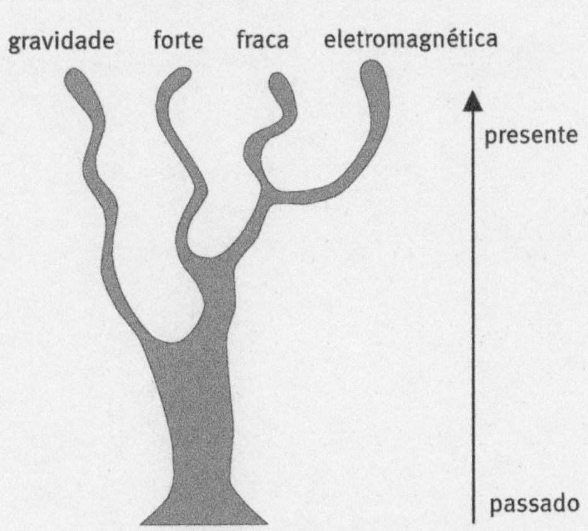

FIGURA 39: Como as quatro forças fundamentais divergem com o passar do tempo.

A explicação dos físicos para a unidade subjacente das quatro forças é semelhante. O papel do DNA, no entanto, é substituído pela *temperatura* do Universo – ou seja, seu nível energético. Embora as leis subjacentes da natureza sejam as mesmas em todos os tempos, elas levam a comportamentos diferentes em diferentes energias – assim como as mesmas leis fazem com que a água seja sólida a baixas temperaturas, líquida a temperaturas médias e gasosa em altas temperaturas. Em temperaturas muito altas, as moléculas da água se rompem para formar um *plasma*, composto de partículas separadas. Em temperaturas mais altas ainda, as próprias partículas se rompem para formar um plasma de quark-glúon.

Quando começou a existir a partir do big bang, 13 bilhões de anos atrás, o Universo era extremamente quente. De início, as quatro forças agiam exatamente da mesma maneira. Mas quando o Universo esfriou, a simetria foi rompida, e as forças se dividiram em indivíduos com características distintas. Nosso Universo atual, com suas quatro forças, é uma sombra imperfeita daquele elegante Universo original – resultado de simetrias rompidas.

14. O jornalista político

Em junho de 1972, durante a campanha presidencial nos Estados Unidos, um guarda de segurança do complexo de Watergate notou que a fechadura de uma das portas estava travada com uma fita. Ele tirou a fita, julgando que fora deixada acidentalmente por algum funcionário, mas, quando voltou, alguém a pusera de volta. Agora mais desconfiado, o segurança informou à polícia, que flagrou cinco homens invadindo os escritórios do Comitê Nacional do Partido Democrata. Acontece que os homens estavam associados à comissão de reeleição do presidente Nixon.

A descoberta exerceu pouco efeito sobre as eleições, pois Nixon teve uma vitória esmagadora. Mas a história não queria se calar, e lentamente os tentáculos do caso Watergate se infiltraram cada vez mais no governo do presidente. Dois repórteres do *Washington Post*, Bob Woodward e Carl Bernstein, foram atrás da história com persistência canina, ajudados pelas revelações clandestinas de Garganta Profunda. Ninguém sabia quem era o informante, mas era evidente que se tratava de um alto funcionário. Em 2005, soube-se que Garganta Profunda era Mark Felt, o segundo em comando no FBI (Federal Bureau of Investigation).

A informação que Garganta Profunda vazou para a imprensa era dinamite pura. Em abril de 1974, Nixon foi forçado a pedir a renúncia de dois assessores de alto escalão. Depois revelou-se que o presidente tinha grampeado o próprio escritório, e que havia fitas gravadas de conversas comprometedoras. Após uma batalha legal para garantir o acesso às fitas, encontraram-se lacunas em algumas das gravações, que aparentemente tinham sido apagadas de propósito.

As tentativas de encobrir a relação entre os arrombadores de Watergate e a Casa Branca foram vistas quase universalmente como um crime ainda pior que o próprio arrombamento. O Congresso americano deu início a um processo formal que poderia levar o presidente ao impeachment – julgado por "altos crimes e má conduta" pelo Senado; se fosse considerado culpado, teria de deixar o cargo. Quando o impeachment e a condenação se tornaram inevitáveis, Nixon renunciou.

O adversário de Nixon na eleição era o senador George McGovern. Ao anunciar sua candidatura à indicação dos democratas em Sioux Falls, Dakota do Sul, McGovern deu algumas declarações proféticas:

> Hoje nossos cidadãos não sentem mais que podem moldar as próprias vidas em harmonia com seus concidadãos. Além disso, existe falta de confiança na credibilidade e no bom-senso de nossos líderes. A nova expressão mais dolorosa do vocabulário político americano é "falta de credibilidade" – o lapso entre a retórica e a realidade. Grosso modo, isso significa que as pessoas não mais acreditam no que dizem seus líderes.

Um dos personagens com pouco destaque na campanha democrata era um futuro jornalista político cuja carreira talvez tivesse decolado se McGovern fosse eleito. Nessa variante da história, a política poderia ganhar, mas a física fundamental e matemática avançada teriam ficado muito mais pobres. Em 2004, a partir da história que de fato aconteceu, o jornalista foi relacionado pela revista *Time* como uma das cem pessoas mais influentes do ano – mas não por seu trabalho jornalístico.

Em vez disso, ele foi incluído na lista por suas contribuições revolucionárias para a física matemática. Ele é responsável por algumas das abordagens matemáticas mais originais do mundo – pelas quais ganhou uma Medalha Fields, a mais alta honraria na matemática, comparável em prestígio a um Prêmio Nobel. Mas nosso personagem não é matemático. É um dos mais destacados físicos teóricos do mundo e ganhou também a National Medal of Science, porém, seu primeiro diploma era em história. E foi ainda um dos pioneiros, embora não exatamente o criador original, da corrente de vanguarda para a unificação de toda a física. Trata-se de um professor de física matemática no Instituto de Estudos Avançados da

Universidade de Princeton, onde Einstein costumava trabalhar. O nome dele é Edward Witten.

Assim como o grande teórico quântico alemão, mas ao contrário do pobre Dirac, Witten foi criado num ambiente intelectualizado. O pai, Louis Witten, também é físico e trabalha com gravitação e relatividade geral. Edward nasceu em Baltimore, Maryland, e fez seu primeiro bacharelado na Universidade Brandeis. Depois da reeleição de Nixon, ele voltou à vida acadêmica, fez doutorado na Universidade de Princeton e embarcou numa carreira de ensino e pesquisa em várias universidades americanas. Em 1987, foi nomeado para o Instituto de Estudos Avançados, onde todas as funções acadêmicas se concentram na pesquisa, e é lá onde trabalha atualmente.

Witten iniciou suas pesquisas em teoria quântica de campo, os primeiros frutos dos esforços de conciliação da teoria quântica com a relatividade. Aqui os efeitos relativísticos do movimento são levados em consideração, mas apenas no espaço-tempo plano. (A gravidade, que requer um espaço-tempo curvo, não é considerada.) Em 1998, durante uma palestra, Witten declarou que a teoria quântica de campo "abrange a maior parte do que sabemos sobre as leis da física, exceto a gravidade. Em seus setenta anos de atividade, já houve muitas realizações, desde a teoria da 'antimatéria', ... passando por uma descrição mais precisa dos átomos, ... até o 'modelo padrão da física das partículas'". Ele ressaltou que, por ter sido desenvolvida principalmente por físicos, a teoria não tinha muito rigor matemático, daí seu pequeno impacto na matemática.

O momento era oportuno, disse Witten, para remediar essa deficiência. Diversas áreas importantes da matemática pura eram, na verdade, a teoria quântica de campo disfarçada. A própria contribuição de Witten, a descoberta e análise de "teorias quânticas de campo topológicas", tinha uma interpretação direta em termos de conceitos que vários matemáticos puros haviam criado em cenários bastante diferentes. Estes incluíam a descoberta épica do matemático inglês Simon Donaldson, de que o espaço quadridimensional é o único a apoiar muitas "estruturas diferenciáveis" distintas – sistemas de coordenadas nos quais se pode efetuar o cálculo infinitesimal. Outros aspectos são uma recente descoberta na teoria dos nós, conhecida como polinômio de

Jones, um fenômeno chamado "simetria de espelho" em superfícies complexas multidimensionais e diversas áreas da moderna teoria de Lie.

Witten fez uma previsão ousada: um dos principais temas da matemática do século XXI seria a integração de ideias da teoria quântica de campo no corpo principal da matemática:

> O que se tem é uma grande cordilheira de montanhas, a maior parte coberta pela neblina. Só os picos mais elevados, que se erguem acima das nuvens, são vistos pelas teorias matemáticas atuais; esses picos esplêndidos são estudados isoladamente. ... Ainda perdido na névoa está o corpo da cordilheira, com o leito rochoso da teoria quântica de campo e uma grande quantidade de tesouros matemáticos.

A Medalha Fields de Witten homenageou a descoberta de alguns desses tesouros ocultos. Entre eles, uma nova e incrementada demonstração da "conjectura de massa positiva", segundo a qual um sistema gravitacional com densidade de massa local positiva deve ter massa total positiva. Isso pode parecer óbvio, mas, no mundo quântico, a massa é um conceito sutil. A demonstração desse resultado, há tanto tempo procurado, foi publicada por Richard Schoen e Shing-Tung Yau em 1979, valendo uma Medalha Fields a Yau em 1982. A nova e incrementada demonstração de Witten explorou a "supersimetria", a primeira aplicação desse conceito a um problema significativo na matemática.

PODEMOS ENTENDER A SUPERSIMETRIA em termos de um antigo quebra-cabeça: uma rolha deve caber numa garrafa cujo gargalo pode ser circular, quadrado ou triangular. É surpreendente, mas esses formatos na verdade existem, e a resposta tradicional é uma rolha com base circular que se afila como uma cunha. Vista de baixo, parece um círculo; vista de frente é um quadrado; vista de lado é um triângulo. Um só formato pode cumprir as três tarefas, porque um objeto tridimensional pode ter várias "sombras" ou projeções em direções diferentes.

Agora imagine um habitante de Planolândia vivendo no "assoalho" da minha imagem, capaz de observar a projeção da rolha no piso, mas sem saber das outras projeções. Um dia ele descobre, para sua surpresa, que a forma circular de alguma maneira se transmutou num quadrado. Como pode? Com certeza aquilo não é uma simetria.

Não em Planolândia. Mas quando o cidadão vira as costas, alguém que vive em três dimensões gira a rolha, de modo que sua projeção no plano se transforma num quadrado. Uma rotação *é* uma transformação de simetria em três dimensões. Então, uma simetria numa dimensão mais alta pode às vezes esclarecer uma transformação bem desconcertante numa dimensão mais baixa.

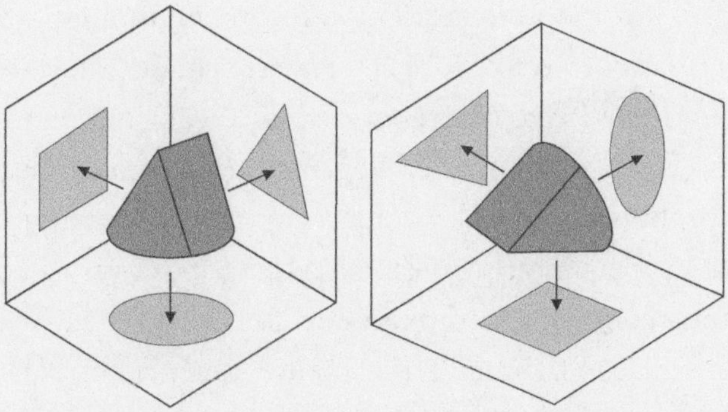

FIGURA 40: Como funciona a supersimetria. Uma rolha deve caber em três formatos de gargalo (à esquerda). O efeito da rotação da rolha (à direita).

Algo muito semelhante acontece na supersimetria, só que em vez de transformar círculos em quadrados, ela transforma férmions em bósons. Isso é espantoso. Significa que você pode fazer cálculos com férmions, abranger tudo numa operação de supersimetria e deduzir os resultados para os bósons sem esforço extra. E vice-versa.

Esperamos que esse tipo de coisa aconteça com simetrias genuínas. Se você ficar em frente a um espelho fazendo malabarismos com várias bolas, o que acontece no seu lado do espelho determina o que ocorre no outro lado. Lá está uma imagem de seu malabarismo com as bolas. Se você levar

3,79 segundos para completar uma sequência de malabarismos no lado real do espelho, mesmo sem qualquer medição, você sabe que serão também 3,79 segundos para completar a sequência correspondente no outro lado. As duas situações estão relacionadas por uma simetria reflexa, e o que acontece em uma também ocorre na outra, refletida.

Supersimetrias não são tão óbvias assim, mas têm um efeito semelhante. Elas nos permitem deduzir aspectos de um tipo de partícula a partir de aspectos de outro tipo inteiramente diferente. É quase como se você pudesse alcançar uma região de dimensão mais alta do Universo e torcer um férmion até ele virar um bóson. As partículas vêm em pares supersimétricos: uma partícula normal tem correspondência em sua versão torcida, chamada s-partícula. Os elétrons se pareiam com s-elétrons, quarks com s-quarks. Por razões históricas, o fóton não está emaranhado com um s-fóton, mas com o fotino. Há uma espécie de "mundo de sombra" composto por s-partículas que têm fraca interação com o mundo normal.

Essa ideia torna a matemática elegante, mas as massas dessas supostas partículas-sombras são grandes demais para não serem detectadas em experimentos. A supersimetria é bela, mas pode não ser verdadeira. Contudo, ainda que uma confirmação direta esteja fora de questão, sempre é possível uma confirmação indireta. Basicamente, a ciência verifica suas teorias seguindo suas implicações.

WITTEN ESTUDOU A SUPERSIMETRIA com afinco, e em 1984 escreveu um artigo intitulado "Supersimetria e a teoria de Morse". A teoria de Morse pertence a uma área da topologia, batizada em referência ao pioneiro Marston Morse, que relaciona a forma do espaço como um todo com seus picos e vales. Sir Michael Atiyah, talvez o mais destacado matemático britânico vivo, definiu o artigo de Witten como "leitura obrigatória para geômetras interessados em entender a moderna teoria quântica de campo. Contém também uma brilhante demonstração das desigualdades clássicas de Morse. ... O verdadeiro objetivo do artigo é preparar terreno para a teoria quântica de campo supersimétrica [em termos de] variedades de dimensões infinitas".

Depois disso, Witten aplicou essas técnicas a outros tópicos quentes, na fronteira entre topologia e geometria algébrica.

Deve ficar claro que, ao afirmar que Witten não é matemático, eu não quis dizer que ele não conhece matemática – muito pelo contrário. Pode-se asseverar que ninguém no planeta sabe tanta matemática quanto ele. Mas no caso de Witten isso é complementado por uma espantosa intuição física.

Ao contrário dos matemáticos, os físicos não costumam hesitar em lançar mão da intuição física para cobrir lacunas na lógica matemática. Os matemáticos aprenderam a olhar os saltos sobre essas lacunas com desconfiança, por mais fortes que sejam as evidências que os apoiam: para eles, o que vale é a prova. O aspecto fora do comum em Witten é que ele consegue comunicar sua intuição matemática em termos que os matemáticos entendem. Atiyah define assim: "A capacidade que ele tem de interpretar noções físicas em termos matemáticos é ímpar. Muitas vezes surpreendeu a comunidade matemática com uma brilhante aplicação de insights da física que levam a novos e profundos teoremas matemáticos."

Mas existe um revés nesse poder intuitivo. Muitas das mais importantes ideias de Witten, por serem derivadas de princípios físicos ou de analogias, foram formuladas sem provas, e algumas não foram provadas até hoje. Isso não significa que ele não *possa* fornecer provas – como demonstra sua Medalha Fields –, mas ele consegue dar saltos lógicos que resultam numa matemática correta e profunda, que parece não precisar de provas.

A GRANDE PERGUNTA É: será que a matemática elegante e maravilhosa de Witten tem algo a ver com a física fundamental? Ou será que a busca da beleza acabou num beco sem saída matemático, perdendo toda relação com a verdade da física?

Nos anos 1980, os físicos unificaram três das quatro forças da natureza: a eletromagnética, a fraca e a forte. Mas as grandes teorias unificadas nada diziam sobre a gravidade. A força que experimentamos de forma mais direta na vida cotidiana, e que literalmente mantém nossos pés no chão, ficou ausente dessa síntese, causando até certo constrangimento.

É fácil escrever teorias razoáveis relacionando gravidade e teoria quântica. Mas sempre que alguém tentava resolver as equações daí resultantes chegava a absurdos. Normalmente, números que deveriam representar quantidades físicas reais eram infinitos. E o infinito, numa teoria física, é sinal de que algo está errado. Foi um infinito na lei da radiação que inspirou Planck a quantificar a luz.

Alguns físicos se convenceram de que a principal fonte dos infinitos era o hábito arraigado de tratar as partículas como pontos. Um ponto – uma localização sem dimensões – é uma ficção matemática. As partículas quânticas eram pontos probabilísticos desfocados, mas isso não curava a doença: era preciso algo mais drástico. Já nos anos 1970, alguns pioneiros começaram a pensar que as partículas poderiam ser vistas de modo mais razoável como minúsculos anéis vibrantes – "cordas". Nos anos 1980, quando a supersimetria entrou em cena, essas cordas se transformaram em *supercordas*.

É possível escrever um livro inteiro sobre as supercordas, e muitas pessoas já o fizeram. Vamos nos virar aqui com uma descrição mais superficial. Vou me concentrar em quatro fatores: a forma como as imagens quânticas e relativísticas se combinam; a necessidade de dimensões extra; a interpretação dos estados quânticos como vibrações nessa dimensão extra; e as simetrias dessas dimensões extra – ou, mais precisamente, dos vários campos que nelas vivem.

Nosso ponto de partida é a ideia de Einstein de representar a trajetória de uma partícula no espaço-tempo como uma curva, que ele chamou de *linha do mundo*, em essência, a curva que a partícula traça no espaço-tempo ao se mover. Na relatividade, as linhas do mundo são curvas suaves, de acordo com as equações de campo de Einstein. Elas não se ramificam, pois na relatividade o futuro de qualquer sistema é sempre determinado pelo seu passado – na verdade, pelo seu presente.

Há um conceito análogo na teoria quântica de campo chamado diagrama de Feynman. Os diagramas de Feynman mostram a interação de partículas num espaço-tempo bastante esquemático. Por exemplo, a imagem da esquerda na Figura 41 é o diagrama de Feynman para um elétron que emite um fóton depois capturado por um segundo elétron. É tradicional usar linhas onduladas para representar os fótons.

O diagrama de Feynman é um pouco como a curva do mundo relativística, mas tem vértices agudos e se ramifica. Em 1970, ocorreu a Yoichiro Nambu que se a imagem de partículas como pontos for substituída pela imagem de minúsculos anéis, os diagramas de Feynman podem ser recobertos por superfícies lisas – *folhas de mundo* –, como no espaço da direita na Figura 41. Uma folha de mundo pode ser interpretada como uma linha do mundo num espaço-tempo alterado, com uma dimensão extra, para que o anel exista dentro dele.

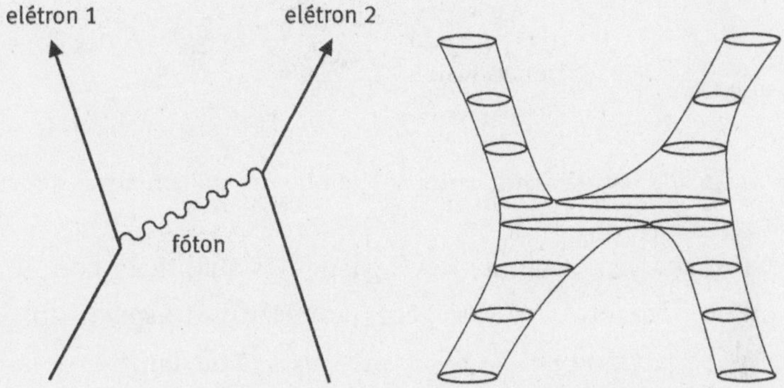

FIGURA 41: Diagrama de Feynman para partículas em interação (à esquerda). A correspondente folha do mundo, fatiada em cordas (à direita).

A grande diferença dos anéis – à parte não serem pontos – é que eles podem vibrar. Talvez cada padrão de vibração corresponda a um estado quântico. Isso explicaria por que os estados quânticos vêm em múltiplos de números inteiros de alguma quantidade básica – como o spin, que é sempre um número inteiro múltiplo de ½. O número de ondas que cabem no anel deve ser inteiro. Numa corda de violino, esses diferentes padrões são as notas fundamentais e seus harmônicos mais altos. Dessa forma, a teoria quântica se torna uma espécie de música tocada com supercordas, em vez de cordas de violino.

A ideia de Nambu não veio do nada. Ela tem raízes numa fórmula notável derivada por Gabriele Veneziano em 1968, demonstrando que os diagramas de Feynman, aparentemente distintos, representam o mesmo processo físico, e que qualquer falha em levar isso em conta produz respostas erradas nos cálculos da teoria quântica de campo. Nambu percebeu que quando o diagrama de Feynman é rodeado por tubos, diferentes diagramas produzem redes de tubos com a mesma topologia. Ou seja, essas redes podem ser deformadas para se transformar umas nas outras. Por isso a fórmula de Veneziano parece estar relacionada às propriedades topológicas dos tubos.

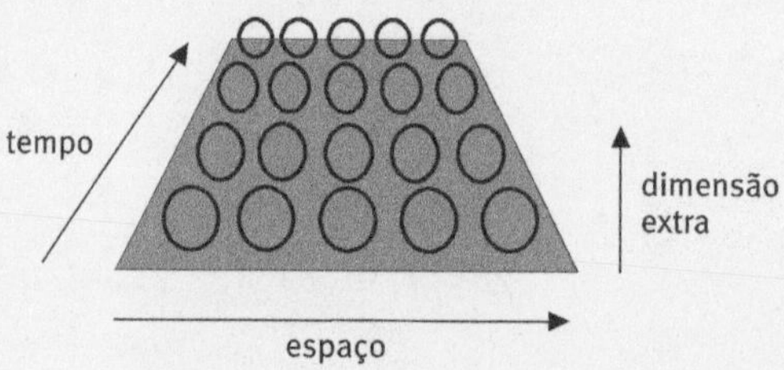

FIGURA 42: Cordas emanam do espaço-tempo normal em novas dimensões.

Isso, por sua vez, sugeria que as partículas quânticas, com seus números quânticos discretos como cargas, poderiam ser aspectos topológicos de um espaço-tempo plano. Os matemáticos já haviam observado que as propriedades topológicas básicas tendem a ser discretas – como o número de buracos numa superfície. Tudo parecia se encaixar. Mas, como sempre, o diabo está nos detalhes, e o detalhe era diabólico. A teoria das cordas foi a primeira tentativa de fazer com que o detalhe estivesse de acordo com o mundo real.

A TEORIA DAS CORDAS NÃO COMEÇOU como uma possível rota para a teoria de tudo, mas como uma proposta para explicar as partículas conhecidas como hádrons. Estas incluem a maioria das partículas comuns encontradas no núcleo atômico, como o próton e o nêutron, além de uma horda de partículas mais exóticas. No entanto, a teoria tinha um furo: previa a existência de uma partícula com massa 0 e spin 2, que nunca havia sido observada (e ainda não foi). Além disso, não conseguia prever nenhuma partícula com spin ½ – quando um bocado de hádrons, inclusive o próton e o nêutron, tem spin ½. Era como se uma previsão meteorológica no meio do verão prognosticasse uma chuva de granizo de trinta centímetros de diâmetro, mas sem dizer nada sobre a temperatura alta. Os físicos não se comoveram. Em 1974, quando a cromodinâmica quântica surgiu para explicar todos os hádrons conhecidos, e até prever um novo hádron já comprovado, o ômega-menos, o destino da teoria das cordas parecia selado.

A essa altura, porém, John Schwarz e Joel Scherk perceberam que a indesejada partícula de massa 0 e spin 2 da teoria das cordas poderia ser o há muito procurado gráviton, a partícula hipotética que se acredita transmitir a força da gravidade. Seria a teoria das cordas uma teoria quântica da *gravidade* e não dos hádrons? Se assim fosse, ele seria um bom adversário para a teoria de tudo – bem, para uma teoria de muitas coisas, pois existem inúmeras outras partículas que não são hádrons.

A essa altura, entrou em cena a supersimetria, ao converter férmions em bósons. Os hádrons incluem partículas dos dois tipos, porém, outras partículas, como os elétrons, não são hádrons. Se a supersimetria pudesse ser incorporada à teoria das cordas, inúmeras novas partículas estariam automaticamente ao alcance da teoria – transportadas por padrões supersimétricos que já a integravam.

A teoria resultante, desenvolvida por Pierre Ramond, André Neveu e Schwarz, foi a teoria das supercordas. Ela incluía partículas de spin ½ e eliminava um aspecto desagradável da teoria das cordas normal, uma partícula que se move mais depressa que a luz. A presença dessa partícula numa teoria é vista agora como uma evidência de sua instabilidade, o que a descarta.

Desde 1980, Michael Green, um físico teórico britânico, vem trabalhando cada vez mais com a matemática das supercordas, usando técnicas da teoria de grupos de Lie e da topologia; logo ficou claro que, sejam quais forem suas credenciais físicas, a teoria das supercordas apresenta uma extraordinária beleza matemática. Os físicos continuaram obstinados: em 1983, Luis Alvarez-Gaume e Witten descobriram uma nova pedra no sapato na teoria das cordas, incluindo supercordas e até a boa e velha teoria quântica de campo: essas teorias em geral apresentam *anomalias*. Uma anomalia ocorre quando o processo de conversão de um sistema clássico ao seu análogo quântico muda alguma simetria importante.

Green e Schwarz tinham descoberto que, em algumas raras ocasiões, as anomalias desaparecem milagrosamente, mas só se o espaço-tempo tiver 26 dimensões (na primeira versão da teoria, chamada teoria das cordas bosômica) ou 10 dimensões (em alterações posteriores). Por quê? Em seus cálculos para a teoria das cordas bosômica, os termos matemáticos que criavam uma anomalia eram multiplicados por $d - 26$, onde d é a dimensão do espaço-tempo. Por isso esses termos desaparecem quando $d = 26$. Da mesma forma, na versão modificada, o fator se torna $d - 10$. O tempo continua unidimensional, mas o espaço às vezes adquire 6 ou 22 dimensões extra. Schwarz explicou isso da seguinte forma:

> Em 1984 Michael Green e eu fizemos um cálculo para uma dessas teorias das supercordas a fim de ver se de fato a anomalia ocorria ou não. O que encontramos nos surpreendeu bastante. Descobrimos que, em geral, havia realmente uma anomalia que tornava a teoria insatisfatória. Agora havia certa liberdade para escolher a estrutura de simetria específica para se utilizar na definição de uma teoria. Na verdade, havia um número infinito de possibilidades para essas estruturas de simetria. Porém, só em uma delas a anomalia cancelava magicamente as fórmulas, enquanto nas outras não acontecia isso. Então, entre essa infinidade de possibilidades, só uma era escolhida como potencialmente coerente.

Para quem estivesse preparado para ignorar os estranhos números 10 ou 26, a descoberta era muito entusiasmante. Sugeria que talvez houvesse uma razão matemática para que o espaço-tempo tivesse um número específico de dimensões. Era desapontador que o número não fosse 4, mas já era um começo. Os físicos sempre se perguntaram por que o espaço-tempo tem as dimensões que apresenta; agora tudo indicava que eles poderiam obter uma resposta melhor para a pergunta além de: "Bem, poderia ser qualquer número, mas no nosso Universo o número é 4."

Talvez outras teorias levassem a um espaço-tempo quadridimensional. Teria sido o ideal, mas nada parece funcionar com essa diretriz, e as dimensões estranhas se recusam a desaparecer. Então, quem sabe elas já não *estivessem* ali? Essa era uma antiga ideia de Kaluza: o espaço-tempo poderia ter dimensões extra que não conseguimos observar. Se for assim, as cordas continuariam sendo anéis unidimensionais, mas esses anéis vibrariam num espaço invisível de maior número de dimensões. Os números quânticos associados às partículas, como as cargas aos átomos, seriam determinados pela forma das vibrações.

Uma questão básica era: como são essas dimensões invisíveis? Qual a *forma* do espaço-tempo?

De início, os físicos tinham esperança de que as dimensões extra compusessem alguma forma simples, como o análogo em 6 dimensões de um tálamo. Mas, em 1985, Philip Candelas, Gary Horowitz, Andrew Strominger e Witten argumentaram que a forma mais adequada seria a chamada variedade de Calabi-Yau. Existem dezenas de milhares dessas formas; a Figura 43 representa uma das mais típicas:

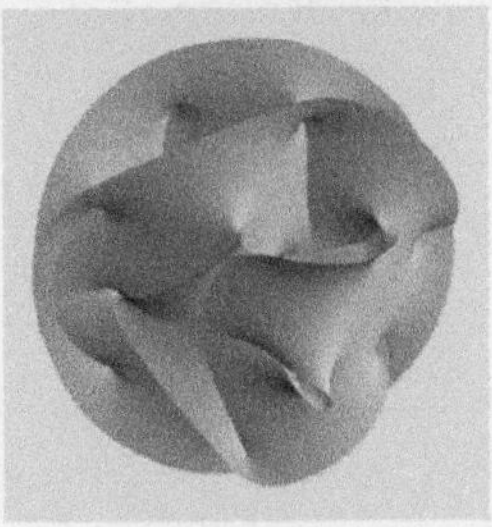

FIGURA 43: Uma variedade de Calabi-Yau (esquemático).

A grande vantagem das variedades de Calabi-Yau é que a supersimetria do espaço-tempo de 10 dimensões é herdada pelo costumeiro espaço quadridimensional a ela subjacente.

Pela primeira vez, os grupos esporádicos de Lie assumiam um papel preeminente nas fronteiras da física, e essa tendência se acelerou. Em 1990, parecia haver cinco tipos possíveis de teoria das supercordas, todas com a dimensão do espaço-tempo igual a 10. As teorias são chamadas de tipo I, tipos IIA e IIB, e tipos "heteróticos" HO e HE. Surgem interessantes grupos de simetria de gauge. Por exemplo, nos tipos I e HO, nós encontramos SO(32), o grupo rotacional no espaço de 32 dimensões; e no tipo HE o grupo esporádico de Lie E_8 aparece como $E_8 \times E_8$, duas cópias diferentes agindo de duas maneiras diferenciadas.

O grupo esporádico G_2 também aparece na última curva da história, que Witten chama de teoria-M. O "M", ele diz, é a inicial de magia, mistério ou matriz. A teoria-M situa-se num espaço-tempo de 11 dimensões, que unifica as cinco das teorias das cordas de 10 dimensões, no sentido de que cada uma pode ser obtida a partir da teoria-M fixando-se algumas de suas constantes em valores específicos. Na teoria-M, as variedades de Calabi-Yau são substituídas por espaços de 7 dimensões, conhecidas como variedades G_2, pois suas simetrias estão relacionadas de perto com o grupo esporádico de Lie G_2.

Por enquanto, há alguma reação contra a teoria das cordas. Não porque ela está errada, mas porque ainda não se sabe se está certa. Diversos físicos famosos, sobretudo os experimentalistas, jamais aceitaram bem as supercordas – especialmente porque eles ficam sem nada para *fazer*. Não havia fenômenos a observar nem novas quantidades a medir.

Não acredito que as supercordas sejam a chave para o Universo, mas considero essa crítica injusta. É como se os teóricos das cordas tivessem de provar sua inocência, quando o normal seria os críticos provarem a culpa. É preciso muito tempo e esforço para desenvolver formas novas e radicais de pensamento sobre o mundo físico, e a teoria das cordas é muito difícil em termos técnicos. Em princípio, ela *pode* fazer novas previsões sobre nosso mundo; o grande problema é que os cálculos necessários são extraordinariamente difíceis. A mesma queixa poderia ter sido feita há quarenta anos a respeito da teoria quântica de campo, mas os cálculos, afinal, foram realizados com uma combinação de computadores e matemática mais aprimorados, e a confirmação pelos experimentos acabou sendo melhor que as encontradas em qualquer outra área da ciência.

Além disso, a mesma acusação pode ser dirigida a quase qualquer esperançosa teoria de tudo, mas, paradoxalmente, quanto melhor ela for, mais difícil será provar que está certa. A razão é inerente à natureza da teoria de tudo. Para ser bem-sucedida, ela deve concordar com a teoria quântica, se for aplicada a qualquer experimento cujos resultados sejam consistentes com essa teoria. Deve também estar de acordo com a relatividade sempre que for aplicada a qualquer experimento cujos resultados sejam coerentes com a relatividade. Por isso a teoria de tudo é obrigada a passar por todos *os testes experimentais já divisados*. Pedir uma nova previsão que diferencie teoria de tudo e física convencional é como pedir algo que dê resultados idênticos aos previstos por teorias que descrevem todos os fenômenos físicos conhecidos, mas que é diferente desses fenômenos.

Claro, a teoria das cordas terá de fazer alguma nova previsão e ser testada por observações para fazer a transição entre teoria especulativa e física de verdade. A necessidade de estar de acordo com tudo que se sabe hoje não descarta essas previsões, apenas explica por que elas não são fáceis. Já há algumas propostas de experimentos críticos. Por exemplo, recentes observações de galáxias distantes indicam que o Universo não só está se expandindo, como se expande cada vez mais depressa. A teoria das supercordas oferece uma explicação simples para isso: a gravidade está vazando por essas dimensões extra. Mas existem outras explicações para esse efeito específico. O que fica evidente é que se todos os cientistas pararem de estudar a física das supercordas jamais teremos oportunidade de saber se a teoria é ou não correta. É preciso tempo e esforço para se chegar aos experimentos cruciais, se eles existirem.

Não quero passar a impressão de que quando se trata de unificar a teoria quântica com a relatividad as supercordas sejam o único recurso. Existem muitas propostas concorrentes – embora todas sofram da mesma falta de base experimental.

Uma dessas ideias, conhecida como "geometria não comutativa", é a menina dos olhos do matemático francês Alain Connes. Ela se baseia num novo conceito da geometria do espaço-tempo. A maioria das unificações parte da ideia de que o espaço-tempo é uma extensão do modelo relativístico de Einstein, e tenta fazer com que as partículas fundamentais da física subatômica aí se encaixem de alguma maneira. Connes faz o contrário. Começa de uma estrutura matemática conhecida como espaço não comutativo, que contém todos os grupos de simetria surgidos do modelo padrão, e depois deduz aspectos similares à relatividade. A matemática desses espaços remete a Hamilton e seus quatérnions não comutativos, mas de forma modificada e muito generalizada. Mais uma vez, porém, essa teoria alternativa está firmemente enraizada na teoria de grupos de Lie.

Outra ideia intrigante é a da "gravidade quântica de anel". Nos anos 1980, o físico Abhay Ashtekar especulou sobre a forma que teriam as equações de Einstein num cenário quântico em que o espaço fosse "granulado". Lee Smolin e Carlo Ravelli desenvolveram as ideias de Ashtekar produzindo um modelo de espaço que parece uma cota de aço medieval – construído de minúsculos caroços de cerca de 10^{-35} metros de diâmetro ligados por elos. Eles perceberam que a estrutura detalhada da cota de aço pode se tornar muito complexa quando os elos se embaraçam ou se prendem. Mas ainda não ficou claro o que significam essas possibilidades.

Em 2004, Sundance Bilson-Thompson descobriu que algumas dessas tranças reproduzem exatamente as regras de combinação dos quarks. A

FIGURA 44: Um elétron representado como uma trança.

carga elétrica do quark é reinterpretada em termos de topologia da trança a ele associada, e as regras da combinação resultam de simples operações geométricas com tranças. Essa ideia, que ainda está engatinhando, produz a maioria das partículas observadas no modelo padrão. É a última de uma série de propostas especulativas de que a matéria – aqui percebida como partículas – poderia ser uma consequência de "singularidades" no espaço, como espécies de nós, ondas localizadas ou estruturas mais complicadas, em que o espaço deixa de ser contínuo e regular. Se Bilson-Thompson estiver certo, a matéria é apenas o espaço-tempo retorcido.

Os matemáticos vêm estudando a topologia das tranças há muitos anos e já sabem que as próprias tranças formam um grupo, o *grupo de trança*. A operação de "multiplicação" aparece quando duas tranças são ligadas pelas pontas – da mesma forma como juntamos permutações pelas pontas quando debatemos a abordagem de Ruffini na equação quíntica. Porém, mais uma vez a física se baseia em descobertas matemáticas preexistentes, a maioria formulada "por conta própria", só porque parece interessante. E, mais uma vez, a simetria é o ingrediente-chave.

NAS MAIS RECENTES VERSÕES das supercordas, o maior problema é uma embaraçosa abundância. Em vez de não fazer previsões, a teoria faz previsões demais. A "energia do vácuo" – o conteúdo energético do espaço vazio – pode ser quase tudo, dependendo de como as cordas se empacotam dentro do espaço de dimensões extra. O número de maneiras para isso acontecer é gigantesco – cerca de 10^{500}. Diferentes escolhas resultam em diferentes valores para a energia do vácuo.

Até onde se sabe, o valor observado é muito, muito pequeno, ao redor de 10^{-120}, mas não é 0.

De acordo com a história convencional da "sintonia fina", esse valor específico é exatamente apropriado para a existência da vida. Qualquer coisa maior do que 10^{-118} faz com que o espaço-tempo local exploda; qualquer coisa menor do que 10^{-120} faz com que o espaço-tempo se contraia num esmagamento cósmico até desaparecer. Por isso a "janela de oportunidade" para a vida é muito pequena. Por um milagre, nosso Universo está exatamente nesse limiar.

O "princípio antrópico fraco" indica que se nosso Universo não fosse constituído da forma como é, nós não estaríamos aqui para vê-lo, mas isso deixa em aberto a questão de por que existe um "aqui" para nós ocuparmos. O "princípio antrópico forte" diz que estamos aqui porque o Universo foi projetado especialmente para a existência da vida – o que é um absurdo místico. Ninguém sabe, na verdade, quais seriam as possibilidades se a energia do vácuo fosse muito diferente do que é. Sabemos que algumas coisas dariam errado – mas não temos ideia do que poderia dar certo. A maior parte dos argumentos envolvendo a sintonia fina é hipotética.

Em 2000, Raphael Bousso e Joseph Polchinski propuseram uma resposta diferente, usando a teoria das cordas e tirando vantagem dos 10^{500} possíveis valores para a energia do vácuo. Embora 10^{-120} seja muito pequeno, os possíveis níveis de energia do vácuo são espaçados por cerca de 10^{-500} unidades, o que é ainda menor. Por isso, muitas teorias de cordas dão a variação "certa" das energias do vácuo. A probabilidade de que uma delas, escolhida ao acaso, resolva o problema ainda é desprezível, mas Bousso e Polchinski indicaram que isso é irrelevante. Afinal, a energia "certa" do vácuo ocorrerá de forma inevitável. A ideia é que o Universo explora todas as teorias das cordas possíveis, atendo-se a qualquer uma delas até que isso faça com que ele se despedace, para depois se "atunelar" quântica e mecanicamente em outra teoria das cordas. Se você esperar o suficiente, em algum estágio o Universo adquire uma energia do vácuo que é apropriado à vida.

Em 2006, Paul Steinhardt e Neil Turok propuseram uma variação da teoria do "túnel": um Universo cíclico que se expande num big bang e se contrai num big crunch, repetindo esse comportamento a cada trilhão de anos, ou algo assim. Nesse modelo, a energia do vácuo diminui a cada ciclo, de modo que afinal o Universo terá uma energia do vácuo muito pequena, mas não igual a 0.

Nos dois modelos, um Universo cuja energia do vácuo seja baixa o suficiente se estenderá por um longo tempo. As condições são adequadas para o surgimento da vida, e esta terá muito tempo para evoluir até se tornar inteligente e refletir sobre por que está aqui.

15. Uma barafunda de matemáticos

Um bando de gansos, uma alcateia de lobos, uma manada de bois, um rebanho de ovelhas... Qual o coletivo de matemáticos? Um esplendor de matemáticos? Muito presunçoso. Uma mistificação de matemáticos? Muito perto do alvo. Depois de várias ocasiões observando o comportamento da espécie matemática quando reunida em grandes grupos, acho que a palavra mais exata é "barafunda".

Uma dessas barafundas inventou uma das mais bizarras estruturas de toda a matemática e descobriu uma unidade escondida por trás de sua intrigante fachada. Essas descobertas, obtidas sobretudo ao se fuçarem conceitos para ver o que acontece, estão começando a se infiltrar na física teórica e podem ser a chave para alguns dos mais curiosos aspectos das supercordas.

A matemática das supercordas é tão nova que a maior parte dela ainda não foi inventada. Mas, ironicamente, os matemáticos e físicos acabam de descobrir que as supercordas, nas fronteiras da física moderna, parecem ter uma curiosa relação com uma álgebra vitoriana tão fora de moda que raramente é mencionada nos cursos universitários de matemática. Essa invenção algébrica é conhecida como octonions, e é a estrutura que ocupa o lugar seguinte na fila, depois dos números reais, dos números complexos e dos quatérnions.

Os octonions foram descobertos em 1843, mas divulgados por outra pessoa que não o descobridor em 1845; desde então são creditados à pessoa errada – mas isso não faz diferença, porque ninguém notou. Em 1900 eles já tinham caído na obscuridade, até na matemática. Tiveram um breve renascimento em 1925, quando Wigner e Von Neumann tentaram torná-los a base da mecânica quântica, mas voltaram a cair no ostracismo quando a tentativa falhou. Nos anos 1980 ressurgiram como um dispositivo potencialmente útil para a teoria das cordas. Em 1999, transformaram-se num ingrediente crucial para a teoria das supercordas em 10 e 11 dimensões.

Os octonions nos dizem que há algo de muito estranho no número 8, e alguma coisa mais estranha ainda na física do espaço, do tempo e da matéria. Uma esquisitice vitoriana renasceu como a chave de mistérios profundos na fronteira partilhada por matemática e física – especialmente a convicção de que o espaço-tempo pode ter mais dimensões que as quatro tradicionais, e é assim que a gravidade e a teoria quântica se encaixam.

A HISTÓRIA DOS OCTONIONS vive nos impetuosos domínios da álgebra abstrata e é o tema de uma linda pesquisa publicada em 2001 pelo matemático americano John Baez. Inspirei-me bastante na visão de Baez para escrever este livro, e farei o melhor possível para comunicar as bizarras, porém elegantes, maravilhas que habitam essa curiosa interface entre a matemática e a física. Assim como o fantasma do pai de Hamlet, que surge como uma voz desencarnada sob o palco, muitas ações da matemática acontecem longe dos olhos da plateia. Fique comigo e não se preocupe muito com os jargões não explicados. Às vezes só precisamos de uma palavra conveniente para continuar acompanhando os atores principais.

Alguns lembretes podem nos ajudar a montar o cenário. A expansão passo a passo do sistema numérico foi tecida na nossa história da busca pela simetria. O primeiro passo foi a descoberta (ou invenção) dos números complexos, em meados do século XVI, ou seja, de que −1 tem uma raiz quadrada. Até aquela época, os matemáticos achavam que os números eram uma dádiva de Deus, únicos e *prontos*. Ninguém concebia a invenção de um novo número. Mas, por volta de 1550, Cardano e Bombelli fizeram exatamente isso ao criar a notação da raiz quadrada de um número negativo. Demorou cerca de quatrocentos anos para entender o que aquilo significava, mas apenas trezentos para convencer os matemáticos de que era algo útil demais para ser ignorado.

Nos anos 1800, a formulação barroca de Cardano e Bombelli estava cristalizada numa nova espécie de número, com um novo símbolo: i. Os números complexos podem parecer estranhos, mas na verdade são uma ferramenta maravilhosa para entender a física matemática. Problemas de calor, luz, som, vibração, elasticidade, gravidade, magnetismo, eletricidade e vazão de fluidos, tudo isso sucumbe ao complexo arsenal dos números complexos – mas apenas na física em duas dimensões.

Acontece que nosso Universo tem três dimensões no espaço – ou pelo menos era o que pensávamos até há pouco. Já que o sistema bidimensional de números complexos é tão eficaz na física bidimensional, será que não poderia haver um sistema numérico tridimensional análogo que pudesse ser usado na física genuína? Hamilton passou anos tentando encontrar esse sistema, sem sucesso. Depois, em 16 de outubro de 1843, ele teve um lampejo: *não procurar nas três dimensões, mas nas quatro*, e lavrou suas equações para os quatérnions nas pedras da ponte Brougham.

HAMILTON TINHA UM VELHO AMIGO de faculdade, John Graves, que era um entusiasta da álgebra. Provavelmente foi Graves quem chamou a atenção de Hamilton para as extensões do sistema numérico. Um dia depois de ter vandalizado a ponte, Hamilton escreveu ao colega uma longa carta sobre os quatérnions. De início Graves ficou perplexo e se perguntou se seria legítimo inventar regras de multiplicação de cabeça. "Ainda não tenho uma opinião clara sobre até que ponto temos liberdade de criar arbitrariamente os imaginários e dotá-los de propriedades sobrenaturais", escreveu em resposta. Mas também viu o potencial da nova ideia e conjecturou até onde ela poderia ser desenvolvida: "Se sua alquimia pode fazer dois quilos de ouro, por que parar por aí?"

Era uma boa pergunta, e Graves procurou a resposta. Dois meses depois ele escreveu para dizer que tinha encontrado um sistema numérico de *oito* dimensões. Ele o chamou de "oitavas", ou números de Cayley. Associada a esse sistema havia uma fórmula notável sobre somas de oito quadrados, à qual voltarei adiante. Graves tentou também definir um sistema numérico de 16 dimensões, mas encontrou o que chamou de "inesperado obstáculo". Hamilton disse que ajudaria a divulgar a descoberta do amigo para o público, mas estava ocupado demais explorando os quatérnions. Depois percebeu um potencial embaraço: a multiplicação de oitavas não obedece à lei associativa. Ou seja, as duas formas de obter produtos de três oitavas, $(ab)c$ e $a(bc)$, em geral são *diferentes*. Depois de muita reflexão, Hamilton já estava querendo dispensar a lei comutativa, mas descartar a lei associativa seria ir longe demais.

Graves teve um tremendo azar. Antes de conseguir divulgar seu trabalho, Cayley fez a mesma descoberta de forma independente, e em 1845 publicou-a como um adendo a um fraquíssimo artigo sobre funções elípticas – tão cheio de erros que foi retirado da coletânea de seus trabalhos. Cayley chamou seu sistema de "octonions".

Graves ficou triste com esse artigo. Por acaso um texto seu seria publicado no mesmo periódico em que Cayley anunciara sua descoberta. Por isso, Graves acrescentou uma nota ao seu artigo, relatando que tivera a mesma ideia dois anos antes; Hamilton o apoiou publicando uma pequena nota confirmando que seu amigo devia ter prioridade na descoberta. Apesar de tudo ter sido esclarecido, os octonions logo assumiram o nome de "números de Cayley", ainda amplamente usado. Muitos matemáticos adotam agora a terminologia de Cayley, chamando o sistema de "octonions", mas dão crédito a Graves. De qualquer forma, é um termo melhor que "oitavas", pois remete aos "quatérnions".

A álgebra dos octonions pode ser descrita em termos de um notável diagrama conhecido como plano de Fano. Trata-se de uma geometria finita composta por sete pontos ligados três a três por sete linhas, como na Figura 45.

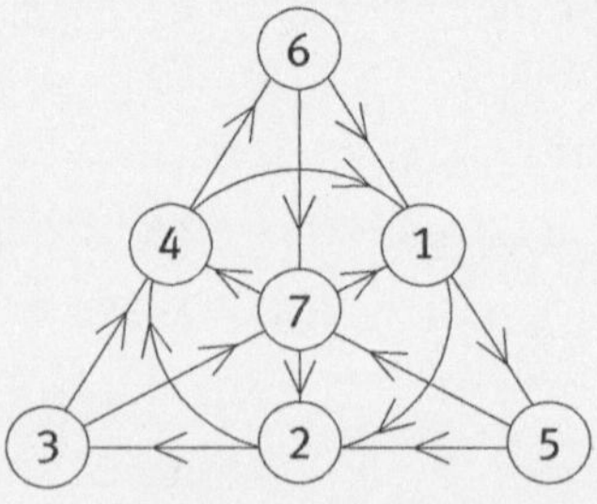

FIGURA 45: O plano de Fano, uma figura geométrica com sete pontos e sete linhas.

Uma das linhas tem de ser transformada em círculo para ser desenhada no plano, mas isso não faz diferença. Nessa figura geométrica, quaisquer dois pontos são ligados por uma linha, e quaisquer duas linhas se encontram em um ponto. Não há paralelas. O plano de Fano foi inventado para um propósito inteiramente diferente, mas acabou representando as regras para a multiplicação de octonions.

Os octonions têm oito unidades: o número comum 1 e sete outros chamados e_1, e_2, e_3, e_4, e_5, e_6, e_7. O quadrado de qualquer um desses números é -1. O diagrama determina a regra de multiplicação para as unidades. Vamos supor que queremos multiplicar e_3 por e_7. Procure no diagrama os pontos 3 e 7 e encontre a linha que os une. Nela existe um terceiro ponto, que no caso é 1. Seguindo as setas, você vai do 3 ao 7 ao 1, portanto $e_3e_7 = e_1$. Se a ordem for de trás para a frente, insira um sinal de menos: $e_7e_3 = -e_1$. Se fizer isso com todos os pares possíveis de unidades, vai saber como lidar com a aritmética dos octonions. (Adição e subtração sempre são fáceis, e a divisão é determinada pela multiplicação.)

Graves e Cayley não sabiam dessa relação com a geometria finita, por isso tiveram de escrever uma tabela de multiplicação para os octonions. O modelo do plano de Fano foi descoberto depois.

Durante muitos anos os octonions foram apenas uma pequena curiosidade. Ao contrário dos quatérnions, eles não tinham uma interpretação geométrica e nenhuma aplicação na ciência. Mesmo na matemática pura, nada parecia estar relacionado a eles; não surpreende que tenham caído no ostracismo. Mas tudo isso iria mudar com a compreensão de que os octonions são a fonte das mais estranhas estruturas algébricas já conhecidas na matemática. Eles explicam de onde vêm os cinco grupos excepcionais de Lie – G_2, F_4, E_6, E_7 e E_8. O grupo E_8, o maior dos grupos especiais de Lie, aparece duas vezes no grupo de simetria que forma a base da teoria das cordas em 10 dimensões, que tem propriedades surpreendentemente agradáveis e é considerada por muitos físicos como a melhor candidata, até agora, para uma teoria de tudo.

Se concordarmos com Dirac que o Universo está enraizado na matemática, podemos dizer que existe uma teoria de tudo plausível porque E_8

existe, e E_8 existe porque os octonions existem. O que abre uma intrigante possibilidade filosófica: a estrutura subjacente do nosso Universo, que sabemos ser muito especial, fica discriminada por sua relação com um só objeto matemático: os octonions.

Beleza é verdade, verdade é beleza. Os pitagóricos e os platônicos teriam adorado essa prova do papel central desempenhado pelos padrões matemáticos na estrutura do nosso mundo. Os octonions apresentam uma beleza matemática surreal e perturbadora que Dirac teria entendido ser a comprovação da teoria das cordas em 10 dimensões. Se, por infelicidade, houver prova de que ela é falsa, mesmo assim será mais interessante do que *qualquer coisa verdadeira*. Já vimos, contudo, que belas teorias não precisam ser verdadeiras, e, até o veredicto final sobre as supercordas, essa possibilidade continua a ser puramente conjectural.

Seja qual for sua importância para a física, o círculo de ideias ao redor dos octonions é ouro puro para a matemática.

A RELAÇÃO ENTRE OS OCTONIONS e os grupos especiais de Lie é apenas uma dentre muitas relações estranhas estabelecidas pelas diversas generalizações dos quatérnions e as fronteiras da física atual. Gostaria de explorar algumas delas em profundidade para que você entenda quanto são notáveis. E vou começar por algumas das mais antigas estruturas excepcionais da matemática, as fórmulas sobre somas de quadrados.

Uma dessas fórmulas é derivada dos números complexos. Todo número complexo tem uma "norma", o quadrado de sua distância em relação à origem. O teorema de Pitágoras implica que a norma de $x + iy$ é $x^2 + y^2$. As regras para a multiplicação de números complexos, estabelecidas por Wessel, Argand, Gauss e Hamilton, nos dizem que a norma tem uma propriedade muito bonita. Se multiplicarmos dois números complexos, as normas também se multiplicam. Em símbolos: $(x^2 + y^2)(u^2 + v^2) = (xv + yu)^2 + (xu - yv)^2$. Uma soma de dois quadrados vezes uma soma de dois quadrados é sempre a soma dos dois quadrados. Esse fato já era conhecido pelo matemático hindu Brahmagupta, por volta do ano 650, e por Fibonacci em 1200.

Os primeiros teóricos dos números eram fascinados por somas de dois quadrados, pois distinguiam dois tipos diferentes de números primos. É fácil demonstrar que se um número ímpar for a soma de dois quadrados, ele deve ter a forma de $4k + 1$, para um número inteiro k. Os números ímpares restantes, que têm a forma de $4k + 3$, não podem ser representados como a soma de dois quadrados. Porém, *não* é verdade que qualquer número na forma de $4k + 1$ seja a soma de dois quadrados, mesmo se atribuirmos a um dos quadrados o valor 0. A primeira exceção é o número 21.

Fermat fez uma descoberta muito bonita: as exceções nunca podem ser números primos. Ele demonstrou que, ao contrário, todos os números *primos* da forma $4k + 1$ são a soma de dois quadrados. Ao aplicar a fórmula acima na multiplicação de somas de dois quadrados, segue-se que um número ímpar é a soma de dois quadrados se, e somente se, todos os fatores primos da forma $4k + 3$ ocorrerem elevados a uma potência par. Por exemplo, $45 = 3^2 + 6^2$ é uma soma de dois quadrados. Sua fatoração prima é $3 \times 3 \times 5$, e o fator primo 3, que tem a forma de $4k + 3$, com $k = 0$, ocorre com a potência 2 – um número par. O outro fator, 5, acontece com uma potência ímpar, mas é um primo na forma de $4k + 1$ (com $k = 1$), por isso não nos causa nenhum problema.

Por outro lado, a exceção 21 é igual a 3×7, que são dois primos na forma de $4k + 3$, e aqui os dois ocorrem com a potência 1, que é ímpar – então, é por isso que a regra não funciona com 21. Muitos outros números não funcionam, e pela mesma razão.

Tempos depois, Lagrange usou métodos semelhantes para demonstrar que *todos* os números inteiros positivos são uma soma de quatro quadrados (inclusive o 0). Sua demonstração usou uma fórmula inteligente descoberta por Euler em 1750. É semelhante à fórmula anterior, mas para somas de quatro quadrados. Uma soma de quatro quadrados vezes uma soma de quatro quadrados é em si uma soma de quatro quadrados. Não pode existir uma fórmula assim para somas de três quadrados, pois existem pares de números que são ao mesmo tempo somas de três quadrados, mas cujos produtos não são. No entanto, em 1818, Degen encontrou uma fórmula para o produto das somas de *oito* quadrados. É a mesma fórmula que Graves descobriu usando octonions. Pobre Graves – sua descoberta dos octonions, que era original, foi creditada a outra pessoa; sua outra descoberta, a fórmula dos oito quadrados, não era original.

Existe ainda uma fórmula trivial do produto para somas de um quadrado – isto é, quadrados. É $x^2y^2 = (xy)^2$. Essa fórmula faz para os números reais o que a fórmula dos dois quadrados faz para os números complexos: demonstra que a norma é "multiplicativa" – a norma de um produto é o produto das normas. Mais uma vez, a norma é o quadrado da distância a partir da origem. O negativo de qualquer número segue a mesma norma do positivo.

E quanto à fórmula para quatro quadrados? Ela faz a mesma coisa para os quatérnions. O análogo quadridimensional do teorema de Pitágoras (sim, isso existe) nos diz que um quatérnion geral $x + iy + jz + kw$ tem a norma $x^2 + y^2 + z^2 + w^2$, a soma de quatro quadrados. A norma quaterniônica é também multiplicativa, e isso explica a fórmula dos quatro quadrados de Lagrange.

É provável que a esta altura você já tenha passado na minha frente. A fórmula dos oito quadrados de Degen tem uma interpretação semelhante à dos octonions. A norma dos octonions é multiplicativa.

Alguma coisa muito curiosa está acontecendo aqui. Temos quatro tipos de sistema numérico, cada um mais elaborado que o outro: os reais, os complexos, os quatérnions e os octonions. Eles têm as dimensões 1, 2, 4 e 8. E há fórmulas dizendo que uma soma de quadrados vezes uma soma de quadrados é igual à soma de quadrados: isso se aplica aos quadrados de 1, 2, 4 e 8. A fórmula está relacionada de perto aos sistemas numéricos. Mais intrigante ainda é o padrão dos números.

1, 2, 4 e 8 – o que vem a seguir?

SE O PADRÃO CONTINUA, talvez possamos encontrar um interessante sistema numérico em 16 dimensões. De fato, esse sistema pode ser construído de uma forma natural, chamada de processo de Cayley-Dickson. Se você aplicar esse processo aos números reais, vai obter números complexos.

Se aplicar aos complexos, vai obter quatérnions. Se aplicar a quatérnions, vai obter octonions. Se for em frente e aplicar aos octonions, vai obter os *sedenions*, um sistema numérico em 16 dimensões, seguido por álgebras de dimensões 32, 64, e assim por diante, dobrando a cada passo.

Então existe uma fórmula para 16 quadrados?

Não. A norma dos sedenions não é multiplicativa. Fórmulas para o produto de somas de quadrados existem *apenas* quando o número de quadrados envolvidos for 1, 2, 4 ou 8. A lei dos pequenos números ataca outra vez: o padrão aparente das potências de 2 estanca de repente.

Por quê? Basicamente, o processo de Cayley-Dickson aos poucos destrói as leis da álgebra. Cada vez que você o aplica, o sistema resultante não é tão bem-comportado quanto o anterior. Passo a passo, lei a lei, o elegante sistema de números reais cai na anarquia. Vou explicar com mais detalhes.

Os quatro sistemas numéricos têm outros aspectos em comum, além de suas normas. O mais impressionante, que os qualifica como generalizações dos números reais, é que são "álgebras de divisão". Há muitos sistemas algébricos nos quais as noções de adição, subtração e multiplicação são válidas. Mas nesses quatro sistemas você também pode dividir. A existência de uma norma multiplicativa os transforma em "álgebras de divisão normativas". Durante um tempo, Graves achou que seu método de ir do 4 ao 8 poderia ser repetido, levando a álgebras de divisão normativa com 16, 32, 64 dimensões, qualquer potência de 2. Mas ele encontrou um obstáculo com os sedenions e começou a duvidar se poderia haver uma álgebra de divisão normativa em 16 dimensões. Graves tinha razão: agora sabemos que existem apenas quatro álgebras de divisão normativas, de dimensões 1, 2, 4 e 8. Não existe uma fórmula de 16 quadrados como as fórmulas de 8 quadrados de Graves ou a fórmula para 4 quadrados de Euler.

Por que é assim? A cada passo na corrente de potências de 2, os novos sistemas numéricos perdem certa quantidade de estrutura. Os números complexos não se ordenam ao longo de uma linha. Os quatérnions não obedecem à regra algébrica $ab = ba$, a "lei comutativa". Os octonions não obedecem à lei associativa $(ab)c = a(bc)$, embora sigam a "lei alternativa" $ab(a) = a(ba)$. Os sedenions não formam uma álgebra de divisão e tampouco têm uma norma multiplicativa.

Isso é muito mais fundamental do que apenas uma falha no processo de Cayley-Dickson. Em 1898, Hurwitz provou que as únicas álgebras de divisão normatizadas são nossos quatro velhos amigos. Em 1930, Max Zorn demonstrou que essas mesmas quatro álgebras são as únicas álgebras de divisão alternativas. Elas realmente são excepcionais.

Esse é o tipo de coisa que os matemáticos puros, com seus instintos platônicos, adoram. Mas os únicos casos realmente importantes para o resto da humanidade pareciam ser os números reais e os complexos, que são de extrema importância. Os quatérnions apareceram em algumas aplicações úteis, embora esotéricas, mas os octonions iluminaram a cena das ciências aplicadas. Eles pareciam um beco sem saída matemático, o tipo de absurdo intelectual pretensioso que se esperaria de pessoas com a cabeça nas nuvens.

A HISTÓRIA DA MATEMÁTICA mostra repetidas vezes que é perigoso descartar ideias inteligentes ou belas só por não terem uma utilidade óbvia. Infelizmente, isso não impede alguém de descartar essas ideias, em geral *porque* são belas ou inteligentes. Quanto mais "práticas" se consideram as pessoas, mais tendem a desdenhar conceitos matemáticos surgidos de questões abstratas, inventados "por conta própria", em vez de aplicados a alguma questão do mundo real. Quanto mais belo o conceito, maior o desdém, como se a beleza em si fosse razão para se envergonhar.

Essas declarações de inutilidade são reféns da sorte. Basta uma nova aplicação, um novo avanço científico, e o desprezado conceito de repente pode ressurgir no centro do palco – não mais inútil, agora essencial.

Os exemplos são intermináveis. O próprio Cayley disse que suas matrizes eram completamente inúteis, mas hoje nenhum ramo da ciência poderia funcionar sem elas. Cardano declarou que os números complexos eram "tão sutis quanto inúteis", mas nenhum engenheiro ou físico poderia operar num mundo onde faltassem os números complexos. Godfrey Harold Hardy, o maior matemático da Inglaterra nos anos 1930, adorou que a teoria dos números não tivesse aplicações práticas, em particular o fato de ela não poder ser usada na guerra. Hoje a teoria dos números é empregada para codificar mensagens, técnica vital para o comércio seguro pela internet e mais ainda para os militares.

O mesmo acontece agora com os octonions. Eles podem se tornar matéria obrigatória nos cursos de matemática, e ainda mais nos de física. Começa a ficar claro que têm importância central na teoria dos grupos de Lie – em particular os de interesse da física, principalmente os cinco grupos esporádicos de Lie, G_2, F_4, E_6, E_7 e E_8, com suas estranhas dimensões 14, 52, 78, 133 e 248. A própria existência desses grupos é um enigma. Um exasperado matemático definiu-os como um ato brutal da Providência.

Os AMANTES DA NATUREZA adoram visitar belos locais já conhecidos e encontrar novos pontos de observação no caminho até uma cachoeira, numa saliência de rocha fora de uma rota já percorrida, um promontório que permite uma visão panorâmica do oceano azulado. Da mesma forma, os matemáticos gostam de visitar velhos temas em busca de novos pontos de vista. À medida que a perspectiva da nossa matemática muda, podemos reinterpretar antigos conceitos de formas novas e esclarecedoras. Isso não é apenas uma questão de turismo matemático, de contemplar boquiaberto o aspecto inefável de um ângulo diferente. Essa atitude fornece novas e poderosas maneiras de abordar antigos e novos problemas. Em nenhum lugar essa tendência foi mais aparente, ou mais informativa, do que na teoria de grupos de Lie.

Lembre-se de que Killing organizou quase todos os grupos simples de Lie em quatro famílias infinitas, sendo duas delas, na verdade, partes de uma família maior, os grupos especiais ortogonais SO(n) em dimensões ímpares e pares. Os outros dois são os grupos unitários especiais SU(n) e os grupos simpléticos Sp($2n$).

Sabemos agora que todas essas famílias são variações do mesmo tema. Todas consistem nas matrizes $n \times n$ que satisfazem uma condição algébrica particular – são "anti-hermitianas". A única diferença é que é preciso usar matrizes de números reais para chegar às álgebras ortogonais de Lie, matrizes de números complexos para chegar às álgebras unitárias de Lie e matrizes de quatérnions para chegar às álgebras simpléticas de Lie. Essas álgebras vêm em famílias infinitas, porque as matrizes vêm em infinitos tamanhos. É maravilhoso ver que as álgebras de Lie que correspondem às transformações naturais da versão de Hamilton da mecânica, sua primeira grande descoberta, têm uma descrição natural em termos de quatérnions, sua última descoberta.

Isso nos faz pensar no que acontece quando se usam octonions como dados de uma matriz. Infelizmente, pela falta de associatividade, não se chega a uma nova família infinita das álgebras simples de Lie. Na verdade, deveríamos dizer "felizmente", já que sabemos que essa família não existe. Mas quando jogamos o jogo certo com os octonions, tendo a lei dos pequenos números ao nosso lado, podemos chegar às álgebras de Lie, e com uma pontinha de vingança.

A primeira indicação de que esse poderia ser o caso aconteceu em 1914, quando Élie Cartan respondeu a uma pergunta óbvia e obteve uma surpreendente resposta. Um princípio orientador na matemática e na física é que, se você tiver algum objeto interessante, a primeira coisa a perguntar é qual é o seu grupo de simetria. O grupo de simetria de um sistema numérico real é trivial, consistindo apenas na transformação de identidade do tipo "fazer nada". O grupo de simetria dos números complexos contém a identidade e uma simetria de espelho, que transforma i em $-i$. O grupo de simetria dos quatérnions é SU(2), bem próximo do grupo de rotação SO(3) no espaço tridimensional real.

A pergunta de Cartan foi: qual é o grupo de simetria dos octonions?

Se você fosse um Cartan, poderia responder a essa pergunta. O grupo de simetria dos octonions é o menor grupo esporádico simples de Lie, conhecido como G_2. O sistema de 8 dimensões dos octonions tem um grupo de simetria de 14 dimensões. A álgebra de divisão normatizada excepcional está diretamente relacionada ao primeiro dos grupos esporádicos de Lie.

Para seguir adiante, precisamos considerar outras ideias, que remetem ao Renascimento – mas se ligam a artistas, não a matemáticos.

Naquela época, a matemática e a arte estavam bem próximas, não apenas na arquitetura, mas também na pintura. Os pintores renascentistas descobriram como aplicar a geometria à perspectiva. Descobriram regras geométricas para desenhar imagens no papel que realmente pareciam cenas e objetos tridimensionais. Ao fazer isso, inventaram um tipo novo e muito bonito de geometria.

Os trabalhos dos primeiros artistas não parecem tão realistas aos nossos olhos. Até um pintor como Giotto (Ambrogio Bondone) conseguiu produzir obras com uma qualidade quase fotográfica, porém, numa análise mais detalhada, a perspectiva não é exatamente esquemática. Foi Filippo Brunelleschi que, em 1425, formulou um método matemático sistemático para obter uma perspectiva exata, que depois ele ensinou a outros artistas. Em 1435, Brunelleschi encontrou o primeiro livro sobre a matéria, *Della pittura*, de Leone Alberti.

O método atingiu a perfeição nas pinturas de Piero della Francesca, que também era um rematado matemático. Piero escreveu três livros sobre a matemática da perspectiva. E seria impossível não mencionar Leonardo da Vinci, cujo *Trattato della pittura* começa afirmando: "Que não leia meus trabalhos quem não seja matemático", eco do slogan "Que não entre aqui o ignorante da geometria" – que, segundo a lenda, estava colocado na porta da Academia de Platão na antiga Grécia.

A essência da perspectiva é a noção de "projeção", pela qual uma cena tridimensional é representada numa folha de papel plana desenhando-se (conceitualmente) cada ponto do campo de visão do espectador e observando onde as linhas se encontram no papel. Uma ideia-chave é que as projeções distorcem as formas de maneiras não permitidas por Euclides. Em especial, a projeção pode transformar linhas paralelas em linhas que se encontram.

Nós vemos esse efeito todos os dias. Quando estamos em cima de uma ponte e enxergamos uma linha férrea longa e reta ou uma estrada desaparecer na distância, com as linhas convergindo e parecendo se encontrar no horizonte. As linhas de verdade mantêm a distância uma da outra, mas a perspectiva faz com que essa distância diminua à medida que as linhas se afastam. Numa idealização matemática, linhas paralelas infinitamente longas num plano também se encontram, se forem projetadas do modo apropriado. Mas o lugar onde elas se encontram não é a imagem de nada no plano – não pode ser, pois elas não se encontram num plano. É na direção do "horizonte" aparente que as linhas, e o plano, se estendem. No próprio plano, o horizonte está a uma distância infinita, mas sua projeção é uma linha perfeitamente perceptível no meio da imagem.

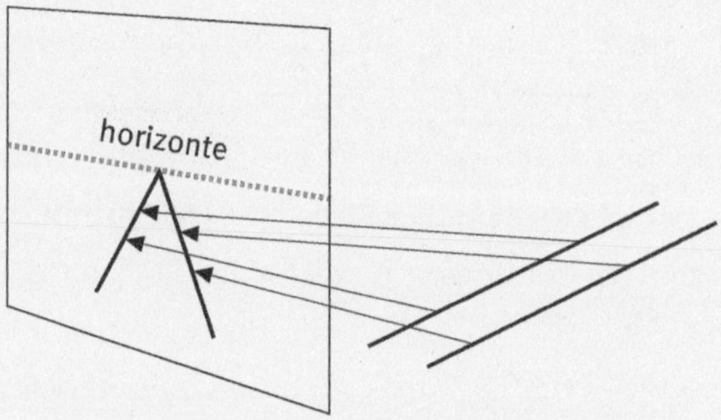

FIGURA 46: Como a projeção faz as linhas paralelas se encontrarem no horizonte.

Essa linha é conhecida como "linha de infinito". Assim como a raiz quadrada de -1, trata-se de uma ficção, mas é extremamente útil. O tipo de geometria daí surgida chama-se geometria projetiva; no espírito do programa de Klein Erlangen, é uma geometria cujos aspectos de uma dada cena não são alterados pelas projeções. Todo artista que faz desenhos em perspectiva com uma linha de horizonte e um "ponto de fuga" para organizar as imagens de maneira a parecer objetos reais está usando a geometria projetiva.

Em um plano de projeção, a geometria é muito elegante. Quaisquer dois pontos podem ser ligados por uma só linha, como na geometria de Euclides. Mas quaisquer linhas distintas também se encontram exatamente no mesmo ponto. As paralelas, que tanto ocuparam Euclides, não existem.

Se isso o faz se lembrar do plano de Fano, você está certo. O plano de Fano é uma geometria projetiva finita.

EXISTE AGORA UM PEQUENO PASSO entre a perspectiva, no Renascimento, e os grupos excepcionais de Lie. O plano projetivo implícito nos métodos de Alberti ficou explícito como um novo tipo de geometria. Em 1636, Girard Desargues, oficial do Exército que depois se tornou arquiteto e engenheiro, publicou *Proposed Draft of an Attempt to Treat the Results of a Cone Intersecting a Plane*. Parecia um livro sobre cônicas, e era; mas, em vez de usar a geometria grega tradicional, Desargues adotou métodos projetivos. Assim como a geometria de Euclides podia ser transformada em álgebra usando-se as coordenadas de Descartes (x, y), dois números reais, a geometria projetiva podia ser transformada em álgebra ao permitir que x ou y fossem infinitos (de uma forma controlada com inteligência, envolvendo proporções de três coordenadas e estabelecendo que $1 \div 0 =$ infinito).

Tudo que se pode fazer com números reais é também possível com números complexos, e é assim que chegamos ao plano projetivo complexo. E se eles funcionam, por que não tentar quatérnions ou octonions?

Há problemas – os métodos óbvios não funcionam, pela falta de comutatividade. Mas, em 1949, o físico e matemático Pascual Jordan encontrou uma forma importante para construir um plano projetivo octônico com 16 dimensões reais. Em 1950, o teórico de grupo Armand Borel provou que o segundo grupo excepcional de Lie, F_4, é o grupo de simetria do plano projetivo octônico – muito parecido com o plano complexo, mas formado por duas "réguas" de 8 dimensões graduadas por octonions, e não por números reais.

Então agora existia uma explicação octônica para dois dos cinco grupos esporádicos de Lie. E quanto aos outros três – E_6, E_7 e E_8?

A NOÇÃO DE QUE OS GRUPOS esporádicos de Lie eram atos brutais de uma deidade maliciosa estava bem-estabelecida até 1959, quando Hans Freudenthal e Jacques Tits inventaram, de maneira independente, o "quadrado mágico" e explicaram E_6, E_7 e E_8.

As linhas e colunas do quadrado mágico correspondem às quatro álgebras de divisão normatizadas. Dadas quaisquer duas álgebras de divisão normatizadas, é possível consultar as linhas e colunas correspondentes, e o que o quadrado mágico proporciona – seguindo uma receita técnica matemática – é um grupo de Lie. Alguns desses grupos são diretos: por exemplo, o grupo de Lie correspondente à linha e à coluna dos reais é o grupo SO(3) de rotações no espaço tridimensional. Se tanto a linha quanto a coluna correspondem aos quatérnions, você obtém o grupo SO(12) de rotações no espaço de 12 dimensões, que a matemática também conhece bem. Mas se procurarmos na linha ou na coluna dos octonions, os dados são os grupos esporádicos de Lie F_4, E_6, E_7 e E_8. O grupo esporádico G_2, que fica faltando, está também intimamente associado aos octonions – como já vimos, é seu grupo de simetria.

Atualmente, a opinião geral é que os grupos esporádicos de Lie existem por causa da sabedoria da deidade ao permitir a existência dos octonions. Nós já deveríamos saber disso antes. Como observou Einstein, o Senhor é sutil, mas não malicioso. Todos os cinco grupos esporádicos de Lie são as simetrias de várias geometrias octônicas.

Por volta de 1956, o geômetra russo Boris Rosenfeld, talvez pensando no quadrado mágico, especulou se os três grupos esporádicos restantes, E_6, E_7 e E_8, seriam também grupos de simetria de planos projetivos. Em lugar de octonions, contudo, é preciso usar a seguinte estrutura:

- Para E_6: os *bioctonions*, construídos a partir de números complexos e octonions.
- Para E_7: os *quateroctonions*, construídos a partir de quatérnions e octonions.
- Para E_8: os *octo-octonions*, construídos a partir de octonions e octonions.

O único pequeno problema é que ninguém sabia como definir planos projetivos razoáveis para tais combinações de sistemas numéricos. Mas havia alguma evidência de que a ideia fazia sentido. Do jeito que as coisas estão, podemos agora provar a conjectura de Rosenfeld, mas apenas lançando mão dos grupos para construir os planos projetivos. Não chega a ser satisfatório, porque a ideia era seguir para o outro lado, o dos planos projetivos para os grupos. Ainda assim é um começo. Na verdade, para E_6

e E_7, existem agora maneiras independentes de construir planos projetivos. Só E_8 continua intocado.

NÃO FOSSE PELOS OCTONIONS, a história do grupo de Lie seria mais direta, como Killing imaginava originalmente, mas muito menos interessante. Não que nós mortais tenhamos alguma escolha: os octonions, assim como toda a parafernália a eles associada, estão *lá*. E, de alguma forma obscura, a existência do Universo pode depender deles.

A relação entre os octonions e a vida, o Universo e tudo o mais, surge a partir da teoria das cordas. O aspecto-chave é a necessidade de dimensões extra para manter as cordas. Essas dimensões extra podem em princípio ter muitas formas, e a grande questão é encontrar a forma *certa*. Na antiga teoria quântica, um dos princípios-chave era a simetria, e é esse o caso também na teoria das cordas. Então, claro que os grupos de Lie entram em cena. Tudo gira em torno dos grupos de simetria de Lie, e mais uma vez os grupos esporádicos estão por perto – não só de carona, mas como oportunidades para coincidências incomuns que ajudam a conformar o mundo físico.

O que nos traz de volta aos octonions.

Eis aqui um exemplo de sua influência. Nos anos 1980, os físicos perceberam que uma relação bem agradável acontece nos espaços-tempos de dimensões 3, 4, 6 e 10. Vetores (comprimentos direcionados) e spinors (dispositivos algébricos criados por Paul Dirac em sua teoria do spin do elétron) se relacionam muito de perto nessas dimensões, e apenas nessas dimensões. Por quê? Acontece que a relação entre vetores e spinors se mantém exatamente quando a dimensão do espaço-tempo é duas vezes maior que a álgebra de divisão normatizada. Subtraia 2 de 3, 4, 6 e 10 e você obtém 1, 2, 4 e 8.

A questão matemática é que na teoria das cordas de 3, 4, 6 e 10 dimensões, cada spinor pode ser representado usando-se dois números na álgebra de divisão normatizada a ele associada. Isso não acontece com qualquer outro número de dimensões, o que acarreta agradáveis consequências para a física. Então agora temos aqui quatro teorias das cordas candidatas: real, complexa, quaterniônica e octoniônica. Acontece também que, entre essas possíveis teorias das cordas, a única que se considera merecedora da melhor chance de corresponder à realidade é a de 10 dimensões, *especificada pelos octonions*. Se essa teoria de 10 dimensões realmente corresponder à realidade, nosso Universo foi construído a partir de octonions.

E não é o único lugar em que esses estranhos "números" – que só merecem esse nome por satisfazer algumas regras da álgebra – são influentes. Essa nova candidata da teoria das cordas, a teoria-M, envolve um espaço-tempo de 11 dimensões. Para reduzir a parte perceptível do espaço-tempo a partir de 11 dimensões para as quatro conhecidas, precisamos descartar sete, enrolando-as tanto que elas não possam ser detectadas. Como fazer isso com a supergravidade de 11 dimensões? Podemos utilizar o grupo esporádico de Lie G_2, o grupo de simetria dos octonions.

Lá estão eles outra vez: não mais uma esquisitice vitoriana, mas uma robusta pista para uma possível teoria de tudo. Trata-se de um mundo octônico.

16. Caçadores da beleza e da verdade

Keats estava certo? A beleza é a verdade e a verdade é a beleza?

As duas estão intimamente relacionadas, talvez porque nossa mente reaja de forma similar diante de ambas. Mas o que funciona na matemática não necessariamente funciona na física, e vice-versa. A relação entre matemática e física é profunda, sutil e enigmática. Este é um enigma filosófico da mais alta ordem: como a ciência descobriu aparentes "leis" da natureza e por que a natureza parece falar na linguagem da matemática?

O Universo é matemático de verdade? Seus aspectos aparentemente matemáticos são invenções humanas? Ou será que ele nos parece matemático porque a matemática é o aspecto mais profundo de sua natureza infinitamente complexa que conseguimos entender?

A matemática não é uma versão desencarnada da verdade final, como muitos costumavam pensar. Se alguma coisa transparece em nossa história é que a matemática é criada pelas pessoas. É fácil nos identificarmos com seus triunfos e suas atribulações. Quem não consegue se comover com a morte chocante de Abel e de Galois, ambos aos 21 anos de idade? Um estava profundamente apaixonado, mas jamais ganhou dinheiro suficiente para se casar; o outro morreu de amor. Hoje os avanços da medicina teriam salvado Abel e talvez pudessem ajudar Hamilton a se manter sóbrio.

Como os matemáticos são humanos e vivem vidas humanas normais, a criação de novos conceitos matemáticos é em parte um processo social. Mas a matemática e a ciência não são *totalmente* resultado de processos sociais, como em geral afirmam os relativistas. As duas respeitam as restrições externas: a lógica, no caso da matemática, o experimento, no caso da ciência. Por mais que os matemáticos desejem desesperadamente fazer a trissecção de um ângulo com métodos euclidianos, o fato real é que isso é impossível. Por mais que os físicos queiram que a lei da gravidade de Newton seja a descrição final do Universo, o movimento do periélio de Mercúrio prova que não.

É por isso que os matemáticos são tão obstinadamente lógicos e obcecados por preocupações às quais outras pessoas não ligam a mínima. Será mesmo *importante* resolver ou não uma quíntica por radicais?

O veredicto da história para essa questão é inequívoco. Sim, é importante. Pode não influir diretamente na vida cotidiana, mas sem dúvida é importante para a humanidade como um todo – não por haver algo de interesse decorrente da capacidade de resolver equações quínticas, mas para compreender a razão de não conseguirmos abrir uma porta secreta para um novo mundo matemático. Se Galois e seus predecessores não tivessem ficado obcecados para entender as condições sob as quais uma equação pode ser resolvida por radicais, a descoberta da teoria de grupo pela humanidade teria se atrasado muito, ou talvez nem tivesse acontecido.

Você pode não encontrar grupos na sua cozinha ou no seu trajeto até o trabalho, mas sem eles a ciência atual seria muito limitada, e nossas vidas, bem diferentes. Não em termos de maquinaria como aviões a jato ou navegação por GPS e telefones celulares – embora eles também façam parte da história –, mas como entendimento da natureza. Ninguém poderia prever que uma questão pedante sobre equações pudesse revelar a estrutura profunda do mundo físico, mas foi o que aconteceu.

A mensagem da história é simples e clara. Pesquisas de temas em matemática não devem ser rejeitadas ou denegridas apenas por não terem uso prático direto. A boa matemática vale mais que ouro, e não é relevante de onde ela vem. O que conta é aonde pode levar.

O MAIS EXTRAORDINÁRIO é que a melhor matemática em geral leva a locais inesperados, e boa parte dela se mostra vital para a ciência e a tecnologia, mesmo quando é criada para propósitos totalmente diferentes. Estudada pelos gregos como uma seção de um cone, a elipse foi a pista que levou, via Kepler, às observações de Tycho Brahe acerca do movimento de Marte e à teoria gravitacional de Newton. A teoria da matriz, por exemplo, cujo inventor, Cayley, desculpou-se por sua inutilidade, tornou-se ferramenta essencial para a estatística, a economia e para uma teoria de tudo. Claro que a teoria das supercordas pode se revelar apenas uma linda peça da matemática, sem relevância para a física. Se for o caso, as utilizações da simetria na teoria quântica ainda demonstram que a teoria de grupo fornece profundas revelações sobre a natureza, ainda que tenha sido desenvolvida como resposta para uma questão de matemática pura.

Por que a matemática é tão útil para propósitos que seus inventores jamais pretenderam atingir?

O filósofo grego Platão disse: "Deus sempre geometriza." Galileu declarou mais ou menos a mesma coisa: "O grande livro da natureza é escrito em linguagem matemática." Johannes Kepler lançou-se na descoberta de padrões matemáticos nas órbitas planetárias. Algumas delas levaram Newton à lei da gravitação; outras eram apenas absurdos místicos.

Muitos físicos modernos comentam o incrível poder do pensamento matemático. Wigner aludia à "eficácia não razoável" da matemática como forma de entender a natureza; a frase aparece no título de um artigo que ele escreveu em 1960. No corpo do artigo, ele disse que abordaria dois pontos principais:

> O primeiro ponto é que a enorme utilidade da matemática nas ciências naturais é algo que beira o misterioso, e não existe explicação racional para isso. Segundo, é justamente essa utilidade inexplicável de conceitos matemáticos que suscita a questão da singularidade de nossas teorias físicas.

E:

> O milagre da adequação da linguagem da matemática para a formulação das leis da física é um presente maravilhoso que não entendemos nem merecemos. Deveríamos nos sentir gratos e esperar que isso permaneça válido nas pesquisas futuras e que se amplie, para o bem ou para o mal, para nosso

prazer, ainda que também para nosso espanto, para áreas abrangentes do aprendizado.

Paul Dirac acreditava que, além de matemáticas, as leis da natureza também deviam ser belas. A seus olhos, a beleza e a verdade eram dois lados da mesma moeda, e a beleza matemática fornecia uma pista sólida para a verdade da física. Ele chegou a ponto de dizer que preferia uma teoria bonita a uma teoria correta, e valorizava mais a beleza que a simplicidade: "O pesquisador, em seus esforços para expressar as leis fundamentais da natureza de forma matemática, deve procurar sobretudo a beleza matemática. Deve continuar levando em conta a simplicidade como uma forma subordinada à beleza, ... onde as duas se chocarem, a primeira deve assumir a precedência."

É interessante notar que o conceito de Dirac de beleza na matemática diferia consideravelmente do da maioria dos matemáticos. Não incluía rigor lógico, e muitos passos de seu trabalho apresentavam lacunas lógicas – o mais conhecido exemplo é a "função delta", que tinha propriedades contraditórias. Mesmo assim, ele fez um uso efetivo de suas "funções", e afinal os matemáticos reformularam com rigor a ideia – que assumiu sua verdadeira beleza.

Ainda assim, o biógrafo de Dirac, Helge Kragh, observou: "Todas as grandes descobertas [de Dirac] foram feitas antes [de meados dos anos 1930], e depois de 1935 ele não conseguiu produzir nada de valor duradouro na física. Não é irrelevante apontar que os princípios da beleza da matemática só passaram a nortear seu pensamento durante o período mais recente."

Não é irrelevante, talvez, mas também não é correto. Dirac pode ter explicitado esse princípio durante o segundo período, mas ele já o seguia antes. *Todos* os seus melhores trabalhos são matematicamente elegantes. Dirac via a elegância como um teste para verificar se seguia na direção frutífera. O que tudo isso sugere não é que a beleza matemática seja *o mesmo* que a verdade física, mas que a beleza é *necessária* para a verdade física. Ela não é suficiente. Muitas lindas teorias se mostraram total absurdo quando aferidas por experimentos. Como disse Thomas Huxley: "A ciência é o senso comum organizado na qual inúmeras belas teorias foram mortas por um fato feio."

No entanto, há fortes evidências de que a natureza, no fundo, é bela. O matemático Hermann Weyl, cuja pesquisa relacionou a teoria de grupo com a física, disse: "Meu trabalho sempre foi tentar unir a verdade e a beleza, e quando precisava escolher entre uma e outra, em geral eu escolhia a beleza." Werner Heisenberg, um dos fundadores da mecânica quântica, escreveu a Einstein:

> Você pode objetar que, ao falar de simplicidade e beleza, eu estou introduzindo critérios estéticos na verdade, e francamente admito que me sinto muito atraído pela simplicidade e a beleza dos esquemas matemáticos que a natureza nos apresenta. Você também deve sentir isso: a simplicidade quase assustadora e a inteireza da relação que a natureza de repente nos apresenta.

Einstein, por sua vez, pressentia que tantas coisas fundamentais eram desconhecidas – a natureza do tempo, as fontes do comportamento ordenado da matéria, o formato do Universo – que devemos sempre nos lembrar de quanto estamos longe de compreender uma verdade "final". Até o limite de sua utilidade, a elegância matemática nos fornece apenas verdades locais e temporárias. Mesmo assim, é a melhor forma de seguir em frente.

Por toda a história, a matemática vem sendo enriquecida por duas fontes diferentes. Uma é o mundo natural, a outra é o mundo abstrato do pensamento lógico. É a combinação das duas que dá à matemática o poder de nos informar sobre o Universo. Dirac entendeu perfeitamente essa relação: "O matemático faz um jogo no qual ele próprio inventa as regras, enquanto o físico faz um jogo no qual as regras são fornecidas pela natureza, mas com o passar do tempo fica cada vez mais evidente que as regras que o matemático considera interessantes são as mesmas que a natureza escolheu." A matemática pura e a aplicada se complementam. Não são polos à parte, mas duas pontas interligadas de um espectro de pensamento.

A história da simetria demonstra de que forma até uma resposta negativa a uma boa pergunta ("podemos resolver a quíntica?") pode levar a uma matemática profunda e fundamental. O que conta é *por que* a resposta é negativa. Os métodos que revelam isso podem ser usados para solucionar muitos outros problemas – entre eles, profundas questões da física. Mas nossa história também mostra que a saúde da matemática depende da infusão de vida nova procedente do mundo físico.

A verdadeira força da matemática reside precisamente nessa notável fusão do senso estético humano ("beleza") com o mundo físico, que atua tanto como teste de realidade ("verdade") quanto como inesgotável fonte de inspiração. Não podemos resolver os problemas suscitados pela ciência sem novas ideias matemáticas. Porém, se levadas ao extremo, as novas ideias apenas por suas novidades podem degenerar em jogos sem sentido. As exigências da ciência mantêm os matemáticos percorrendo caminhos frutíferos e com frequência indicam novos caminhos.

Se os matemáticos apenas recebessem ordens, como escravos da ciência, o resultado seria o trabalho que se espera de um escravo – aborrecido, mal-humorado e lento. Se o tema fosse inteiramente motivado por preocupações internas, o resultado viria de pirralhos mimados e egoístas – mal-acostumados, autocentrados e cheios de autoimportância. Os melhores matemáticos equilibram suas necessidades com as do mundo exterior.

É daí que deriva uma possível eficácia não razoável. Uma personalidade equilibrada aprende com as próprias experiências e transfere esse aprendizado para novas circunstâncias. O mundo real inspirou grandes matemáticos, mas grandes matemáticos podem transcender suas origens.

O desconhecido babilônio que descobriu como resolver uma equação quadrática poderia nunca ter percebido, nem em seus sonhos mais loucos, o que seu legado produziria mais de 3 mil anos depois. Ninguém teria previsto que as questões referentes à resolução de equações levariam a um dos conceitos centrais da matemática, a de grupo, ou de que os grupos se revelariam a linguagem da simetria. Tampouco alguém poderia saber que a simetria desvendaria os segredos do mundo físico.

A capacidade de resolver uma quadrática tem uma utilidade muito limitada na física. Ser capaz de resolver uma quíntica é menos útil ainda, seja porque qualquer solução deve ser numérica, não simbólica, seja por empregar símbolos especialmente criados para esse propósito, que fazem pouco mais que encobrir a questão com uma folha de parreira. Mas entender por que as quínticas não podem ser resolvidas, entender o papel crucial da simetria e estender ao máximo a ideia a ela subjacente – isso abriu novos domínios na física.

O processo continua. As implicações da simetria para a física, na verdade para toda a ciência, continuam relativamente inexploradas. Há muita coisa que ainda não compreendemos. Mas já entendemos que os grupos de simetria são o nosso caminho pela floresta – ao menos até surgir um conceito mais poderoso (talvez já à espreita em alguma tese obscura).

Na física, a beleza não garante automaticamente a verdade, mas ajuda.

Na matemática, a beleza deve ser verdade – porque as coisas falsas sempre são feias.

Sugestões de leitura

Baez, John C. "The octonions". *Bulletin of the American Mathematical Society*, v.39, 2002, p.145-205.

Bell, E.T. *Men of Mathematics*. 2 v. Pelican, Harmondsworth, 1953.

Bourgne, R. e J.P. Azra. *Écrits et mémoires mathématiques d'Évariste Galois*. Paris, Gauthier-Villars, 1962.

Boyer, Carl B. *A History of Mathematics*. Nova York, Wiley, 1968.

Bühler, W.K. *Gauss: A Biographical Study*. Berlim, Springer, 1981.

Cardan Jerôme. *The Book of My Life*. Londres, Dent, 1931.

Cardano, Girolamo. *The Great Art or the Rules of Algebra*. Cambridge, MIT Press, 1968.

Coleman, A.J. "The greatest mathematical paper of all time". *The Mathematical Intelligencer*, v.11, 1989, p.29-38.

Coolidge, Julian Lowell. *The Mathematics of Great Amateurs*. Nova York, Dover, 1963.

Davies, P.C.W. e J. Brown, *Superstrings*. Cambridge, Cambridge University Press, 1988.

Dudley, Underwood. *A Budget of Trisections*. Nova York, Springer, 1987.

Dumas, Alexandre. *Mes mémoires*. 4 v. Paris, Gallimard, 1967.

Euclides, *The Thirteen Books of Euclid's Elements*. 3v. Nova York, Dover, 1956.

Gauss, Carl Friedrich. *Disquisitiones arithmeticae*. New Haven, Yale University Press, 1966.

Gullberg, Jan. *Mathematics: From the Birth of Numbers*. Nova York, Norton, 1997.

Greene, Brian. *The Elegant Universe*. Nova York, Norton, 1999 [trad. bras., *O Universo elegante*, São Paulo, Companhia das Letras, 2001].

Joseph, George Gheverghese. *The Crest of the Peacock*. Londres, Penguin, 2000.

Kaku, Michio. *Hyperspace*. Oxford University Press, Oxford, 1994 [trad. bras., *Hiperespaço*, Rio de Janeiro, Rocco, 2000].

Kline, Morris. *Mathematical Thought from Ancient to Modern Times*. Oxford, Oxford University Press, 1972.

Kragh, Helge S. *Dirac: A Scientific Biography*. Cambridge, Cambridge University Press, 1990.

Livio, Mario. *The Equation That Couldn't Be Solved*. Nova York, Simon & Schuster, 2005.

Luminet, J.-P. *Black Holes*. Cambridge, Cambridge University Press, 1992.

Ore, Oystein. *Niels Henrik Abel: Mathematician Extraordinary*. Mineápolis, University of Minnesota Press, 1957.

Pais, Abraham. *Subtle Is the Lord: The Science and the Life of Albert Einstein*. Oxford, Oxford University Press, 1982 [trad. bras., *Sutil é o Senhor*, 3ª ed., Rio de Janeiro, Nova Fronteira, 1995].

Penrose, Roger. *The Road to Reality*. Londres, BCA, 2004.

Randall, Lisa. *Warped Passages*. Londres, Allen Lane, 2005.

Rosen, Michael I. "Niels Hendrik Abel and equations of the fifth degree". *American Mathematical Monthly*, v.102, 1995, p.495-505.

Rothman, Tony. "The short life of Évariste Galois". *Scientific American*, abr 1982, p.112-20. Reproduzido in Rothman, Tony. *A Physicist on Madison Avenue*. Princeton University Press, 1991.

Saggs, H.F.W. *Everyday Life in Babylonia and Assyria*. Nova York, Putnam, 1965.

Smolin, Lee. *Three Roads to Quantum Gravity*. Nova York, Basic Books, 2000.

Steinhardt Paul J. e Neil Turok. "Why the cosmological constant is small and positive". *Science*, v.312, 2006, p.1180-3.

Stewart, Ian. *Galois Theory*, 3ª ed. Boca Raton, Chapman and Hall/CRC Press, 2004.

Tignol, Jean-Pierre. *Galois's Theory of Algebraic Equations*. Londres, Longman, 1980.

Witten, Edward. "Magic, mystery, and matrix". *Notices of the American Mathematical Society*, v.45, 1998, p.1124-9.

Websites

A. Hulpke. Determining the Galois group of a rational polynomial: http://www.math.colosate.edu/hulpke/talks/galoistalk.pdf.

The MacTutor History of Mathematics archive: http://www-history.mcs.st-andrews.ac.uk/index.html.

A. Rothman. Genius and biographers: the fictionalization of Évariste Galois: http://godel.ph.utexas.edu/tonyr/galois.htm.

Índice remissivo